U0163585

深海极端环境探测技术与应用

孙治雷　张喜林　郭金家等　著

科学出版社

北京

内 容 简 介

本书系统分析深海极端环境探测技术研究现状，研究现阶段国内外深海极端环境传感器技术、移动观测技术、原位探测与监测技术、海底观测网技术及深海极端环境探测典型案例，探索深海极端环境生化地质过程数值模拟技术及资源开发利用技术，形成一套适用于深海极端环境探测的技术体系。

本书结构合理，内容丰富，适合致力于全球深海勘探、深海探测技术，以及全球海洋碳循环研究的学生和科研工作人员参考。

图书在版编目（CIP）数据

深海极端环境探测技术与应用／孙治雷等著.—北京：科学出版社，2023.10

ISBN 978-7-03-076969-5

Ⅰ.①深… Ⅱ.①孙… Ⅲ.①深海–海洋调查–研究 Ⅳ.①P71

中国国家版本馆 CIP 数据核字（2023）第 219495 号

责任编辑：周 杰／责任校对：樊雅琼
责任印制：吴兆东／封面设计：无极书装

科学出版社 出版
北京东黄城根北街 16 号
邮政编码：100717
http://www.sciencep.com

北京中科印刷有限公司印刷
科学出版社发行 各地新华书店经销
*

2023 年 10 月第 一 版 开本：787×1092 1/16
2024 年 5 月第二次印刷 印张：18
字数：430 000

定价：220.00 元
（如有印装质量问题，我社负责调换）

《深海极端环境探测技术与应用》

著 者 名 单

孙治雷　张喜林　郭金家　吴能友　耿　威　翟　滨

曹　红　董　刚　孙运宝　张　栋　徐思南　徐翠玲

陈　烨　李世兴　张　侠　刘庆省　李　昂　周渝程

吕泰衡　李鑫海　曹又文　辛友志　秦双双　苗健军

前　言

在浩瀚的宇宙中，地球是一颗奇异而又美丽的星球，它孕育着生机勃勃的万物，承载着灿若星辰的人类文明，又覆盖着浩淼无垠的鲸波大海。这样波澜壮阔的海洋将地球完全包裹为奇伟瑰丽的蓝色，和深邃幽蓝的星空一起，唤起了人类对未知的宇宙、星系和海洋本身不断探索的兴趣和勇气。人类被神秘的海洋所诱惑，对其感知、探索伴随社会形成演化的整个历程。而为了长久在宇宙中繁衍生息，人类未来对深海的开发利用也将是瓜瓞延绵，生生不息的。在最初局限于陆地生活的时代，面对一望无际的大海阻隔，人类更多地通过绚烂多姿的神话故事来描述海洋、理解海洋。无论是《西游记》中孙悟空的龙宫寻宝，还是电影《大白鲨》中体型巨大的深海动物，都生动形象地刻画了人类对海底世界的无限遐想。沧海桑田，理解海洋也将有助于理解陆地，正如我国著名海洋地质学家汪品先院士之言"一旦透过几千米的水深看到了大洋的真面目，回过头来人类将会更明白自己脚下大陆的真相"。

深海（水深≥200m）作为地球的"内部空间"，占据了全球超过80%的海洋面积，蕴藏着丰富的能源（石油、天然气和天然气水合物等），存储着巨量的矿产资源（铁、锰及稀土元素等）。与陆地和沿海环境相比，深海包含许多"极端"，其平均深度为4200m，几乎完全黑暗，平均温度低于4℃，静水压力在20atm至近1100atm。由于缺乏太阳光，深海中形成了基于化学能的初级生产力，即化能自养合成生态系统，它支持热液喷口、冷泉和其他生态系统的生命，如深部生物圈（海床下的生命），颠覆了人类关于可利用能量仅源于太阳的认知，为生命的起源与演化提供了更多的可能性。因此，对全球深海区域中资源的探测和利用是强化国家深海战略科技力量的重要前沿领域，对保障国家能源安全，引领促进海洋经济高质量发展，摆脱人类发展对内陆资源的严重依赖，加快海洋强国建设具有重要的战略意义和现实意义。

伴随着人类对深海的研究与探索，深海观测技术得到广泛关注。美国、日本和俄罗斯以及其他一些欧洲国家在深海探测技术领域长期居世界领先地位。1869年，法国科幻小说家卢勒·凡尔纳发表了《海底两万里》，小说中在海底航行的"鹦鹉螺"号激发了人们对于海底世界的无限憧憬和畅想。随着科学技术的不断发展，人类探索深海世界的梦想终于成为现实。人类第一次真正意义上对深海的探测发生在1934年。当时的探险家威廉·比贝与发明家奥蒂斯·巴顿建造了全球首条深海勘探船，并通过贝尔实验室提供的无线通信系统，描绘了下潜过程中那些从深海勘探船小小的石英窗前游过的奇妙海洋生物。1960年，美国的"迪利雅斯特"号潜水器成功征服了世界大洋中最深的马里亚纳海沟（水深10 916m）。1964年，号称人类历史上最成功的深海探测器"阿尔文"号问世。起初，"阿尔文"号的主要部件是一个钢制的载人圆形壳体，最深可下潜到1868m处。1972年，"阿尔文"号换上了新的钛金属壳体，将下潜深度提高到了3658m。1977年，"阿尔文"号首次发现了海底热液活动以及基于化能自养的生态群落，让人类对生命起源有了新的思考。"阿尔文"号仍在服役，累计已完成下潜任务 5000 余次，堪称深海潜水器中的"劳模"。此外，"大洋钻探计划"和"综合大洋钻探计划"两大国际合作计划相继于 1985 年和 2003 年实施，为人类真正揭开海洋的秘密开启了新的篇章。

我国在深海探测技术领域一度面临着"望洋兴叹"的困境。直至 21 世纪，我国深海监测设备、载人潜水器等才得到迅速发展，甚至在一些领域实现了对西方发达国家的弯道超车。在国家高技术研究发展计划支持下，我国科学家攻克了载人深潜器方面的重重难关，自行设计、研发了可载人下潜超过 7000m 的"蛟龙"号，并在 2012 年 6 月首次试验中成功下潜至 7062m 水深的西太平洋马里亚纳海沟，创造了作业型深海载人潜水器的世界下潜纪录。自此，"蛟龙"号的足迹遍布中国南海、东太平洋、西太平洋及印度洋。除了"蛟龙"号之外，我国还研发了 4500m 载人潜器"深海勇士"号和万米级载人潜水器"奋斗者"号。"深海勇士"号连续 4 年下潜超过 100 次，创造了世界深海载人潜水器运维水平的新纪录，亦为我国深海探测事业立下了汗马功劳，2020 年 11 月 10 日，"奋斗者"号在马里亚纳海沟成功坐底，深度 10 909m，创造了中国载人深潜的新纪录。我国深海载人潜水器的下潜任务中发现了众多海底热液和冷泉的活动，获得了海量高精度定位调查数据和珍贵的地质与生物样品。目前，我国在深海载人潜水器方面的研究已经迈入世界一流国家行列。

近年来，我国还在海底观测网技术和深海极端环境的原位探测技术中取得了十足的进展。例如，中国科学院南海海洋研究所、中国科学院声学研究所和中国科学院沈阳自动化研究所联合研发了"南海海底观测实验示范网"；中国地质调查局攻克了钻井井口稳定性、水平井定向钻进、储层增产改造与防砂、精准降压等一系列深水浅软地层水平井技术难题，成功实施了南海神狐海域第二次水合物试采，创造了产气总量和日产气量的世界纪录；中国海洋大学研制了国内首套深海小型、自容式激光拉曼光谱探测系统，实现了对深海正常和极端环境天然气水合物等目标物的无接触、快速探测；目前我国的大洋钻探船已经完成了主船体的贯通，属于中国人自己的大洋钻探首航首钻呼之欲出。这些科研成果不仅证明了我国深海探测技术的基础建设能力，也为后续深海能源、矿产资源的获取提供了坚实基础。

本书作为国内第一本专门以深海极端环境探测技术为主要对象的专著，融入了许多最新调查研究工作内容，也是对我们这样一支专业从事深海勘探调查研究的团队基于前期工作认识的总结。团队长期从事海洋天然气水合物资源与环境效应、海底极端生物生态调查研究以及相关的深海探测技术装备研发，从 2011 年起开展了海域天然气水合物资源勘查及环境效应专项调查，十余年时间累计开展海域水合物调查近 20 个航次，累计作业超过 600 余天，研制了一系列深海矿产资源探测技术和装备，形成了一套深海极端环境探测技术体系，并应用于海域天然气水合物资源调查、海洋生态环境分析及深海冷泉热液活动探测等领域，取得了一系列高水平研究成果，在此尽可能全面系统地在本书中一一展示。本书是我们长期深海极端环境资源勘探和环境调查的成果和结晶。

本书前言由吴能友、孙治雷撰写，第 1 章深海极端环境探测意义及技术发展现状由孙治雷、陈烨、郭金家执笔，第 2 章深海极端环境探测传感器由张喜林、郭金家、孙运宝和曹又文执笔，第 3 章深海极端环境移动观测技术由耿威、刘庆省、辛友志执笔，第 4 章深海极端环境原位探测与监测技术由翟滨、吕泰衡、李鑫海执笔，第 5 章面向深海极端环境的海底观测网技术由董刚、徐翠玲、秦双双执笔，第 6 章深海极端环境探测技术应用典型案例由张栋、张侠、李世兴、李昂执笔，第 7 章深海极端环境生化地质过程数值模拟技术由徐思南、李昂、苗健军执笔，第 8 章深海极端环境资源开发利用技术由曹红、周渝程执笔。全书由孙治雷、张喜林、孙运宝、郭金家统稿。

本书撰写过程中，中国地质调查局青岛海洋地质研究所的黄威高级工程师提供了部分资料并绘制了部分图件，上海交通大学王猛博士提供了部分资料，在此一并谨致谢忱！

本书的出版得到了国家自然科学基金"海洋'甲烷拦截带'对冷泉流体的消耗研究：来自南海东沙海域的观测与模拟（42176057）"和"冲绳海槽海底冷泉–热液系统相互作用及资源效应（91858208）"、崂山实验室科技创新项目课题"适于海底水合物资源探测的爬行车作业平台研制"（LSKJ202203504），以及中国地质调查局海洋地质调查专项（DD20230402）的支持。

习近平总书记在主持学习时强调，建设海洋强国是中国特色社会主义事业的重要组成部分。他指出，21 世纪人类进入了大规模开发利用海洋的时期。海洋在国家经济发展格局和对外开放中的作用更加重要，在维护国家主权、安全、发展利益中的地位更加突出，在国家生态文明建设中的角色更加显著，在国际政治、经济、军事、科技竞争中的战略地位明显上升。党的十八大也作出了建设海洋强国的重大部署。实施这一重大部署对推动我国海洋强国建设不断取得新成就、经济持续健康发展，维护国家主权、安全、发展利益，实现全面建成小康社会目标，进而实现中华民族伟大复兴都具有重大而深远的意义。

深海是蕴藏多种珍贵资源的"聚宝盆"，是人类社会可持续发展的可靠基础，其极端环境又是地质、地球物理、地球化学、生态环境、大气水文等多学科交叉的研究对象，孕育着重大的创新机遇。人类目前对深海的了解刚刚拉开序幕，在当前阶段对该领域的科学和技术进行评述只能算作抛砖引玉。虽然编写过程中，每一个人均付出了巨大努力，但本书仍只能算是一种基于阶段性成果的总结，相信在不久的将来将会涌现出一大批更系统更全面更深刻的科学成果。同时，囿于作者水平，不免管窥蠡测之见，亦有挂一漏万之虞，疏漏在所难免，恳请读者不吝批评指正！

孙治雷

2023 年 7 月 25 日

目　　录

第1章 深海极端环境探测意义及技术发展现状

深海通常指水深大于200m的海洋。由于地球近四分之三的面积被海洋覆盖，平均深度为3800m，且其平均深度集中于2000~6000m（图1-1）（Seibold and Berger，2017），即使按1000m深度来定义深海，其占据世界海洋的体积也达到75%。从外太空看去，地球绝大部分观察到的区域是深海，就仿佛一颗蓝色的水球，因此可以说我们居住的这颗星球绝大多数表面是由深海组成的。

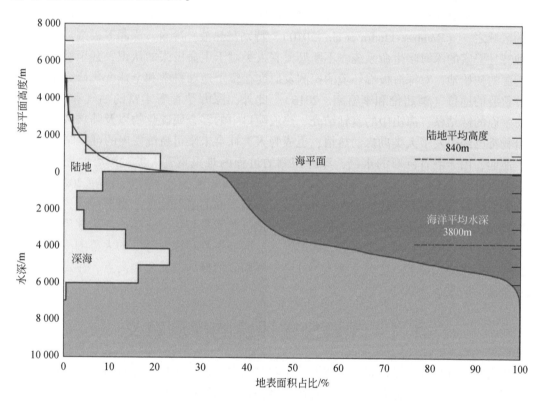

图1-1 海底和陆地整体深度分布（Seibold and Berger，2017）

浅黄色至深灰色区域：地球表面陆地海拔和海洋深度的分布频率

深海是地球上最为重要的极端环境之一。所谓"极端环境"，首先是针对生命而言的，因此受人类自己对环境看法的影响，任何环境或生境，只要其中影响生命循环的主要参数之一具有非常高或非常低的值，都可以定义为极端环境（Prieur，2007）。就此意义来看，深海是当之无愧的极端环境。秦蕴珊（2004）认为"深海极端环境"有两方面的含义：

一是理化环境上的极端，二是地质环境上的极端。从理化环境上看，深海具有高压、低温、没有阳光、缺氧的特征，曾被认为是生命的禁区（Forbes，1844），在这种环境下存在的生物生态系统与浅海区截然不同。从地质环境来看，深海也非常复杂。首先，深海面积巨大，在 5.1 亿 km² 的地球表面积中，有 3.62 亿 km² 是海洋，其中大约 95% 是深海。在面积广阔的深海海底不但分布着约 60 000km 长的洋中脊，还孕育了海山、深海平原、深渊、海沟、峡谷等多种地质地形地貌，因此，也可以看作另外一种意义的极端。近年，张鑫等（2022）又通过实地调查结果重申深海环境具有物理上（如温度、辐射、压力等）和化学上（如盐度、pH、氧含量等）的极端，是由多因子共同塑造的一个统一系统，拥有深海平原、海山、热液、冷泉及深渊等特殊环境，导致海底地形、理化因子的剧烈变化。

深海是地球上未被探索的最后疆域，相对于宇宙外太空，深海素有"内太空"之誉。在人口、资源和环境矛盾日益严峻的今天，从近在咫尺的海洋寻求出路，与遥不可及的外星球相比，是更为现实的选择。深海孕育了地球上最大的生态系统，其生物多样性也是最高的区域之一（Ramirez-Llodra et al.，2010），特别是热液、冷泉、深渊等极端环境，分布着独特且繁盛的深海暗生命系统，不断颠覆着人类对于生命极限的认识，甚至被认为是生命起源的初始地，对深海极端环境的探测及研究在整个地球科学和全球变化研究中都处于十分重要的地位（李超伦和李富超，2016）。此外，深海孕育着丰富的油气和矿产资源，深海平原的锰结核、海山中的富钴结壳、热液喷口中的多金属硫化物以及陆坡区的天然气水合物都已经引发了人类勘探的热情，也成为人类社会未来可持续发展的可靠储备。

然而，由于隔着巨厚的水层，深海探测的过程困难重重，人类对深海的探索非常有限。据统计，人类已探索的深海区域仅占整个深海面积的 5%（吴立新等，2022），可以说人类对深海的了解程度还比不上对月球甚至火星表面的了解程度。直至今天，人类活动和气候变化驱动的深海环境波动、生态系统变化以及能量与物质交换循环机理仍未得到足够重视和了解。因此，对人类而言，深海进入、深海探测和深海开发的大幕刚刚拉开，深海将成为继太空之后下一个关系到人类社会发展和政治格局的重要制高点，注定是世界科技竞争前沿的重要领域之一。

1.1 深海极端环境的探测意义

深海极端环境往往是珍贵矿产资源、生物基因资源的富集区，并且也是关键生物地球化学过程的活跃区，因此备受关注。总体来说，现代深海极端环境探测具有如下三方面的意义。

1.1.1 深海极端环境富集多种重要的矿产资源

深海是一个规模巨大的聚宝盆，蕴藏着石油、天然气、天然气水合物等能源矿产以及锰结核、富钴结壳和热液金属硫化物等金属矿产，受控于不同的海底特征或地质单元（图1-2）、构造背景和水动力条件等因素。随着海洋勘探的发展，海底矿产资源逐渐被发现并逐步实现开采。深海资源的开发利用不仅有利于缓解全球矿产资源供需紧张的困局和保障国家能源资源安全，而且对提高我国海洋的治理能力具有重要意义。

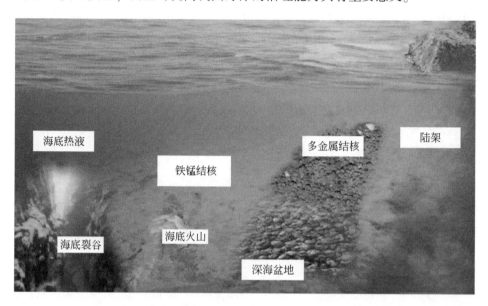

图 1-2   深海矿产资源与海底特征对应模式（Sharma，2017）

从世界范围看，全球海洋油气资源丰富。大陆架浅水区发现的油气储量约占海域发现油气储量的 60%，其余约 40% 分布在大陆坡的深水、超深水区。深水油气勘探开发已成为海洋油气勘探开发的热点领域（王陆新等，2020）。全球深水油气资源尚处于勘探早期阶段，仍有大量资源待发现。据统计，全球累计获得深水和超深水石油、天然气可采储量分别为 4.12×10^{10} t、1.32×10^{14} m^3，分别占全球常规石油和天然气可采储量的 7.3% 和 24.3%；深水和超深水石油、天然气累计产量分别为 3.8×10^9 t、4.2×10^{12} m^3，剩余可采储量分别为 3.8×10^{10} t、1.27×10^{14} m^3，分别占全球常规石油和天然气剩余可采储量的 9.9% 和 29.6%，主要分布在巴西、墨西哥湾、西非三大热点地区（王陆新等，2020）。

天然气水合物是深海海底另外一种储量巨大的能源，而且海底冷泉活动通常又伴随浅表层天然气水合物的发育（浅表层天然气水合物的定义见第 8 章），或者说天然气水合物支持了海底冷泉活动（Suess，2014），因此是海底冷泉极端环境存在的物质基础。天然气水合物是由天然气中小分子气体（如甲烷、乙烷等）在一定的温度、压力条件下和水作用生成的一类笼形结构冰状晶体。据估计，全球天然气水合物的资源总量换算成甲烷为 1.8×10^{16} ~ 2.1×10^{16} m^3，碳储量约相当于世界已知煤炭、石油和天然气等能源总储量的两倍（Makogon et al.，1981；Englezos，1993）。天然气水合物 99% 的资源量分布在海洋，且主要在深海区（Collett et al.，2009），在海底很多地方还裸露出现于海床之上（图 1-3），尤以墨西哥湾最为著名（Ruppel and Kessler，2017）。形成天然气水合物的主要气体成分为甲烷，在标准温度—压力条件下，1m^3 甲烷水合物可释放 164m^3 的甲烷气体，其燃烧热值是煤炭的 10 倍，是普通天然气的 2~5 倍。与传统能源相比，水合物燃烧后的主要产物是二氧化碳和水，不会生成有害气体和杂质，因此天然气水合物是 21 世纪最具潜力接替煤炭、石油和天然气的新型洁净能源之一。我国是当前世界上天然气水合物勘探开发技术的领跑者，已在南海北部开展了近二十年的天然气水合物资源调查工作，包括理论与技术攻关，并于2018年将其列为第173个矿种。2017年5月我国在南海北部神狐海域进行的首次海域天然气水合物试采成功，实现了我国天然气水合物开发的历史性突破。2020年3月又成功实施了第二轮试采，实现了从"探索性试采"向"试验性试采"重大跨越，迈出了天然气水合物产业化进程中极其关键的一步。

图1-3 墨西哥湾深海海底的天然气水合物（中间白色物质）被上面的
贻贝和碳酸盐结壳所覆盖（Ruppel and Kessler，2017）

深海多金属结核亦被称作铁锰结核或锰结核，是一种以Fe、Mn为主要元素并含有一定量Co、Ni、Cu、Zn、Mo、Li以及稀土元素等多种金属元素的海底矿产资源。多金属结核（图1-4）主要分布于水深4000~6500m、沉积速率低于10mm/ka的深海平原。据估算，全球大洋底多金属结核资源总量为$3×10^{12}$t（Mero，1965），具有商业开采潜力的资源量可达$7.5×10^{10}$t（Archer，1979），被认为可能是海底分布最广、储量最大的金属资源。富钴结壳（又称"铁锰结壳"）是继大洋多金属结核之后发现的又一深海固体矿产资源，赋存于海山、海脊、台地和海丘的顶部和侧翼，在岩石露头上形成厚结壳或在碎石堆上形成结皮（刘永刚等，2014）（图1-5）。富钴结壳富含Co、Ni、Cu、Pb、Zn等金属元素以及稀土元素和铂族元素，其中Co含量尤为显著，是陆地原生矿钴含量的20倍以上（栾锡武，2006）。此外，富钴结壳作为一种水成成因的矿产（Halbach，1986；Hein et al.，1988；Koschinsky and Halbach，1995），其本身在漫长的生长过程中记录了过去60~100Ma海洋和气候的演化历史，是储存了丰富的海洋和气候环境信息的重要载体（McMurtry et al.，1994；Hein et al.，2000）。

图 1-4　海底分布的多金属结核（Sharma，2022）

图 1-5　生长于海底岩石之上的深海富钴结壳（Usui and Suzuki，2022）

热液金属硫化物是海底热液活动的产物，主要是由高温黑烟囱喷发的富含金属元素的硫化物、硫酸盐等构成的矿物集合体（Rona and Scott，1993）。目前在全球海底已经发现数百处热液硫化物矿床，主要分布在洋中脊、弧后盆地扩张中心和水下岛弧火山等位置（German et al.，1998），通常具有壮观的烟囱体结构和极端生物生态系统（图1-6）。它是20世纪60年代继大洋多金属结核矿产和富钴结壳后发现的另一种海底金属矿产资源，主要金属元素为铁、铜、锌、银、镍、金、铂等，它们也是深海热液极端系统的典型产物。1978年，美法联合用法国Cyana号深潜器在东太平洋海隆21°N首次发现海底热液硫化物，自此开启了对这类资源的系统调查。根据国际大洋中脊协会的最新统计，截至2023年10月，全球已发现和由推断可确定的海底热液硫化物矿点有721个。多金属硫化物矿床附近的独特生物群落，是完全依靠化能自养的独特底栖生态系统，生产力水平非常高，具有可观的内在经济价值（Halfar and Fujita，2002）。

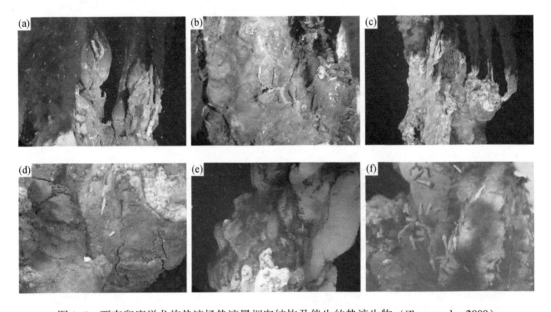

图1-6　西南印度洋龙旂热液场热液黑烟囱结构及伴生的热液生物（Zhou et al.，2008）

深海海底矿产种类多、储量大、品位高，具有巨大的开发利用前景，但因受地形复杂、高压、无光、洋流、海浪等复杂海洋环境的影响，探测及开发难度较大。现代科学技术的进步，为深海矿产资源的开发提供了大量可以利用和借鉴的通用技术及装备，使得深海矿产资源开发的技术可行性不断提高。但到目前为止，仍缺乏成熟可用的探测和开发技术装备，加之对环保策略及其他因素的考虑，深海矿产资源产业化开发困难重重，备受关注的索尔瓦拉热液硫化物开发项目也因鹦鹉螺矿业公司的倒闭而于2019年无限期搁置。

1.1.2　深海极端环境蕴藏着丰富的生物及基因资源

深海生物圈是地球上最大的生物圈之一，利用先进的海洋探测装备和技术，研究人员已在深海海域中相继发现了大量的生物物种。例如，1960～2020年，海洋生物地理信息系统（OBIS）中每年新发现的深海物种数量和 Google Patent 数据库中每年新发明的设备数量均呈急剧增加趋势 ［图 1-7（a）］，每年物种数量的增长趋势与已开发设备的增加呈显著相关 ［图 1-7（b）］（Liang et al., 2021），这表明深海装备的发展加速了深海生物资源的研究工作。下面将重点介绍三类典型深海极端生境中蕴藏的生物及基因资源。

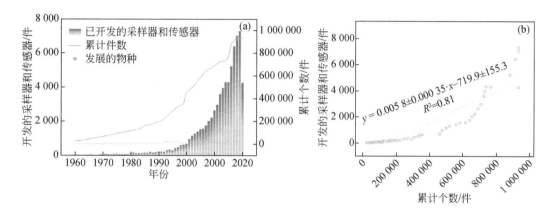

图 1-7　深海设备促进了生物资源的开发
（a）自 1960 年以来，已开发取样器及传感器的数量以及累计发现物种的数量；
（b）已开发取样器及传感器与累计发现物种数量的相关性分析

在多种多样的海底冷泉生境中，溢出的流体富含甲烷，甲烷氧化可以支持化能自养合成生物群落的存在，微生物（细菌和古菌）能够利用这些流体组分，将无机碳转化成糖类、蛋白质等有机碳，在此基础上繁衍形成一套完整的冷泉生态系统（图 1-8）。根据营养源是否全部或大部分来源于内共生细菌的化能自养，冷泉生态群落可划分为专性种（如菌席、管状蠕虫、贻贝类和蛤类等）、潜在专性种（如腹足动物、帽贝和螃蟹等）和非专性种（如海葵、短尾亚目甲壳动物、腹足动物和冷水珊瑚等）（陈忠等，2007）。冷泉生物具有独特的生物多样性、极高的生物密度，同时孕育着独特丰富的基因资源和代谢产物，这些都为生物学家发现新的微生物代谢途径和生存对策提供了机遇。

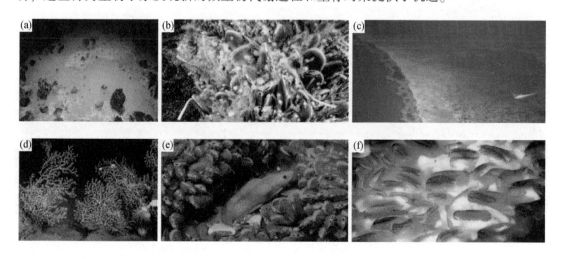

图 1-8 海底多种多样的冷泉生态群落（Joye，2020）

相对于深海冷泉系统，热液活动的温度和化学梯度更剧烈，化学反应更为强烈，支持的极端生态系统多样性更高一些（图 1-9）。在热液生境中，各不相同的化学组成也使其集中了各种化能自养合成生物：一方面，铁和硫的氧化物以及金属硫化物纳米颗粒成为生物体的主要能量来源（Yücel et al.，2011）。另一方面，海水与岩石间的相互作用能够产生氢气、甲烷和其他短链碳氢化合物等，可以作为能量和营养来源被微生物所利用（Chapelle et al.，2002；Kelley et al.，2005）。尽管海底热液喷口的温度高达几百摄氏度，但是多种大型底栖动物，如管状蠕虫、贝类和其他甲壳动物等仍能通过与化能自养微生物共生或以微生物为食的方式在热液喷口周围繁衍生息（李新正等，2019）。此外，热液喷

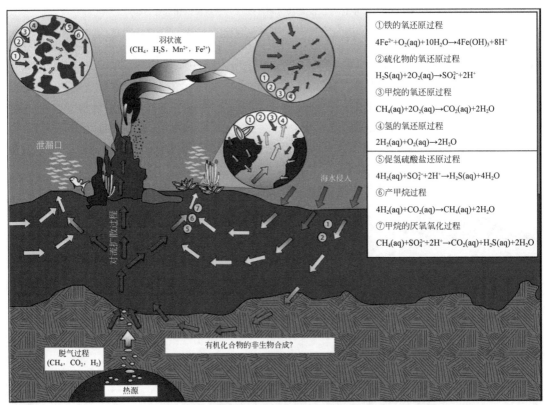

图 1-9 热液系统内流体流动和不同环境（烟囱壁、羽状流、补给区和海底混合区）
中潜在分解代谢反应模式（Hentscher and Bach，2012）

口还蕴含着丰富的嗜热古菌。1997 年，研究人员在大西洋底 3650m 深度处一个温度高达 113℃的热液喷口处发现了一种名为"延索酸火叶菌"的细菌。此后科学家又在太平洋底 2400m 深处的一个热液喷口发现了另一种微生物，命名为"Strain 121"，该菌株能够在温度高达 121℃的高压灭菌器中，以甲酸盐作为电子供体，以三价铁作为电子受体继续生长繁殖（Bourbonnais et al., 2012）。嗜热微生物的发现表明在热液喷口这样的极端环境下，微生物普遍进化出一套非常有效的耐热适应系统。对于深海热液嗜热菌的研究，将极大地拓展人们对生命极限适应温度的认知。

海山是深海大洋中一种广泛存在但又十分独特的生态环境。海山通常是指位于深海海平面以下且高度大于 1000m 的海底隆起地形（Menard, 1964），广义的海山也包括一些相对高度小于 1000m 的海丘。海底洋流受海山地形的影响，会在海山区域形成一个特殊的环流系统，这一环流系统会将大洋底部的营养物质输送到上层水层，使该地区成为一个高生产力区域。因此，海山特有的地理学特征和水文条件，造就了高生物量、高生物多样性、高生物特有性的特点，使其成为公认的"海洋生物多样性研究"热点地区。通过对深海海山生物多样性调查发现，海山几乎栖息着所有门类的大型底栖无脊椎动物，以滤食性生物为主，常见的有海绵、海鳃、珊瑚、水螅、海百合等（Rogers, 1994; Stocks, 2004）。

深渊也是一种极具特色的深海极端环境。深渊是指深海中深度大于 6000m 的区域，是海洋中最深的区域，主要由深部海沟组成，也被称为"超深渊"或"海沟"。由于极端高压、完全黑暗和低温，深渊带环境应该是生命罕至的"一潭死水"。但是，近 50 年一系列研究表明，深渊并不是静止不动的，而是参与深层气旋环流和大洋深海环流等物理过程，且具有较为可观的物质输入，同时也拥有丰富的生物多样性和活跃的底栖生物生命活动（Todo et al., 2005; Itoh et al., 2011; Fujji et al., 2013）。Wang 等（2019）对采自马里亚纳海沟的深渊狮子鱼的分类、形态和基因组学进行了系统的研究，发现深渊狮子鱼为了适应高压环境，头骨发育不完全，骨骼变得非常薄且具有弯曲能力，肌肉组织也具有很强的柔韧性。基因组分析则显示，超深渊狮子鱼与视觉相关的基因大量丢失，与细胞膜稳定和蛋白结构稳定多个相关的基因发生了突变，这些基因的变异可能共同塑造了其独特表型，并帮助其适应超深渊的极端环境。深渊由于都在"碳酸钙补偿深度"（CCD）以下，碳酸钙以溶解态存在，以碳酸钙为主要结构组分的有孔虫无法生存，然而，科学家却在深渊调查中发现了与众不同的有孔虫种类（Todo et al., 2005）。深渊中特有的物种类群，是研究深海生物多样性的宝贵资源。

深海由于极端的物理、化学和生态环境，形成了独特的热液、冷泉等深海化能自养生态系统以及多种极端生命形式，拓展了生命的深度和广度。对深海极端海洋生态系统中的生物资源及其多样性进行系统的调查和比较分析：一方面对解释生命起源、生命极限、生命本质甚至其他生命形式等生命科学的悬念以及研究生物对特殊环境的适应能力有着极为重要的科学意义（李超伦和李富超, 2016; 张亮和秦蕴珊, 2017）；另一方面，深海生物经过长期适应和进化，形成了极为独特的生理结构和代谢机制，产生包括各种极端酶在内的特殊生物活性物质。开展深海极端环境的探测工作对生物资源的开发利用、新能源的探索乃至新型生物材料的研发都具有重大的理论和应用价值（李超伦和李富超, 2016）。

1.1.3 深海极端环境关乎生命起源和演化等一系列重要科学问题的解决

开展深海地质、生物以及环境过程的研究是地球科学和生命科学的突破口。海底热液系统广泛分布于全球的海底扩张中心，类似于早期地球原始高温、缺氧的环境，加之喷口微生物具有的特殊生理生化特性，科学家们提出了"生命起源于海底热液喷口"的科学假说（Corliss et al., 1981）。该学说认为，位于系统发育树根部的是极端嗜热化能自养微生物，它们在地球上是最接近"共同祖先"的微生物类群（Woese and Fox, 1977; Setter, 1996; Schulte, 2007）。这些极端嗜热微生物绝大多数是从海底热液环境中分离得到的，平均最佳生长温度超过 80℃，代表着各类群中最古老的演化类群（Woese, 1998）。它们能够通过化能自养方式，利用热液环境中各种无机化学反应所释放出来的能量维系自身的生命活动，从而支撑整个生态系统。大洋橄榄岩蛇纹石化可以产生氢气和甲烷，还有甲酸和乙酸等小分子有机化合物，这为海底热液区生命活动提供了物质和能量来源（Lane et al., 2010）。从热力学角度来看，热液喷口环境则为生命起源演化提供了能量保障（邵宗泽，2018）。另外，研究表明海底火山口附近富含矿物质的高温海水从海底裂缝中喷出，产生了带正电荷的质子梯度，这种质子梯度为构成生命的有机分子提供了源源不断的能量（Lane and Martion, 2012）。烟囱壁中富含 Fe、S 的硫化物可能在电子传递以及催化中起着重要作用（Herschy et al., 2014）。

开展深海关键科学问题研究的基础是深海样品和观测数据的获取，这离不开深海探测技术的发展，如深部生物圈的研究需要依靠大洋钻探技术，现在微生物学家们参加国际大洋发现计划（IODP）航次已经成为常态。这些航次带来了有关深部生物圈全新的甚至是颠覆性的认识。例如，2010 年，日本科学家通过对国际大洋发现计划（IODP）采集的火山岩样品研究，发现在洋底以下 100 多米的古老火山岩中，生活着高度密集的微生物群落，细胞密度甚至是年轻玄武质岩石的 100 万倍以上（图 1-10）（Suzuki et al., 2020）。玄武质地壳在火星等其他行星和地球上都是普遍存在的，在这种极端环境下高度活跃或高度密集的微生物群落的发现，暗示着火星和其他行星体存在生命的可能性。极端微生物代表了生命的极限适应能力，它们很可能蕴含着生命进化历程中极为丰富的信息，是生物遗传和功能多样的宝库，对揭示生命起源和进化提供重要启示（范振刚，2007）。

实际上，更多的生物、地质以及环境科学研究依赖于常规地质取样装备技术，在此也有必要对其进行简要介绍。深海科学研究中常用的海底生物及地质取样装备有箱式取样器 [图 1-11（a）]、多管取样器 [图 1-11（b）]、水下机器人取样 [图 1-11（c）]、重力柱取样器 [图 1-11（d）] 等。其中，箱式取样器主要用于采集海底表层 0～30cm 范围内的沉积物，多管采样器可以获取扰动小的表层沉积物，重力柱状取样器主要用于采集海底表层以下几米到几十米范围内的未固结和半固结沉积物（董刚等，2022），水下机器人取样主要用于极端环境下微生物的科学考察取样，通过对深海近底观测，以实现常规取样设备无法完成的复杂取样工作（耿雪樵等，2009）。

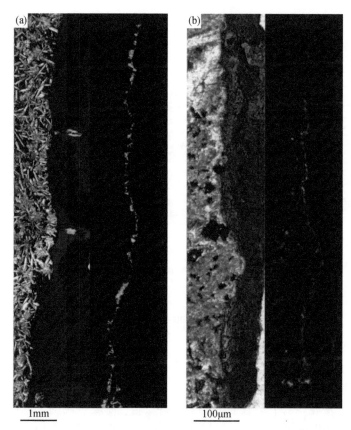

图 1-10　微生物定植的玄武岩界面（Suzuki et al.，2020）

(a)箱式取样器

(b)多管取样器

(c)水下机器人   (d)重力柱取样器

图 1-11   深海地质取样设备（董刚等，2022）

1.2   深海探测技术发展现状

深海探测技术是针对有关深海资源、构成物、现象与特征等资料和数据的采集、分析及显示的技术，是深海开发前期工作的重要技术手段（张鑫等，2022）。20 世纪 60 年代，深海探测技术迅速发展。水下运载平台、大洋钻探船、海底观测网、原位探测器、各型地质与生物取样器等相继问世，在深海极端环境、地震机理、深海生物和矿产资源以及海底深部物质与结构等领域取得了一系列重大进展。其中，就深海探测而言，水下运载平台、大洋钻探船、海底观测网、深海原位探测是最为重要的技术，最能体现一个国家的深海探测能力，因此下面主要针对这几类深海探测技术的发展现状予以简要介绍。

1.2.1   水下运载平台技术

水下运载平台技术自 20 世纪中期发展至今，无论从用途、外形、导航、定位，还是在控制等方面均取得了长足的发展，已逐渐形成一个综合发展的学科方向。当前，国内外主流的水下深潜器主要有自治式水下航行器（Autonomous Underwater Vehicle，AUV）、无人遥控潜水器（Remotely Operated Vehicle，ROV）、自主遥控水下机器人（Autonomous Remotely Vehicle，ARV）、载人潜水器（Human Operated Vehicle，HOV）、水下滑翔机器人（Autonomous Underwater Glider）、深海着陆器、海底爬行车及拖曳式探测平台等。各水下运载平台在深海探测方面均有着独特的优势，下面列出了一些各运载平台的国内外代表产品及其性能与适用范围（表 1-1）。

表 1-1 目前国内外主流水下运载平台

平台	国内外主流产品	性能及适用范围
AUV	美国 Bluefin AUV、REMUS 系列、SeaBed 双体 AUV、D. Allan B AUV；英国 Autosub 6000；日本 Urashima；德国 MARUM Seal 5000；国内如"探索者"号、CR-01 型/CR-02 型 AUV、潜龙系列、"智水"系列等	其活动方式为全自主式或智能控制，能够自主完成对所定任务区域的搜索并返航，在人工设定好参数或下发命令后，能够完成复杂任务，自主程度较高，具有体积小、灵活性好、使用维护费用低等特点
ROV	美国 CURV 1、Jason 号；日本"海沟"号；国内"海龙"系列、"海马"号、"海星6000"号	通过脐带缆与母船连接以获取动力并接受人工控制完成水下作业和观测在人工控制下可执行复杂操作，因此在大深度和有危险区域，如海底热液区环境观测和采样作业具备独特优势
HOV	美国的"阿尔文"号，法国"鹦鹉螺"号；俄罗斯"和平一号"和"和平二号"；我国"蛟龙"号、"深海勇士"号和"奋斗者"号	具有水下观察和作业能力的载人潜水装置，可以完成多种复杂任务，包括通过摄像、照相对海底资源进行勘查，执行水下设备定点布放、海底电缆和管道检测等
Glider	美国 SLOCUM、SPRAY、Seaglider；法国 SeaExplorer；我国"海燕"号、"海翼"号	以锯齿形航线航行的自治式观测设备，基于浮力驱动，可搭载温盐深观测量仪器等多种传感器，用于大范围海洋环境观测。能够在特定作战区域保持持久存在并进行持续监视，收集和记录关键的传感器数据
其他	拖曳式观测平台（如 SeaSoar）；深海着陆器（如 FVR-2 和天涯号）；3000 米级声学深拖系统（青岛海洋地质研究所自主研发）；海底爬行车；水下直升机等	着陆器、深海拖体（包括声学的和光学的等）、海底爬行车、水下直升机以及多栖机器人等在水下探测方面均有着独特的优势

　　水下运载平台技术的发展很大程度上体现了一个国家的海洋技术发展水平，已成为世界各国的重点研究对象，其在深海极端环境探测过程中也得到了广泛的应用。最初的水下调查平台多为拖曳式观测平台，由船舶拖曳，在航行过程中控制拖曳体的上升、下降和航行轨迹等，开展多参数海洋剖面观测，具有不影响船舶航行、实时、多要素同步观测的特点，是一种重要的海洋观测平台。例如，青岛海洋地质研究所于 2017 年自主研发了一套声学深拖系统（图 1-12），搭载了侧扫声呐、浅地层剖面和多波束测深单元。应用这套声学深拖系统对我国某海域开展了大范围的极端环境调查，利用获取的高分辨率侧扫反射图、海底地形图和浅地层剖面图能够较为快速、准确地锁定冷泉位置。

　　随着深海调查技术的不断进步，极端环境探测的水下运载平台技术由大范围调查向小范围精细化探测方向发展，这期间出现了以 ROV 和 HOV 为代表的水下运载平台，潜水器本体可以通过脐带缆得到水面操作台输出的信号通信和指令，可执行复杂操作，并能以此获取水面供电装置输出的能源，同时机器人位姿信息、水下图像信息等数据也会通过脐带缆反馈给水面操作台，具有出色的水下观察和作业能力。当前国内、外较为代表性的设备见表 1-1。ROV 和 HOV 都是高性能水下运载平台的代表，两者最为重要的区别是 HOV 具有载人功能，可作为潜水人员水下活动的作业基地。

图 1-12 青岛海洋地质研究所自研声学深拖设备

美国是世界上最早进行 ROV 和 HOV 平台技术研发的国家。早在 1934 年，美国的潜水器就潜入 914m 深度，实现了人类第一次对深海生物的观察。1960 年，美国的"迪利雅斯特"号潜水器首次成功下潜到世界大洋中最深的海沟——马里亚纳海沟，最大潜水深度为 10 916m。1977 年，科学家搭乘"阿尔文"号潜水器，在加拉帕戈斯扩张洋脊首次探测到海底热液活动（Corliss et al., 1979），同时在热液喷口发现了以管状蠕虫和贻贝类等为主体的生物群落，这被认为是深海生物学近一百年来最激动人心的发现。

在 ROV 和 HOV 平台技术研发方面，日本也长期处于世界前列。日本最出名的 ROV 是 1986 年研制的"海沟"号（Kaiko），曾于 1995 年在马里亚纳海沟创造了 10 911.4m 的下潜世界纪录，并首次揭示了水下万米深处存在的海洋生物，但该 ROV 已于 2003 年丢失。当前接替"海沟"号的第四代 ROV 为 7000 米级，名为"海沟 Mk-Ⅳ"，主要用于深海调查和海洋资源探测。1989 年日本建成了下潜深度为 6500 米的"深海 6500"（Shinkai 6500）潜水器（图 1-13），可载 3 人水下持续作业时间 8h。此潜水器曾下潜到 6527m 深的海底，创造了当时载人潜水器深潜的纪录，并保持了 23 年之久（任玉刚等，2018）。2012 年，该潜器又进行了技术升级，对人员的布局和水下导航系统进行了升级（赵羿羽，2018）。目前，它已对 6500m 深的海洋斜坡和大断层进行了调查，并对地震、海啸等进行了研究，已经下潜了 1400 多次，下潜次数仅次于美国"阿尔文"号。

近年来，在一系列国家重大专项支持下，我国深海水下平台技术得到了飞速的发展，自主研发了多种型号的 ROV 和 HOV。如"海龙Ⅲ"号 ROV 是国内首台 6000 米级通用作业型无人缆控潜水器，配备虹吸式取样器、岩石切割机、沉积物保压取样器等设备，搭载

图 1-13　日本研发的 "深海 6500" 载人潜水器
图片由李季伟拍摄并友情提供

前视声呐等特种工具，具备自动避让障碍物、深海定位能力，国产化率达到85%以上，技术水平处于国际领先。"海龙11000" 是万米级深海无人遥控潜水器，设计最大工作深度为 11 000m，其作业方式、系统方案突破了传统缆控无人潜水器模式，兼具 ROV 和 ARV 的技术特点，既可采用铠装缆以 ROV 模式作业，又可采用光纤微细缆以 ARV 模式作业，具有较强的海上机动性和灵活性（图1-14）。

当前国内成熟的载人潜器主要有 "蛟龙" 号、"深海勇士" 号及 "奋斗者" 号(图1-15)。"蛟龙" 号是第一艘由中国自行设计、自主集成研制的载人潜水器 ［图1-15（a）］。2009～2012 年，"蛟龙" 号接连取得 1000 米级、3000 米级、5000 米级和 7000 米级海试成功，并于 2012 年 7 月在马里亚纳海沟试验海区创造了世界同类作业型潜水器的最大下潜深度纪录，这意味着中国具备了载人到达全球 99.8% 以上海洋深处进行作业的能力。在 "蛟龙" 号的成功研制与良好应用基础上，我国于 2014 年又启动了第二台 4500 米级载人潜水器 "深海勇士" 号的研制。该潜水器整体性能优良，关键部件国产化率达 91.3%，主要部件国产化率达 86.4%，实现了数字通信，能够从海底实时传输图像，可列入国际最先进载人潜水器序列 ［图1-15（b）］。至 2023 年 9 月，"深海勇士" 号载人潜水器已经连续四年完成 100 次下潜，累计执行 600 余次下潜任务，是目前国际上下潜频率最高的载人潜水器，为我国的深海科考事业立下了汗马功劳。2016 年，我国又启动了万米载人潜水器 "奋斗者" 号立项，以加快推进深海载人潜水器谱系化开发进程。2020 年 11 月 10 日，"奋斗者" 号 ［图1-15（c）］ 在马里亚纳海沟成功下潜到 10 909m，创造了我国载人深潜的新纪录。截至 2023 年 1 月 22 日，"奋斗者"号载人潜水器累计下潜 159 次，其中万米级下潜 25 次，这标志着我国在大深度载人深潜领域已达到世界领先水平。

图 1-14　"海龙 11000" ROV 作业场景

(a)"蛟龙"号

(b)"深海勇士"号

(c)"奋斗者"号

图 1-15 我国自主研发的"蛟龙"号、"深海勇士"号和"奋斗者"号载人潜水器

总体来看，ROV 和 HOV 两种潜水器以负载能力强、巡航距离远、操作实时可控等优势，在海洋探测及作业中扮演了重要角色。但两者的缺点在于运行成本高，作业风险大，需要复杂的作业母船支持系统，一旦本体与脐带缆发生缠绕或是断裂，将带来巨大的损失，而且很难采取补救措施。

AUV 是克服上述缺陷的新利器。AUV 是一种可在水下以设定航线航行的自主式巡航观测设备，它具有推进器和控制翼面，具有高机动性，可搭载侧扫声呐、成像声呐等多种设备和传感器，因此在深海等指定目标区域的海洋环境观测中有着良好的应用。例如，日本海洋地球科学技术署利用其自主研制的"Urashima"号 AUV 于 2009 年 6 月在南马里亚纳海槽（SMT）的 Pika 热液喷口周围进行海底观测，系统收集了矢量磁场数据，并利用侧扫声呐检测到热液喷口发出类似羽状的信号。此外，还通过搭载的多波束回波测深仪观察到了烟囱状结构。再如，美国的蒙特雷湾水族馆研究所（MBARI）利用研制的 D. Allan B AUV 先后完成了对阿拉肯高地的调查，根据调查数据绘制了详细海底地形图，同时获得了高分辨率烟囱结构图像，确定了热液喷口位置。此外，利用该设备先后调查观测了多种海底环境，包括海底峡谷（如蒙特雷峡谷、巴克利峡谷）、海底扇（如雷东多海峡、露西亚奇卡、圣克莱门特）、海山（如轴向海山）和冷泉活动喷口（如圣莫尼卡盆地、巴克利峡谷）。

AUV 通常具有封闭的流线外形，在机体内携带供电电源，通过预编程事先确定水下路径及探测任务，优点是摆脱了线缆的束缚，可以自由灵活地完成各项水下作业任务，而且作业范围更大。但 AUV 的作业功能单一，负载能力十分有限，难以搭载作业装备，多是用于水下环境观测，并且自身携带能源有限，按目前的技术水平，仍不适宜长时间水下作业。

与 AUV 相类似的一种水下运载平台是水下滑翔器（Glider），其可以在特定范围内持久存在并进行持续监视，收集和记录关键的传感器数据。与其他海洋观测设备相比，其具有体积小、重量轻、易于布放和操纵的优势。此外，相比船基海上调查，调查成本较低；多个水下滑翔器组成的观测阵列可实现大范围、长时间的同步观测等，探测能力大为增强。目前国内较为成熟的 Glider 主要有天津大学的"海燕"号、沈阳自动化研究所的"海翼"号（图 1-16）。2018 年 7 月，"海翼"号在白令海峡完成布放，对白令海 600n mile 的海域进行多剖面、大纵深的温盐深观测。2017 年 8 ~ 9 月，"海燕"号参与大洋第 45 次科考任务，航程 220km，对多金属结核区周边海域环境进行了全方位的立体观测。2018 年 4 月，天津大学研发的"海燕-10000"万米级水下滑翔器，在马里亚纳海沟附近海域经过一系列规范化的海上测试，最大工作深度达到 8213m，刷新了同类潜器下潜深度的最新世界纪录。同年 5 月，长航程水下滑翔器（PETREL-L）连续运行 119 天，完成剖面 862 个，航行里程 2272.4km，再次创造了国产水下滑翔器连续工作时间最长、测量剖面最多、续航里程最远等多项新纪录。

然而，水下滑翔器也存在着一定的缺陷：①必须浮出水面才能通过卫星或无线链路将数据进行传输。②定位精度较差，水下滑翔器水下前进时使用船位推算位置信息，容易积累误差，导致无法确定滑翔器的准确位置。③容易受海洋环境的限制。首先，运行海域要有足够水深，以保证水下滑翔器按照锯齿状运行方式运行；其次，运行海域的洋流速度不能过大，如果洋流速度超过水下滑翔器的前进速度，水下滑翔器有可能被推回。

着陆器是一种固定式的深海探测平台，适用于对海底开展定点、实时、持续、长期观测。自 1974 年美国伍兹霍尔海洋研究所（WHOI）研制出首台深海着陆器 FVR 以来，深海着陆器因为其经济可靠、驻留时间久、用途广泛等优点得到了大量应用。德国亥姆霍兹基尔海洋研究中心采用模块化设计理念自 20 世纪 80 年代以来研制了数十台深海着陆器，英国阿伯丁大学海洋实验室研制了多台海底着陆器进行深海原位试验，中国海洋大学研制

图 1-16   "海燕"号和"海翼"号水下滑翔器

了用于海底边界层及微尺度剖面观测的原位检测装置,中国科学院研制的"天涯"号[图 1-17 (a)]及"海角"号已成功应用于深海探测及样品采集。青岛海洋地质研究所依靠"十三五"重点研发计划自研的着陆器可以刺穿海底沉积物–海水界面,深入获取海底沉积物 50cm 内的 10 余个重要环境参数(包括甲烷、溶解氧、二氧化碳、硫化氢、pH、Eh 等),并且取得了连续水下工作时间达 214 天的纪录[图 1-17 (b)]。但总体来讲,当前的深海着陆器结构简单、缺乏主动运动能力、智能化程度低,存在抗环境干扰能力差、无法控制作业地点等问题,限制了其在高精度水下作业中的进一步应用,仍需要不断进行技术创新。

1.2.2　深海钻探技术

1968 年开始的深海钻探计划(DSDP,1968~1983 年)及其后续的国际大洋钻探计划(ODP,1985~2003 年)、综合大洋钻探计划(IODP,2003~2013 年)和当前的国际大洋发现计划(IODP,2013~2023 年)是地球科学领域迄今规模最大、影响最深、历时最久的大型国际合作研究计划,也是引领当代国际深海探索的科技平台,并由此引发了在深海钻探技术方面的竞争。在深海钻探技术方面,美国、日本实际处于领导地位,而随着我国

(a)中国科学院研制的"天涯"号深海着陆器　　　　(b)青岛海洋地质研究所自研的自主穿刺型深海着陆器

图 1-17　深海着陆器

自主设计建造的大洋钻探船的下水，该局面将有望被彻底打破。

从 1966 年开始，美国自然科学基金会开始筹备 DSDP，即大洋钻探的前身。DSDP 计划持续 15 年，完成了 96 个航次，钻探站位 624 个，航程超过 60 万 km，回收岩芯 9.5 万 m，验证了海底扩张说和板块构造说的基本论点，提供了中生代以来古海洋学的第一手资料，极大地推动了海洋地质学的发展。在 DSDP 结束后于 1985 年开始的 ODP 和 2003 年开始的综合大洋钻探计划（IODP）两大国际合作计划中，美国的技术始终处于领先地位，其主导运营的"乔迪斯·决心"号（JOIDES Resolution，JR）已经执行 30 多个航次的钻探计划，取得了累累硕果。虽然后期随着日本"地球"号和欧洲"特定任务平台"（Mission Specific Platform，MSP）的加入，IODP 逐渐演变为三足鼎立的局面，但美国的主导地位短时间内仍然难以撼动。当前执行 IODP 任务的三大钻探平台示意图见图 1-18。50 年来大洋钻探在全球各大洋钻井 4000 多口，取芯 40 余万米，引发了地球科学的革命，引领了地球深部的探索（郭慧，2018）。大洋钻探，验证了地球构造运动的板块理论，证实了气候演变的轨道周期学说，发现了海底深部生物圈和天然气水合物，揭示了大洋岩石圈的成矿机制，引领了地球科学一次又一次的重大突破，始终站在国际学术前沿。

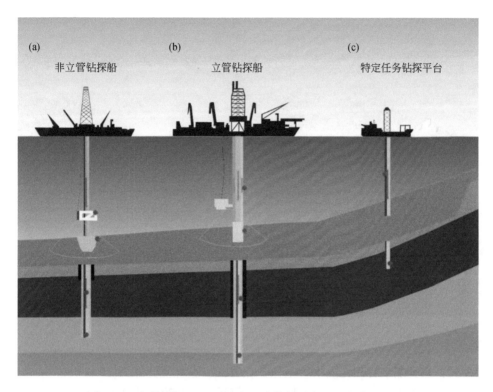

图 1-18　大洋钻探 IODP 阶段的三大钻探平台（汪品先，2018）

（a）美国的"决心"号非立管钻探船；（b）日本"地球"号立管钻探船；（c）欧洲特定任务钻探平台

日本的"地球"号是目前世界上最先进的深海钻探船，主要用于对深海海底地质结构的勘探，能够对地幔、大地震发生地等区域进行高深度钻探作业（图 1-19）。该船配备了 DeepTow 深海曳航照相/声呐系统等先进的设备，能够对海底地形、地质、热液、资源等进行走航探测；液压活塞取样系统能够从海底钻取岩芯，现场分析岩芯的内部结构，曾创下 7740m 世界最深海底钻探纪录，也参与了综合大洋钻探科学计划（IODP），在地震发生理论、海底资源探测等方面取得了重大突破。"地球"号配备新型保压取芯系统，能够对水合物进行保压取样，多次执行天然气水合物资源勘查的任务。2023 年 8 月，"地球"号又在志摩半岛海域进行了水合物钻探和简易试采，以推进天然气水合物产业化工作。

欧洲"特定任务平台"（MSP）由欧洲大洋钻探研究联盟（ECORD）的科学执行机构（ESO）负责运行。ESO 由三个单位组成，其中，英国地质调查局负责航次的准备与实施，德国不莱梅大学负责航次岸上工作，欧洲岩石物理联盟负责录井工作。从 2004 年开始，MSP 大致每年执行一个航次，但其并没有固定的钻探船，每个航次根据不同情况租用不同的钻探船，具有很大的灵活性。到目前为止，欧洲组织的航次都是美国、日本钻探船无法到达的区域，要么是北极的海冰区，要么是浅水区，凸显了 MSP 的特殊性。如此就形成了以美国、日本、欧洲为主体的 IODP 多平台钻探的格局。

目前，我国自主设计建造的首艘面向深海万米钻探的大洋钻探船也已于 2022 年 12 月实现主船体贯通。该大洋钻探船设计排水量达 4.2 万 t，具有油气钻探和大洋科学钻探两

图 1-19　日本"地球"号大洋钻探船

大作业模式，兼具隔水管和无隔水管钻探作业方式，钻探能力超过 10 000m。该大洋钻探船拟配置十大类别先进的船载设备，形成涵盖海洋研究全领域的九大实验室，并首次配建国际一流标准的古地磁和超净实验室，总体装备和综合作业能力处于国际领先水平。我国的大洋钻探船建成后，主要承担国家重大科技项目和国际科学计划中的大洋科学钻探任务，以全面提升认识、保护和开发海洋的能力，服务我国海洋强国建设。

1.2.3　海底观测网

海底观测网最早源自冷战时期美国海军的水声监视系统，可称为地球系统的第三个观测平台（汪品先，2007）。在现代传感器、水下机器人、海底光纤电缆、物联网、大数据等新型技术的推动下，海底观测网融合物理海洋、海洋化学、海洋地球物理、海洋生态等学科，解决深海极端环境下高分辨率和实时获取海洋观测数据的技术难题，可以深入到海洋内部观测和认识海洋，实现从海底到海面全天候、长期、连续、综合、实时、原位观测（李风华等，2019）。美国、日本、加拿大以及欧洲各国的著名海洋研究机构一直引领海洋科学与技术的发展，凭借在海洋观测领域的先发优势，纷纷投入巨资开展海底观测网络关键技术研究，建设海底观测网络。2009 年加拿大建成了世界上第一个大型深海观测网 NEPTUNE Canada，2015 年日本建成全球最长的海底光缆网 S-NET（5700km），欧盟国家海底观测网 EMSO 计划有 14 个国家 50 个单位参加，从地中海一直延伸到北冰洋。然而美国的大洋观测计划（OCEAN OBSERVATION INITIATIVE，OOI）无论是观测网本身的多样性还是科学问题的全面性，仍走在最前沿。美国的 OOI 观测网耗资 3.86 亿美元，由区域网（RSN）、近岸网（CSN）和全球网（GSN）三大部分构成，拥有 83 个实验平台，850

余个仪器设备，可实现从海底到海面的全方位立体观测，从厘米级到百公里级、从秒级到年代级尺度过程的系统测量。OOI 在水合物脊（Hydrate Ridge）和轴状海山（Axial Seamount）各布设了 2 个节点，重点对天然气水合物系统和火山活动区等极端环境观测，研究天然气水合物、火山活动和热液活动对周围环境的影响。OOI 系统正常运行以来，获取的数据免费开放，已经产生 2500 种以上科学数据产品和 10 万多种科学与工程数据产品，有效推动了海洋科学研究的进步，提升了科学家对海洋科学的认识（李风华等，2019）。

日本在海底观测网的建设和利用方面成绩非凡，其建设规模和水平在世界上首屈一指。日本是最早利用海底光缆网络系统监视地震和海啸的国家。早在 2003 年日本就提出了建设新型实时海底监测网络（ARENA），计划在日本沿海岸线建设 3000 多千米长距离的海底光缆网络，每个节点呈树状连接各种传感器，但鉴于经费原因，取代实施的是用于监测日本南海海槽地震海啸活动的 DONET 网络（Kaneda，2010）。DONET 网络堪称世界上最精密的地震海啸海底观测网络，部署在纪伊半岛以南的海域，总共有 5 个观测节点 20 个观测站，海底光缆总长 300km（Takaesu et al.，2014）。但 2011 年的大地震又促使日本在东海岸建设长距离的日本海沟海底地震海啸观测网（S-NET），并最终于 2015 年建成。S-NET 由 6 个系统组成，每个系统包括 800km 缆线和 25 个观测站，缆线总长 5700km，覆盖从海岸到海沟的共计 25 万 km^2 的广大海域（李风华等，2019），远远超过了当初的 ANENA 计划，是迄今为止全球规模最大的海底观测网络。

S-NET 网在每距离 50km 海域布放一个观测站点，联结与观测对应的海底地震仪、海啸测量仪、磁力仪、地球测量传感器等各种仪器，用于收集各种探测器和传感器接收的海洋信息，水下仪器最大作业水深为 6000m。S-NET 网内每个观测系统的缆线有两个登陆站，可以从两个方向为光电缆提供高压电源并传输数据信息，其目的是保证缆线发生故障时观测系统仍能继续运行。

欧洲海底观测系统全称为"欧洲多学科海底及水体观测系统"（European Multidisciplinary Seafloor and Water-Column Observatory，EMSO），是一个分布在欧洲的大范围、分散式科研观测设施。EMSO 由一系列具有特定科学目标的海底及水体观测设施组成，主要用来实时、长期观测海洋岩石圈、生物圈、水圈的环境过程及其相互关系，服务于自然灾害、气候变化和海洋生态系统等研究领域。EMSO 由欧洲 13 个成员国共同承担，网络节点部署覆盖了欧洲主要水域——从北冰洋穿过大西洋和地中海，一直到黑海，包含 11 个深海节点和 4 个浅海试验节点。EMSO 最引人注目的特色是可开展海洋多目标、多学科、多时空尺度的观测研究。其中，观测目标涵盖了海底、底栖生物、水体和海洋表面等。根据应用需求，海底原位观测设备和仪器通过连接光电复合缆，实现为海底仪器设备、固定观测平台和移动观测平台持续供电。

近十几年来，我国开展了海底观测网关键技术和观测网试验系统的相关研究工作，为我国海底长期观测网的建设提供了重要的理论基础和关键技术支撑。"十一五"期间，在科学技术部"863"计划的资助下，同济大学等高校开展了海底长期观测网络试验节点关键技术研究。"十二五"期间，中国科学院南海海洋研究所、中国科学院声学研究所、中国科学院沈阳自动化研究所联合研制了"南海海底观测实验示范网"，并在海南三亚海域建设完成。2009 年同济大学建成以小衢山海底观测网和摘箬山岛海底观测网为代表的中国东海海底观测网络。至此,南海和东海典型网络证明了我国海底观测网的基础建设能力,为后续进一步的海洋观测网络发展应用提供了加速验证的平台。2017 年,在国家发展和改革委员会的支持下,我国又启动了国家海底科学观测网的建设,由同济大学牵头,中国科学院声学研究所为共建单位。其中,同济大学负责东海海底观测子网和监测与数据中心及配套工程建设,中国科学院声学研究所负责南海海底观测子网建设。国家海底科学观测网建设周期为 5 年,总投资逾 21 亿元,建成后将长期运行,按照"开放合作、资源共享"的原则,面向多用户、多领域开放,开展科学研究和国内外交流(图 1-20)。总体而言,我国国家海底科学观测网借鉴了加拿大 NEPTUNE 和美国 OOI 计划的成功经验,设备及科技能力已经达到国外同等水平。

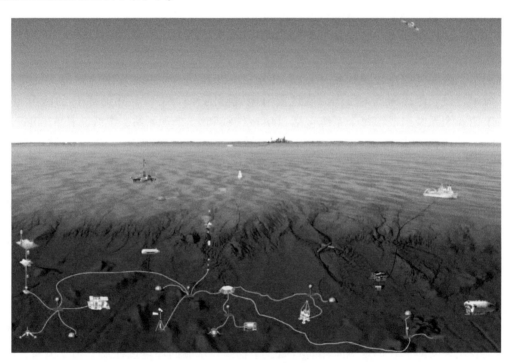

图 1-20　我国海底科学观测网示意

1.2.4　深海原位探测技术

针对传统方式在深海热液、冷泉系统释放气体探测中面临的技术难题,国内外多家机构研发了针对深海溶解气体的原位探测装置。海洋溶解气原位检测技术不仅满足这一研究需求,且具有体积小、精度高、操作简便等优势,可进行水下实时、原位高分辨率观测。美国 WHOI 研究所、MBARI 研究所、华盛顿大学和明尼苏达大学等对深海热学传感探测技术开展了大量研究,利用热电偶传感器在东太平洋热液区获取了 400℃ 热液喷口的原位测量数据,并利用铁合金封装的 J 型热电偶传感器测量深海热液喷口温度。德国柏林科技大学设计了一套可用于水下测量的表面增强激光拉曼光谱测量系统,并将其用于海水中多环芳烃的探测。

我国在深海极端环境的原位探测技术研发方面也取得了巨大进步。"十一五"期间,依托"863"计划启动了深海原位激光拉曼光谱探测系统的研发工作。2009年,中国海洋大学团队率先研制了国内首套深海小型、自容式激光拉曼光谱(DOCARS)探测系统,可搭载于各种作业平台,实现了对深海正常和极端环境天然气水合物等目标物的无接触、快速探测(图1-21)。2017年,中国科学院海洋研究所又突破了光学镜头不耐高温、易受强酸碱腐蚀和防颗粒附着性能差等技术难点,研发了国际首个可以直接插入450℃深海热液喷口的谱系化拉曼光谱定量探测系统(Raman insertion Probe,RiP),在随后的调查中,利用该系统对位于冲绳海槽Lion热液区的硫化物及悬浮流体开展了原位拉曼光谱探测 [图1-22(a)],并在深海散落的热液产物表面检测到单质硫 [图1-22(b)],表明该热液区域硫循环反应活跃。

图1-21　中国海洋大学自研的 DOCARS 探测系统
(a) 系统全貌及各组成部分;(b) 系统布放回收场景。红色虚线框内为拉曼系统

近年来,针对"快速气液分离"、"高灵敏度探测"和"水下原位测试"等深海水下探测难点,青岛海洋地质研究所和中国海洋大学攻克了深海高压下的高效脱气技术、长光程小体积多次反射腔和提升探测灵敏度的近共心腔设计等关键技术,联合开发研制了一系列适用于深海极端环境碳泄漏流体探测的水下 CO_2、CH_4 传感器和激光光谱水下原位探测系统(图1-23),性能达到国际先进水平。同时,针对天然气水合物富集区碳泄漏流体通量、流体运移消耗规律和关键界面生化反应等监测难点,攻克静力触探探头与地球化学微电极融

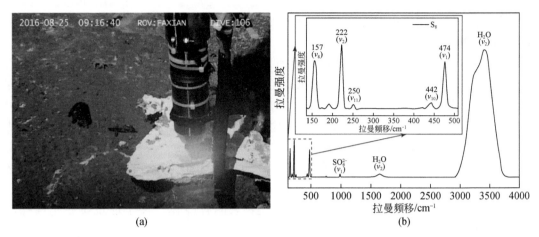

图 1-22　利用 RiP 系统在冲绳海槽 Lion 热液区的原位探测
（a）以及热液区硫化物附着的单质硫的拉曼光谱（b）

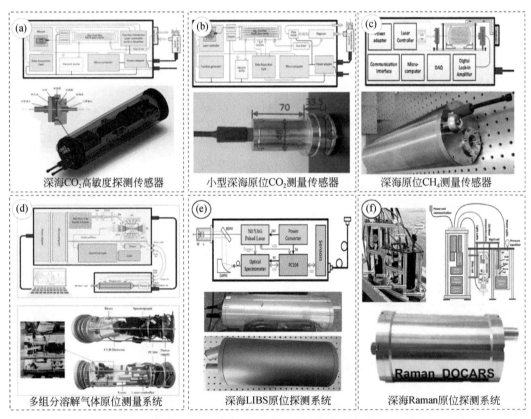

图 1-23　我国自主研发的系列水下传感器

合、多点定位立体监测和沉积物静力取样等技术难点，自主研制了针对水合物富集区碳泄漏的海床基微电极长期原位多参数环境监测及海底工程地质环境原位监测和取样装置，部分技术指标超过了国际同类产品，整体达到国际先进水平。上述装备在我国深海极端环境以及伴生矿产资源的探测工作中得到了应用，共发现了 10 余个活动冷泉和 2 个热液喷口。同时，针对冷泉及热液喷口的流体活动，开展了原位测试，水下原位种植合成了天然气水合物实物样品（图 1-24）。

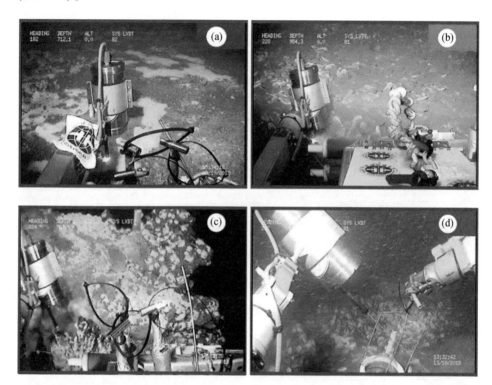

图 1-24 利用自研传感器对冷泉及热液喷口进行水下原位测试及合成天然气水合物的场景

近十年来，笔者所在团队自主研发了一系列国内外先进的深海极端环境探测技术，并开展了深海天然气水合物、深海热液、深海冷泉、其他大洋矿产等方向的基础研究工作，在解决国家资源环境和地球系统科学问题方面取得了一系列创新性研究成果，有效服务于海洋强国建设。近年来，瞄准国家在深海矿产资源方面的重大需求，在我国管辖海域开展了近二十个天然气水合物成矿区块调查，估算资源量近 100 亿 t 油当量。同时，利用 ROV、AUV 等先进深海探测手段累计新发现海底大型冷泉系统 10 余个，热液喷口系统 2 个，开展了精细调查，并评估了与之相伴生的重要矿产资源。图 1-25 为笔者团队在我国重点海域探测冷泉所用的轻型电驱 ROV，由上海交通大学自主研发。图 1-26 为团队在我国重点海域进行冷泉地质及环境调查所拍摄的水下场景。

习近平总书记强调，"要进一步关心海洋、认识海洋、经略海洋，推动我国海洋强国建设不断取得新成就"。2021 年 12 月，《"十四五"海洋经济发展规划》也明确提出，优化海洋经济空间布局，加快构建现代海洋产业体系，着力提升海洋科技自主创新能力，协调推进海洋资源保护与开发，维护和拓展国家海洋权益，加快建设中国特色海洋强国。耕海探洋，装备先行。在探索认知海洋的过程中，水下观测和探测装备是海洋进入、海洋探测的必备设施，为海洋资源的开发与利用提供基础保障，是发展海洋强国的攻坚利器。

图 1-25　笔者团队在冷泉探测工作所用的机器人"海狸"号

图 1-26　笔者团队在我国重点海域发现的海底冷泉场景（Cao et al., 2020）

1.3 本 章 小 结

深海素有"内太空"之誉，是地球上未被探索的最后的秘境，也是一种相对生命而言的典型极端环境。深海孕育着丰富的油气、矿产和基因资源，是人类社会未来持续发展的可靠储备，而对深海极端环境开展系统研究，又关乎生命起源和演化等系列重要科学问题的解决。

从 20 世纪 60 年代开始，发达国家率先向深海大洋进军，深海探测技术得以迅速发展。美国是全球最早进行深海研究和开发的国家，拥有全球最先进的水下运载平台、大洋钻探和海底观测网技术。早在 1934 年，美国的潜水器就进入 914m 深度，美国的"乔迪斯·决心"号大洋钻探船已经执行了超过 30 个航次的钻探计划，其海底观测网技术目前仍走在国际最前沿；日本的"地球"号是目前世界上最先进的深海钻探船，曾创下 7740m 世界最深海底钻探纪录。日本在其东海岸建设海沟海底地震海啸观测网（S-NET）缆线总长 5700km，覆盖了从海岸到海沟共计 25 万 km² 的海域，是迄今为止全球规模最大的海底观测网。欧洲利用"特定任务平台"组织的航次都是美国、日本钻探船无法到达的区域，凸显了其特殊性，形成了当前深海探测三足鼎立的局面。

进入 21 世纪，我国在深海探测技术方面得到了突飞猛进的发展。首先，在无人和载人潜水器领域实施了谱系化开发，相继研发了"蛟龙"号、"深海勇士"号和"奋斗者"号载人潜水器，并进行了高效的运维和利用，标志着我国在深海水下运载平台技术方面已达到世界领先水平。其次，我国海底观测网已投入实地建设，在充分借鉴美国、加拿大等同类计划成功经验基础上，整体技术能力已经达到国际先进水平。此外，我国在大洋钻探船和深海极端环境的原位探测技术研发方面也取得了巨大进步，已成为加快建设海洋强国的有力支撑。

第2章 深海极端环境探测传感器

海洋传感器作为各种海洋观测要素的感知、采集、转换、传输和处理的功能器件，是海洋环境监测和水下目标探测的"眼睛"和"耳朵"，居于核心和关键地位。然而，由于海水本身的特点和水下环境的复杂性，传统的陆地测量和传感技术通常难以直接应用于水下环境，尤其是测量难度更高的深海极端环境。十余年来，团队针对深海极端环境水下气体探测与海底微地形地貌探测两方面，自主研发了各型探测传感器。本章重点介绍自主研发的声学和光学探测传感器探测原理、产品特点以及各型探测传感器在深海极端环境中的应用实例。

2.1 声学探测传感器

深海极端环境中常见的热液和/或冷泉羽状流均来自地层深部，由于气体的存在，海底沉积层的物理特性（如波速、密度、电阻率、波阻抗等）会产生变化。因此，海底羽状流是识别热液和冷泉等深海极端环境的重要标志。目前，人工地震、浅地层剖面、多波束和侧扫声呐等声学探测技术在当前深海极端环境探测中起到了关键作用，如表2-1所示。

表2-1 海底极端环境羽状流探测方法 　　　　　　　　（单位：kHz）

方法	频率	形态特征	适用范围
侧扫声呐系统	110 ~ 500	亮斑异常	大面积普查，效果有限，识别困难
单波束回声剖面系统	30 ~ 200	火焰状、羽状	"线"状探测，探测效果依赖于设备频率和水深
多波束声呐系统	200 ~ 400	火焰状、羽状	全覆盖探测，探测效果依赖于设备频率、水深和海底羽流规模
浅地层剖面探测	0 ~ 12	声学羽流、云扰动状、点划线、斑点状、串珠状	"线"状探测，声学特征需要验证
高分辨率地震探测	10 ~ 1000	水体反射异常、海底缺失现象	"线"状探测，效果有限，海底羽流不明显
常规多道反射地震探测	0 ~ 200	羽状、扫帚状、不规则集合形态	"线"状探测，海底羽流复杂，需要验证

现代声学探测器能够记录海底的深度（水深）、反射率（后向散射）以及水柱中的声学异常。整合这三种类型的声学信息是描述深海极端环境中羽状流体形态和活动的关键，低频声学系统（分辨率为几十米）获得的海底测深数据特别重要，因为它可以进行大规模测绘，从而发现大型的地理特征如火山口、山脊等，高频声学系统（分辨率为米级）用于

揭示具体细节，比如泥流的条纹、火山口周围的圆形边缘、碳酸盐沉积物的裂缝。目前，识别深海极端环境羽状流的声呐系统以侧扫声呐和多波束系统为主（Levin et al.，2019）。

2.1.1 侧扫声呐探测系统

典型的侧扫声呐装置主要由数据显示和记录单元、数据传输和拖曳电缆、水下声波发射和接收换能器组成。其探测原理是利用海底表面物质背散射特征的差异来判断目标物的沉积属性或形态特征（图 2-1）。侧扫声呐作业时向两侧发送宽角度（垂直方向）声波波束，可以覆盖海底大面积区域，通常单侧每个条带探测宽度可以达到数十米到数百米，然后接收海底返回的背散射数据对海底进行成像。近距离的回波比远距离的回波会提前被传感器接收。因此，来自换能器正下方海底的回声首先返回，而来自换能器边缘的回声则沿着更长距离的路径返回（Sherman et al.，2008），声呐倾斜角度的增加会导致目标的回波变得模糊不清，导致几何畸变增大。但高频声呐系统具有较好的分辨率，可以在同样的范围内进行更加精细的观察（Hu et al.，2016）。

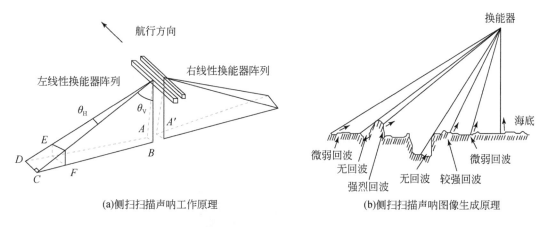

(a)侧扫扫描声呐工作原理　　(b)侧扫扫描声呐图像生成原理

图 2-1　侧扫声呐原理（Sherman et al.，2008）

根据布设状态，可以将侧扫声呐分为两种类型：船载声呐系统和拖曳声呐系统（Blackinton et al.，1983；Rouse et al.，1991）。船载声呐系统通常由安装在船体两侧的声学传感器组成，该设备的工作频率一般低于 10kHz，海底的覆盖范围广，工作效率高。拖曳声呐系统可根据海底上方拖曳体的高度分为两种子类型：放置于海平面附近的高拖曳声呐系统和海底附近的深拖曳声呐系统。高拖曳声呐系统可以提供侧扫声呐图像和水深数据，在拖曳到海面以下约 100m 时可以高速（高达 8km/h）运行。深拖曳式声呐系统通常布设在海底上方几十米高的地方，由于拖曳深度相当深，操作速度与高拖曳声呐系统相比较慢，但是由深拖曳声呐系统获得的声呐图像具有较高的分辨率。目前，大多数拖曳的声呐都是深拖曳系统。随着技术的发展，一些具有高速操作能力的深拖侧扫声呐系统可以获得 10km/h 的高分辨率侧扫声呐图像。目前在深海极端环境探测中使用的主流侧扫声呐见表 2-2 所示。

表2-2　主流的侧扫声呐

设备型号	侧扫频率	水平角度	倾斜角度	工作水深	探测距离
EdgeTech 2200/2205	75～600kHz	0.6°（120kHz） 0.3°（410kHz）	20°	6000m	500m（120kHz） 150m（410hHz）
Klein 3000	100/500kHz	0.7°（100kHz） 0.2°（500kHz）	5°～25°	3000m	600m（100kHz） 150m（500kHz）
KongsBerg，Dual-Frequency Sonar	114/410kHz	1.0°（114kHz） 0.3°（410kHz）	10°±1°	2000m	600m（114kHz） 150m（410kHz）

2.1.2　多波束探测系统

随着声呐技术的发展，以多波束探测系统为代表的声学系统的探测精度和成像分辨率逐渐提高，多波束探测系统以其大范围、高效率、全海深的优势广泛应用于水深测量和水体目标探测领域，通过多波束系统对深海极端环境中的羽状流进行扫描，可以形成类似火焰状的羽状流声学反射图像，从而实现对深海极端环境中羽状流的大范围、全水深的精准探测，多波束声呐系统是探测深海极端环境羽状流的最有效技术手段之一。多波束声呐系统（multibeam bathymetry system，MBES）一般由水下的发射接收换能器阵、水面的接收发射单元、数据采集及数据后处理计算机组成，其工作原理是使用发射换能器阵列发射一个宽扇区覆盖的声波，并利用接收换能器阵列接收声波（图2-2）。海底地形的足迹是由传输扇区和接收扇区的正交性形成的，经过处理可以显示在垂直于航向的平面上数百甚至更多海底测量点的水深值。

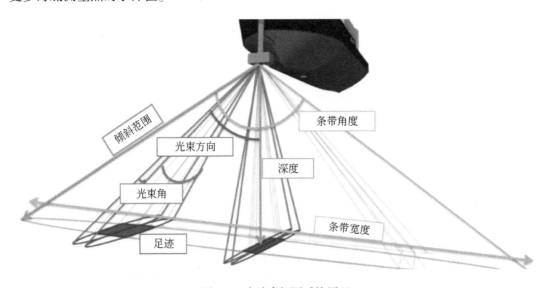

图2-2　多波束探测系统原理

不同频率的多波束声呐用于绘制不同的水深，例如开展浅水探测一般使用较高频率

（>100kHz）的波段，而在深水水域开展探测则一般使用低频（<30kHz）波段。高频浅水系统比低频深水系统的空间分辨率要高。MBES声波发出的低中频（12～30kHz）声波可以穿透数千米的水柱，实现对深海和海底的远程测量，可以在一定宽度范围内准确、快速地测量出水下目标的大小、形状和高度变化，可靠地描绘出海底地形的三维特征，在实际探测中可识别出海底冲沟、冲沟脊、海底麻坑、海底丘等海底地形地貌。目前主流的多波束探测声呐见表2-3。

在深海极端环境中，由于海水与羽状流产生的气泡波阻抗较大，在利用多波束探测系统进行海底绘图时，发射的高频声波遇到气泡时产生强烈的散射，在声学图像上表现为火焰形状，故目前多波束探测系统被广泛应用到海底冷泉羽状流探测中，并且多波束系统相较于单波束系统探测效率更高，在同等水深下有着更高分辨且覆盖的范围也更大。

中国地质调查局青岛海洋地质研究所利用Kongsberg EM122多波束系统，在我国某海域开展了针对海底冷泉泄漏活动的多波束测深及水体声学探测，发现了多处海底气泡羽状流（图2-3）。通过和多波束系统获取的地形地貌资料对比发现，该区域羽状流与发源于泥火山和麻坑等特殊地貌的冷泉喷溢活动密切相关。探测到的最高羽状流自海底至顶部高约578m，其形态呈弯曲炊烟状。通过与其他手段探测结果验证，并与国内外类似研究对比，确认该巨型羽流为泥火山成因的冷泉气体渗漏的典型结果。

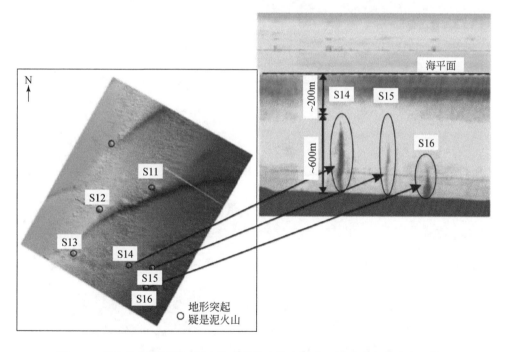

图2-3　多波束水体探测过程中发现的数座海底泥火山同时喷发的冷泉羽状流
（梅赛等，2021）

此外，许多学者也成功利用多波束探测系统在北海（Roy et al.，2019）、黑海（Nikolovska et al.，2008）、地中海（Römer el al.，2014）、墨西哥湾（Mitchell et al.，2018）等海域对极端环境中的羽状流体开展调查，实际探测到的最小气泡半径可达毫米级

（Schneider et al.，2007）。例如，2013 年和 2014 年，Nakamura 等（2015）使用 EM 122 多波束探测设备，分别采用 50kHz 和 12kHz 频率在冲绳海槽中部海域开展探测，在海底热液喷口处，探测到多种呈散射流体状的水体异常（图 2-4），羽状流体从距海底 500～1000m 处垂直上升，并在水体中摆动，结果表明基于两种不同频率的声波检测并无显著差别。Nakamura 等（2015）认为声学图像中的水体异常并不能直接反映热液羽状流，从海底泄漏的气泡也会造成声学图像异常。Mitchell 等（2018）使用 Kongsberg EM 302 多波束探测设备，在墨西哥湾北部海域开展水合物渗漏调查，基于水合物渗漏区域内水体的后向散射数据，认为这些区域中的高后向散射数值可能是由于暴露在地表的碳酸盐或沉积物所致（图 2-5），同时发现了多处海底水合物的渗漏点。

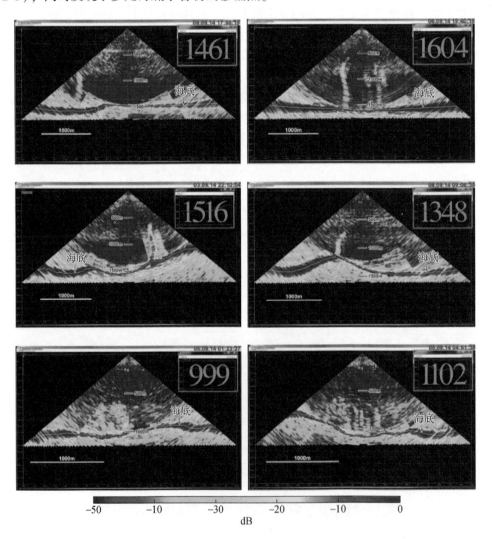

图 2-4　多波束回声测深仪（EM 122）探测成像（Nakamura et al.，2015）

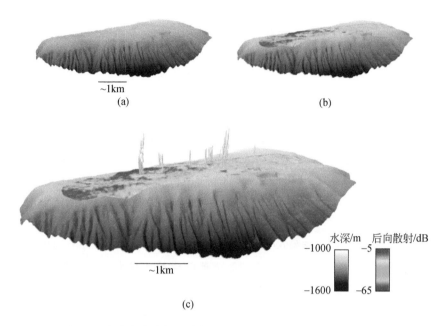

图 2-5 多波束声呐探测碳氢化合物渗漏 (Mitchell et al., 2018)
(a) 水深测量; (b) 海底后向散射; (c) 水后向散射

表 2-3 深海典型多波束声呐对比

设备型号	频率/kHz	传输/接收角度	覆盖宽度	波束数量	分辨率	工作水深/m
Reson 7150	12/24	1°~2°/1°~2°	150°	880	—	6000
Kongsberg EM 2040	200	0.7°/1.5°	200°	400	14.2mm	6000
	400	0.4°/0.7°	200°	400	10.5mm	
Kongsberg EM 710	70~100	2°/2°	140°	200	—	2000
Kongsberg EM 122	12	1°/1°	28km	288	0.2×水深	6000
Kongsberg EM 302	30	0.5°~4°/0.5°~4°	5.5×水深	864	—	7000
R2Sonic Sonic 2024	200	1.0°/2.0°	160°	1024	—	6000
	450	0.45°/0.9°	160°	1024	10.2mm	6000

整体来看, 当前国内外针对深海极端环境的声学羽状流探测开展了一些研究, 确定了依据多波束水体数据提取深海极端环境区域内羽状流的可行性, 但相关的研究大多都还处在起步阶段, 关于探测成功率、自动化处理、气体定量分析等方面的研究较少, 相关难题的解决仍面临较大挑战。例如, 深海极端环境羽状流的气泡通量一般通过声学反向散射强度进行估计, 但两者之间的关系模型尚未进行深入研究, 羽状流气体通量反演的精度有待提高; 深海环境中, 声信号旅行时增加、噪声信号强、水体影像分辨率低, 导致图像质量下降, 对目标识别产生严重干扰。

2.1.3 气体、流体模拟系统

针对以上问题，笔者研究团队自主设计了深海海底极端环境气体流体模拟系统（图2-6），来模拟真实的深海极端环境，构建极端环境羽状流的气泡通量与声学反射强度之间的关系模型。深海极端环境气体流体模拟系统采用平台式设计思路，系统独立供电，通过预编程工作方式实现水下自主运行。在整体结构方面，系统主要由气泡生成模块、气泡观测模块、能源及控制模块和系统辅助模块四部分组成，系统的整体组成如图2-7所示。其中，气泡生成模块主要用于不同工况下气泡的人工生成，涉及耐压气瓶、压力控制器、气体流量控制器和组合式喷嘴等设备；气泡观测模块主要用于对初始溢出阶段的气泡进行原位观测，涉及耐压透光型方舱、水下高速相机、相机自稳平台和水下成像光源等设备；能源及控制模块主要用于系统的运行控制及观测数据处理，涉及可编程控制器、同步触发器、高密度电池组和数据处理单元；系统辅助模块主要包括单点海流计、组合式浮球、可调节固定支架和外部保护罩等辅助设备。在实际使用中，系统将采用海面定点布放的方式，通过系统自带的压力传感器对下潜过程进行实时监测，待触底后系统按预先设定流程自主运行。单次实验完成后，通过组合式浮球进行系统回收，实现循环利用。

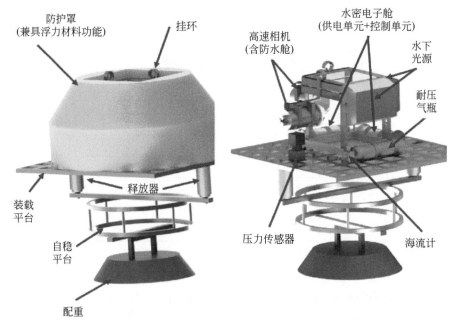

图2-6 深海海底极端环境气体流体模拟系统装置效果图

(1) 气泡生成模块

深海海底极端环境气体流体模拟系统中的气泡生成模块主要由组合式喷嘴、气体质量流量控制器、预设调压阀（压力控制器）和耐压气瓶等四部分组成（图2-8），其功能是按照预先设定的工作流程，在水下自主实现人工生成气泡。在气泡生成时，不同的工况将对应不同的气泡初始尺寸、溢出流量、溢出气泡密度等参数指标。

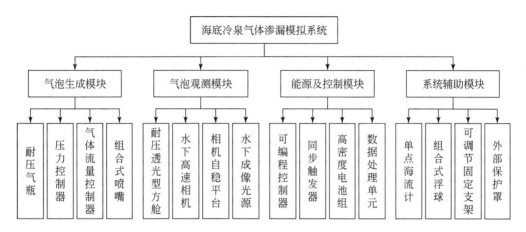

图 2-7　深海海底极端环境气体流体模拟系统整体框图

组合式喷嘴　　　　气体质量流量控制器　　　预设调压阀　　　　　耐压气瓶

图 2-8　气泡生成模块设备组成

气泡生成所需气源通过耐压气瓶供给。气瓶采用高强度耐压钢瓶（$\phi 160 \times 700$mm），根据工作水深 2000m 的设计要求，须满足耐外压>20MPa。气瓶排气口设有电控开关和减压装置，运行过程中通过控制单元对其控制。出于实验安全以及水下气体溢出时潜在的气体氧化等方面的考虑，实验气体拟选取稳定气体 Ar。

实验过程中，气体溢出流量通过可编程气体质量流量控制器进行控制。考虑到外场实验的实际需求，系统单次下放期间的流量工况拟设定为不少于 3 个，具体流量拟设定为 1000/2000/3000ml/min，单次下放期间的气体泄漏持续时间不少于 30min，据此气瓶的总容量不低于 10L。

采用组合式气体喷嘴进行气泡人工生成，喷嘴数量 1～9 个（可选），每个喷嘴设有 5 个气体喷孔，即在满配情况下可以在 300mm×300mm 的平面上布置 45 个气体喷孔。根据真实环境中冷泉气泡的大小（5～12mm）单个喷孔的直径可以设置在 5～10mm。气瓶、流量控制器和喷嘴之间通过不锈钢气管和 Swagelok 接头进行连接。

（2）气泡观测模块

深海海底极端环境气体流体模拟系统中的气泡观测模块主要用于获取初始溢出阶段气泡的连续帧图片，便于后期通过数字图像处理手段对气泡形态、粒径分布、上升速度等特征参数进行提取。

气泡观测模块的主体包括一个高透光性的耐压方舱以及分布于四周的高速相机和成像光源（图 2-9）。其中，方舱选用透光性好的耐压材料，舱体上端开放，下端为组合式喷嘴。为了更全面地获取气泡图像,采用双相机正交拍摄方式对气泡进行同步观测,成像光源与高速相机对置。由于设备在水下运行,需要对摄像机和成像光源进行封装处理。为了防止装置触底时,基底面不平引起的拍摄角度异常,每个摄像机均配备自平衡云台进行水平校准,保障气泡的拍摄质量。为了实现同步拍摄,采用高精度同步控制器对摄像机进行触发控制。

拍摄过程中,各摄像机均以不低于 30fps[①] 进行同步拍摄。由于拍摄单元中的耐压方舱垂直高度约为 30cm,以水下气泡上升速度 ~20cm/s 计算,单个气泡的抓取次数将不少于 30 次,能够满足气泡特征提取的需要。

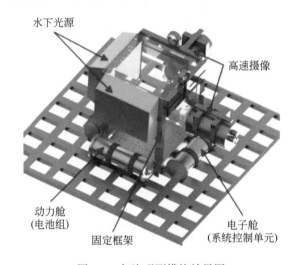

图 2-9　气泡观测模块效果图

(3) 能源与控制模块

由于深海海底极端环境气体流体模拟系统采用无缆式水下自主作业方式,因此系统的作业流程执行和各系统设备的供电将由能源与控制模块进行处理。在设备组成方面,能源与控制模块主要包括作为主控单元的可编程控制器,用于双相机同步触发控制的同步触发器,用于气泡特征提取及三维重建的数据处理单元和供电用的高密度电池组 (图 2-10)。

为了便于将深海海底极端环境气体流体模拟系统的气泡模拟工况与海面走航式声学探测数据进行关联分析,模拟系统采用高精度计时器与海面声学探测保持数据同步。同时,在试验过程中,能源与控制模块将实时获取布放区域的流场信息和水深信息,用于后续数据处理。在具体使用时,首先通过外部终端对系统单次投放的试验工况进行设定,并在投放前启动流程;之后,自下放至回收期间,系统自主运行,相机、流量控制器、海流计、压力传感器等由同步触发器进行同步控制。相机拍摄图片保存于相机自带存储卡中,各传感器的实时监测数据由控制模块进行存储;待系统回收之后,再通过外部终端读取试验数据,并对系统运行状态进行检测。系统的基本工作步骤如图 2-11 所示。

①　1fps$=3.048\times10^{-1}$ m/s。

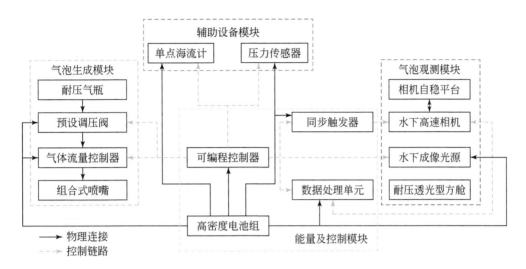

图 2-10 深海海底极端环境气体流体模拟系统的控制链路分布图

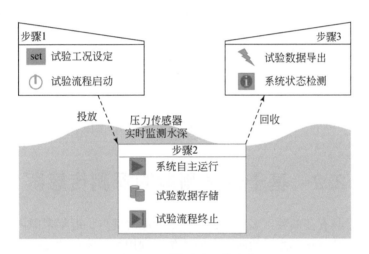

图 2-11 系统基本工作步骤

（4）系统辅助模块

系统辅助模块主要包括用于搭载设备固定和保护的可调节固定支架和外部保护罩，用于试验环境数据获取的压力传感器和单点海流计，系统回收的组合式浮球，气泡辅助拍摄的计数器（防止丢帧）、校准版（定标）、光源扩散板（光源均匀）等。同时，在系统搭载平台上预留了甲烷传感器、ADCP 等传感器的安装位置，以备后续试验的需要。

（5）数据处理单元

数据处理单元主要包括试验流程控制软件、基于数字图像处理的气泡特征分析软件、气泡与多波束数据的融合分析软件。其中，试验流程控制软件又包括控制终端（干端）的试验工况配置软件和模拟系统（湿端）的流程控制软件、同步触发控制软件、传感器控制软件，主要用于试验中气泡人工生成的控制及试验环境数据的采集。气泡特征分析软件主要用于对水下相机获取的气泡图片进行分析，提取不同工况下气泡的形态、动力特征，并据此对气泡溢出通量进行反演计算。数据融合分析软件主要用于建立气泡与多波束声学资料之间的映射关系：一方面建立不同工况下气泡的声散射特性模型，获取不同溢出状态下气泡声散射特性的演化规律；另一方面，对现有的基于声学资料的冷泉溢出通量反演模型进行验证和校准，实现冷泉气体溢出流量的定量评估。数据处理单元的软件架构如图2-12所示。

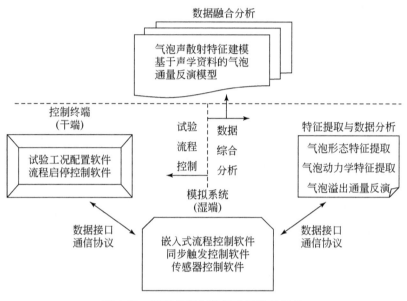

图 2-12 流程控制与数据分析软件架构

2.2 基于光学测量的探测传感器

由于光谱技术具有多参数、多相态、无接触探测的优点，近年来国内外很多学者对热液喷口和冷泉流体地球化学测量的研究方向聚焦于利用光学原理的直接探测技术。光学检测方法主要有红外吸收光谱、消逝波、激光拉曼光谱分析等几项技术。其中，光谱学方法利用气体分子对光的吸收、发射及散射的原理工作，具有非接触、响应快速、选择性良好等优点，能较好地满足原位海洋环境条件下的气体测量要求。近年来，笔者所在的项目团队围绕深海极端环境探测光学传感器普遍存在的"快速气液分离"和"高灵敏度探测"等技术难点问题，重点突破深海高压下的高效脱气技术、长光程小体积多次反射腔设计等关键技术，形成了针对深海极端环境的系列化 CO_2 和 CH_4 水下探测传感器：基于非色散红外吸收（non-dispersive Infrared，NDIR）的小型 CO_2 探测传感器、基于可调谐半导体激光吸收光谱技术（tunable diode laser absorption spectroscopy，TDLAS）的深海 CO_2 原位探测传感器、基于 MIR-TDLAS 的 CO_2 快速高精度测量系统以及基于 TDLAS 和膜脱气技术的 CH_4 测量系统等。

2.2.1 基于吸收光谱技术的原位传感器

(1) 基于 NDIR 的小型 CO_2 探测传感器

研究团队自主研制的针对深海极端环境探测的小型水下 CO_2 探测传感器采用 NDIR 与渗透膜相结合的原理（图 2-13），该传感器主要由耐压舱体（压力容器），渗透膜，金属烧结板，温度、湿度和压力传感器，二氧化碳探测器、电子元件、压力腔及连接端口等部分组成。该探测传感器有浅水 CO_2 传感器（最大耐压 200m）和深水 CO_2 传感器（最大耐压 4000m）两款产品，可实现对水中溶解 CO_2 的原位探测，该传感器的测量范围在 200 ~ 5000ppm[①]，分辨率为 1ppm，具有体积小、重量轻、功耗低等特点（表 2-4）。

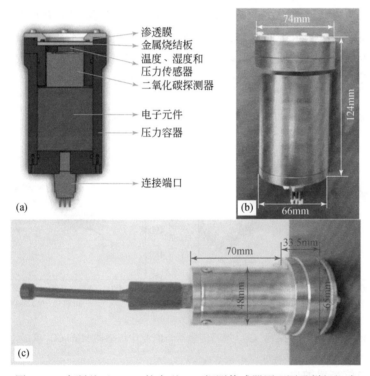

图 2-13 自研基于 NDIR 的小型 CO_2 探测传感器原理图及样机组成

（a）小型 CO_2 探测传感器结构图；（b）自研浅水小型 CO_2 探测传感器；（c）自研 CO_2 探测传感器

表 2-4 基于 NDIR 的小型 CO_2 探测传感器技术参数

序号	内容	主要性能参数
1	测量范围	200ppm ~ 5000ppm
2	分辨率	1ppm

---

① 1ppm = $1×10^{-6}$。

序号	内容	主要性能参数
3	尺寸	$\Phi 66mm \times L124mm$（200m） $\Phi 48mm \times L180.5m$（4000m）
4	重量	0.7kg@空气，0.25kg@海水（200m） 1.2kg@空气，0.8kg@海水（4000m）

为验证自主研制的小型 CO_2 探测传感器的整体性能，将小型 CO_2 传感器置于水池内进行了连续 7 天的拷机测试，同时与成熟的商业化传感器 Mini CO_2 进行对比实验，实验结果显示两者具有较好的一致性（图2-14），且自研传感器的响应更快，精度更高。此外，利用自研的小型 CO_2 探测传感器，研发团队在近海水域1m 左右水深处进行了连续35 天的原位测量，实验结果表明该 CO_2 探测传感器运行稳定，可以连续测量海水中 CO_2 浓度的动态变化，在监测周期内，海水中 CO_2 浓度在375~590ppm，总体呈现出先增加再降低后增加的趋势。进一步分析可以发现，该海域每天的 CO_2 含量变化具有显著的周期性特征，CO_2 的高值对应每天的涨潮期，CO_2 的低值对应每天的落潮期（图2-15）。

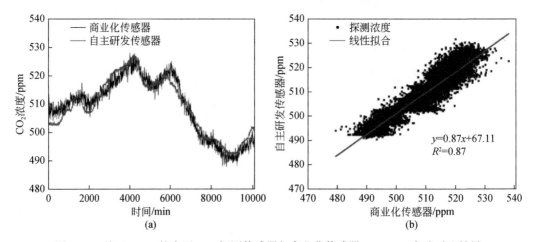

图 2-14　基于 NDIR 的小型 CO_2 探测传感器与商业化传感器 Mini CO_2 实验对比结果

（2）深海原位高灵敏度 CO_2 探测传感器

由于基于 NDIR 原理的小型 CO_2 探测传感器的测量灵敏度和测量精度较低，研究团队自主研制了灵敏度和测量精度更高的深海 CO_2 探测传感器（图2-16），通过优化渗透膜有效面积来提高深海高压下的气液分离效率，通过光路全密封腔的优化设计来提高测量准确度，通过谐波调制技术来提高测量灵敏度和精度。该传感器主要由耐压舱体、渗透膜、气体烘干机、气体室、DFB 激光器、数据采集卡、真空泵、微型计算机及电源适配器等部分组成（图2-16）。该传感器的全密封腔主要由反射腔、激光准直器和探测器等组成（图2-17）。该传感器的设计最大耐压深度为 2000m，体积为 $\Phi 144mm \times 518mm$；该传感器在空气中的重量为 11kg，在海水中的重量为 2.4kg，传感器的功耗为 15W。

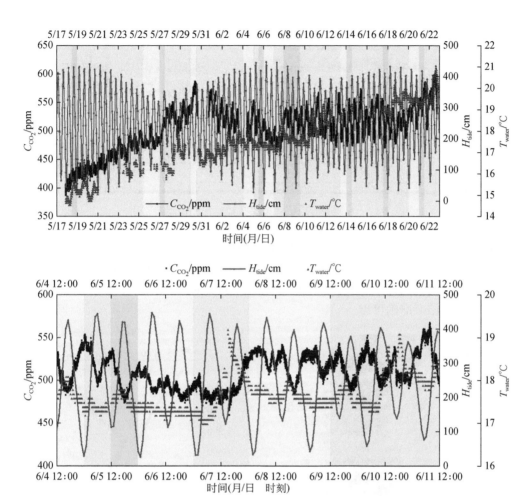

图 2-15　基于 NDIR 的小型 CO_2 探测传感器近海实验结果

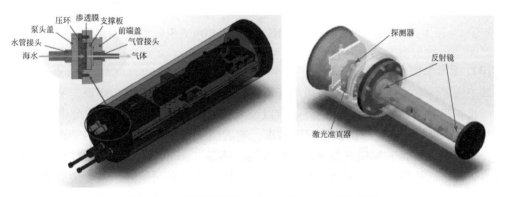

图 2-16　自研深海原位高灵敏度 CO_2 探测传感器

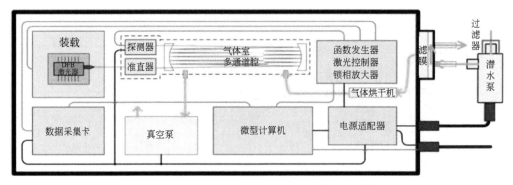

图 2-17　自研深海原位高灵敏度 CO_2 探测传感器原理

2018 年使用该自研 CO_2 传感器搭载 ROV 在南海北部进行了剖面测量，共获得了 9 个潜次的数据，最大下潜深度 1280m（图 2-18）。在 1000m 以浅，随着深度的增加，CO_2 浓度整体呈上升趋势，变化范围在 10 ~ 60μmol/kg，且与 pH 趋势相反，证明该自研 CO_2 探测传感器的测量结果准确可靠。

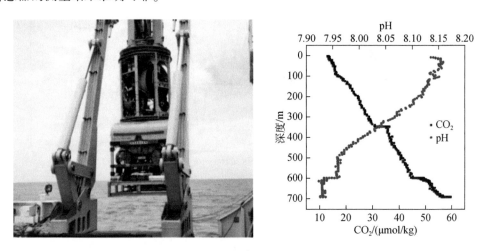

图 2-18　自研高灵敏度 CO_2 探测传感器搭载 ROV 在南海北部开展剖面测量

（3）深海原位 CH_4 测量传感器

基于海底冷泉和热液区等深海极端环境的特殊性，搭载水下移动或固定平台的甲烷传感器应具备足够快的响应速度、高灵敏度以及大量程等特征，围绕海洋溶解甲烷"快速"、"高灵敏度"和"大量程"的原位探测需求，笔者团队自主研制了基于可调谐半导体激光吸收光谱（TDLAS）和膜脱气技术的甲烷探测传感器（图 2-19）。该甲烷探测传感器的头部安装了一个硅橡胶膜用于分离海水中溶解的气体，膜的后面安装了一个金属烧结板以提供机械支撑。内部检测单元 CH_4 的检测采用 TDLAS 直接吸收和二次谐波两种方法实现，该传感器将两种探测方法相结合，同时探测两种信号，在低浓度时用二次谐波信号进行浓度反演，在高浓度时采用直接吸收信号进行浓度反演，这样确保了较高的灵敏度，同时提升了测量范围。

该传感器主要由耐压舱体、滤膜、探测器、准直器、数字锁定放大器、微型电脑、激光控制器及电源适配器等部分组成（图2-19）。CH_4 传感器的工作水深 0～6000m，测量范围在 1～10 000ppm，测量精度为±1ppm 或±2%，响应时间 60s～120s，体积为 Φ144mm×514mm，该传感器在空气中的重量为 15.6kg，在海水中的重量为 7kg，传感器的功耗为 15W（表2-5）。该装置在淡水环境和开阔的海洋环境中均适用，对于溶解温室气体小尺度的变化和时空监测具有重要价值。自研的 CH_4 传感器结构设计与 METS 传感器类似，其检测性能受限于膜材料和厚度等性能参数，虽然该传感器具有测量范围大、应用范围广、响应时间较短等优势，但其并不能检测气体同位素，并且未将气体浓度的检测集成到一台仪器上，这极大地提高了使用成本，也限制了深海极端环境气体同位素原位观测的进一步应用。

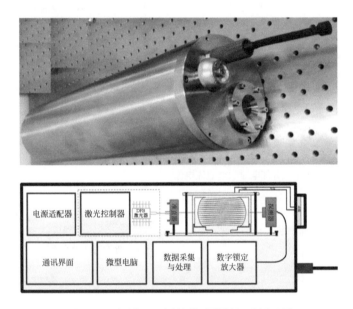

图 2-19　自研 CH_4 测量传感器样机及原理图

表 2-5　自研 CH_4 测量传感器技术参数

序号	内容	主要性能参数
1	耐压深度	≤4000m
2	测量范围	1～10 000ppm
3	测量精度	±1ppm 或±2% 取大
4	舱体材料	TC4 或 316L
5	体积	Φ144mm×514mm
6	重量	15.6kg@空气中，7kg@海水中
7	功耗	15W@24 VDC

在深海极端环境同位素原位测量方面，哈佛大学的 Wankle 等（2013）第一次提出对

$\delta^{13}C_{CH_4}$ 原位测量,并展示了原位 $\delta^{13}C_{CH_4}$ 测量在改善深海甲烷生物地球化学循环限制方面的效用。他们通过利用离轴积分腔输出光谱分析仪(OA-ICOS)在蒙特雷峡谷 960~970mm 水深处冷泉极端环境中的沉积物 CH_4 碳同位素丰度进行了现场测量(图 2-20),CH_4 测量浓度的检测下限只有 0.05ppm(Wankel et al.,2013)。

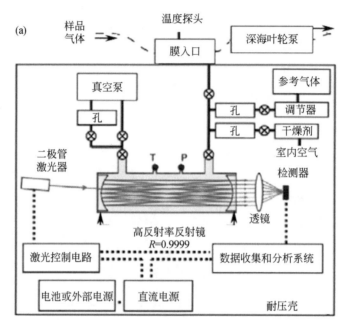

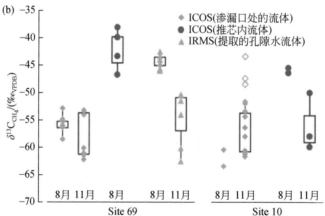

图 2-20 (a)离轴积分腔输出光谱分析仪实验装置图,(b)甲烷稳定同位素测量的结果(Wankel et al.,2013)

此外,德国亥姆霍兹海洋研究中心的 Arévalo-Martínez 等(2013)等利用离轴积分腔输出光谱分析仪(OA-ICOS)测量了溶解气体中的 CH_4 和 CO_2。法国国家科学研究中心(CNRS)开发了光学反馈–腔增强吸收光谱技术(OF-CEAS),首次测量了南极冰芯中的 CH_4 浓度(Grilli et al.,2014)。美国伍兹霍尔海洋研究所研制了一种水下原位激光光谱仪系统，可测量深海气泡羽状流和地质流体中 CH_4 和 CO_2 的 $\delta^{13}C$。该探测系统（图 2-21）采用三通阀来选择流体取样或气泡取样，在对流体取样时，用混合室的酸泵向海水中加入稀盐酸以使海水酸化，用漏斗形采样棒收集气泡，并在膜入口后用气泡捕集器捕获，以避免流体泵失去灌注，利用气泡捕集器，叶轮泵将流体或气泡拉进膜入口（Michel et al., 2018）。

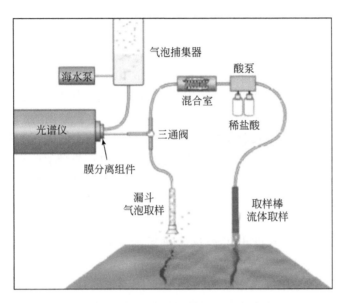

图 2-21　流体流路径和系统组件图

此外，Grilli 等（2018）研制了一种高分辨率膜入口激光光谱仪（MILS），其优势在于响应快速（≤30s），能够在高达 40MPa 的外部压力下工作，测量范围大，能够原位连续测量海水中溶解的 CH_4。他们将该光谱仪在地中海进行了测试，获得了连续 620m 深度的海洋垂直剖面（Grilli et al., 2018）。2019 年，Jansson 等结合高分辨率测量以及回声测深仪数据、离散水采样以及控制体积和二维模型，首次展示了北极活跃渗流中海水溶解 CH_4 的原位高分辨率海洋激光光谱图（Jansson et al., 2019）。

中国科学技术大学的胡迈等（2022）研制了一种基于疏水透气膜-光腔衰荡光谱（cavity ring-down spectroscopy, CRDS）的深海原位溶解气体测量系统，并开发了两套可在 4500m 深度进行原位探测的系统，在 1350m 海深完成了对溶解 CH_4 和 CO_2 的原位在线测量。在对"海马"冷泉区进行海试时发现冷泉区的 CH_4 浓度高于 4%（羽状流区为 2000ppm），CO_2 的浓度高于 600ppm，背景海水溶解的 CH_4 浓度约为 2ppm，CO_2 浓度约为 410ppm。

2.2.2　基于拉曼光谱原理的原位传感器

拉曼光谱是一种快速、非接触、非破坏性的光学技术，是一种能够对固体、液体、气体进行原位分子鉴定的光学技术（White et al., 2009）。拉曼光谱是一种由分子极化变化引起的振动光谱，每个拉曼带对应于特定分子振动的特定能量跃迁。当光从分子中散射出来时，大部分光子被弹性散射并具有相同的能量，因此波长不会改变。拉曼光谱可以用于分析有机和无机化合物，不需要样品制备，测量时间相对较短。因为水是相对较弱的拉曼散射体，所以该技术非常适合海洋测量（Williams et al.，2001）。热液喷口和冷泉区有各种矿物、气体（如氧气、氮气、二氧化碳、硫化氢、甲烷和乙烷）、溶解物质（如碳酸盐离子和硫酸盐离子），都具有拉曼活性（Whilte et al.，2006），拉曼光谱技术现在已经广泛用于海洋环境分析监测。

2004 年美国蒙特利湾海洋研究所（MBARI）在实验室拉曼光谱平台基础上改进并开发了第一台深海原位拉曼光谱系统（Deep-Ocean Raman in situ spectrometer，DORISS）（Brewer et al.，2004），并成功实现对水下固体、气体和天然气水合物的探测。该系统采用了分体式设计，如图 2-22（a）所示，整体由光学探头、电子控制舱、光谱接收舱三部分构成。其中，光学探头和光谱接收舱之间采用一根自制充油光纤进行连接，用于激发光和拉曼散射光的传输。该系配备了浸没式和遥测式两套独立的光学探头。遥测式探头的水下探测距离可以达到 152mm，用于探测岩石、沉积物以及天然气水合物等固态物质。浸没式探头由一个末端嵌入一枚球透镜的钛合金管组成，可以最大限度地消除探测路径上海水的荧光背景干扰。

2006 年，MBARI 实验室推出了经过改进后的二代系统 DORISS Ⅱ 系统（Sherman et al.，2008）。该系统采用了一台 KaiserOptical 公司的定制光谱仪，拥有更加紧凑的体积和更好的稳定性。系统采用双光栅结构，对 CCD 阵面上的两条谱线进行分区域探测以扩展探测范围。最终该系统实现了 2/cm 的高分辨率下对 100~4000/cm 光谱范围的测量。此外，该系统还进行了机械结构的改进和优化，将光谱仪舱和电子控制舱进行了整合，如图 2-22（b）所示，这使得整体更加地牢固和紧凑。

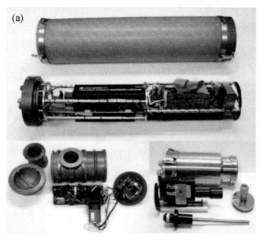

图 2-22　MBARI 研究所开发的两代水下拉曼光谱系统
(a) 第一代 DORISS，(b) 改进后的二代系统 DORISS Ⅱ

作为新兴的水下原位探测技术，拉曼光谱技术被广泛应用于深海热液和冷泉等极端环境中高浓度流体的原位探测。中国科学院海洋研究所针对深海热液流体探测需求，研制了插入式深海拉曼探针（Raman insertion probe，RIP）系统，并应用于热液喷口涌出的450℃的高温流体的拉曼检测（Zhang et al.，2017）。该系统通过更换适当的探头部件，也适用于冷泉流体和沉积物孔隙水的原位探测（Zhang et al.，2017），在移除末端金属过滤器后，RiP 系统也可被用于对水下固体目标的探测，如天然气水合物、自生碳酸盐岩等（图 2-23）。

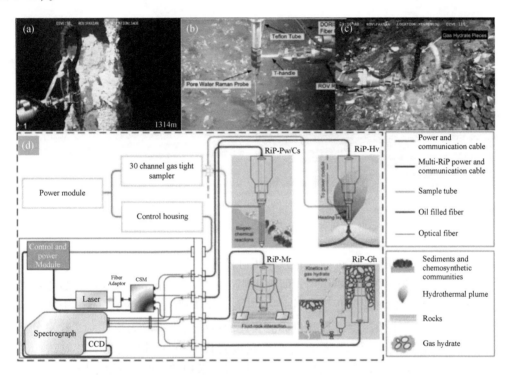

图 2-23　中国科学院海洋研究所研制的 RiP 系列插入式水下拉曼探头
（a）热液探头 RiP-Hv；（b）孔隙水探头 RiP-Pw；（c）水合物探头 RiP-Gh；（d）Multi-RiPs

　　2022 年，基于 RiP 系统的新型多通道拉曼插入探针系统（Multi-RiPs）被布放在海底长期观测平台上，用于南海冷渗漏口附近的原位检测。Multi-RiPs 能够同时使用多个不同类型的拉曼探头，对多个目标进行连续的原位检测。该系统的应用大大提高了原位检测的效率和准确性，对于复杂环境下物质的检测具有重要的意义。这种技术的应用，也为海洋环保和资源探测等提供了更加可靠和高效的技术保障。

　　不同于 DORISS 系统和 RIP 系统中探头和主体舱的分体式结构，青岛海洋地质研究所与中国海洋大学共同提出了一体化的水下拉曼光谱系统设计方案，并据此发展了几种不同用途的水下拉曼系统（Deep-Ocean compact automatic raman spectrometer，DOCARS）。在一体化水下拉曼系统设计中，所有的系统组件被封装在一个水密舱内，信号的激发和收集通过舱体上的光学窗口完成。激光经光学窗口出射在目标物表面形成聚焦并激发拉曼信号，激发的信号向后传播经光学窗口收集后耦合进入光谱仪进行分光探测。一体化设计的优势在于集成度高，主要用于水体目标的探测，如海洋垂直剖面的碳酸盐与叶绿素浓度的变化以及对热液区羽状流体的探测等。水体的均匀混合以及透光特性使得激光可以在水体内部形成聚焦，因此针对水体探测无须关注聚焦和对准问题。早期的一体化系统通过直接搭载在 ROV 等水下运载平台的本体上随平台对水体进行探测或接驳到观测网系统作为独立的观测节点进行水体环境的长期监测，如图 2-24（a）所示。

图 2-24　中国海洋大学研制的一体式拉曼探测系统 DOCARS
（a）挂在 ROV 本体侧方的 DOCARS 系统；（b）机械臂夹持操作的 Mini-DOCARS 系统

　　深海极端环境中的微尺度过程和相互作用可显著影响深海生态系统并在宏观层面上对海底地貌的形成和演变发挥重要作用。研究表明，由微生物介导的生物矿化过程在海床矿产的形成和演化中起到了非常重要的作用（Wang and Müller，2009）。但由于缺乏相应的技术手段，底栖海洋中微尺度过程和目标的研究依然沿用传统现场采样—实验室分析的研究流程，这极大地限制了深海极端环境中微尺度目标原位探测的需求。针对这一实际需求，研究团队提出了水下显微成像技术与拉曼探测技术相结合的水下探测方法，自主研制了基于 ROV 的联合探测系统 MICROcean。该系统内部组件按照功能分成了电子舱、探头和定位器三个功能单元并被封装在独立舱室之中。其整体结构设计如图 2-25 所示。

　　不同于水下固定平台的长期布放，ROV 水下作业时间通常较短，可以及时回收并对定位系统进行维护。同时，ROV 对于设备的体积重量较为敏感，过于庞大的系统会干扰水下视线且不利于操控与部署。因此，MICROcean 探测系统采用了半浸没式定位系统以减小体积来适配 ROV。改进的定位舱由裸露的定位滑台和防水的驱动电机两部分构成，滑台由工程塑料、铝合金框架和 316L 不锈钢导轨构成。其探头舱和定位器滑台固定在一起作为探测部分，电子舱则作为检测和控制部分。MICROcean 探测系统不同舱室之间采用水密线缆或充油的光电复合缆实现供电和通信连接。MICROcean 探测系统没有独立的支撑框架，ROV 通过机械臂直接抓取定位器上的 T 形把手进行水下探测操作。

　　移动平台自身推进系统引起的振动和外界环境扰动相互耦合使得机械臂末端处于不稳定状态，这种情况极易导致光学探头与目标物发生刚性碰撞进而造成设备意外损坏。为了避免潜在的碰撞风险，MICROcean 探测系统选用了孔径为 0.14 的 5×长工作距离显微物镜（Mitutoyo MPlan Apo）作为其常规配置。该显微物镜在空气介质中提供了 34mm 的工作距

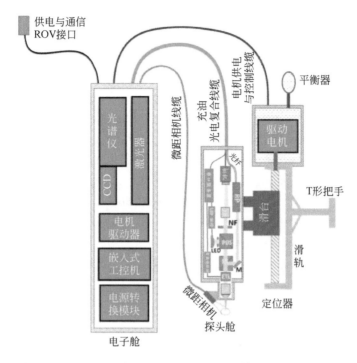

图 2-25　MICROcean 探测系统的探测系统整体结构设计示意框图

离，考虑到海水折射率和光学观察窗的影响后，系统在海水介质中的实际工作距离约为 40mm（光学窗口外侧到探测目标表面）。为了满足快速聚集需求，MICROcean 在显微物镜后面系统增加了一枚电子变焦镜头（OptotuneEL-10-30-CVis）来动态地调整系统成像焦长。MICROcean 系统光学探头的具体结构如图 2-26 所示。

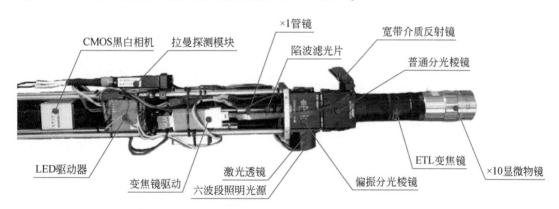

图 2-26　MICROcean 系统的探头光学结构示意图

　　与 MICRO 系统设计相似，MICROcean 系统也采用了共轴耦合模式，通过一个 50∶50 的分光棱镜将拉曼探测模块和显微成像模块耦合在一起，它们共享相同的显微物镜和电子变焦镜头来保证成像物面和拉曼探测面的重合。在进行拉曼探测时，输入光纤传输来的激光经过拉曼探头准直后由宽带介质反射镜反射进分光棱镜并耦合到探测光路，经过 ETL 变焦镜，显微物镜和光学窗口在观测目标表面聚焦并激发出拉曼散射信号。拉曼散射由显微物镜收集并沿入射路径向后传输，经 ETL 变焦镜、分光棱镜、宽带介质反射镜进入拉曼探头，并在拉曼探头内进行信号光分离后由输出光纤到光谱仪进行分光探测。

MICROcean 系统基本沿用了此前 MICRO 的控制与通信框架，并对 LED 照明模组进行了调整，在此基础上增加了变焦镜和微距相机组件。系统的整体控制框架如图 2-27 所示。MICROcean 系统中 LED 照明模组驱动器增加了 LED 控制通道的数量并转移至探头舱内部，为减少多通道控制对于电子舱和探头间控制线数量的需求，不同波段 LED 的开关与亮度调整通过 RS-232 串口进行控制。同样，变焦镜驱动器也被集成到了探头舱内并通过另一路 RS-232 串口进行控制。变焦镜和 LED 的控制线和电源线，均由充油的光电复合线缆内部的备用网线修改而来。光学探头侧边的辅助微距相机采用了 USB 协议，通过一根带屏蔽的水下双绞线缆与控制舱中的工控机 USB 端口连接。因为 USB 可以同时实现小功率器件的供电与通信，因此其无须配置额外电源线。

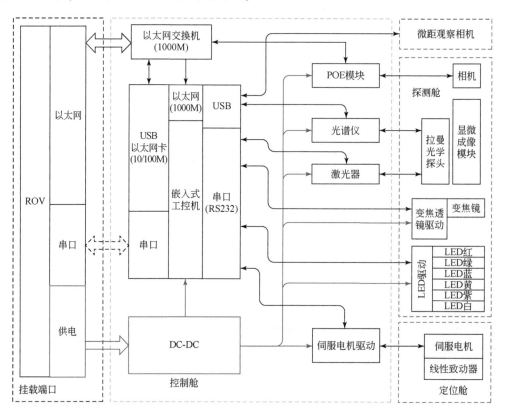

图 2-27　MICROcean 系统供电与通信控制结构框图

相较于此前的控制结构，MICROcean 在控制舱内增加了以太网交换机作为水下系统的核心网络节点用以连接显微成像相机、工控机和甲板终端。在交换机结构中，不同端口的网络被划分在不同的冲突域中，因此各端口之间的数据交互不会影响其他端口的通信带宽。这种结构设计为甲板端提供了相机的直接控制与图像采集功能，在网络状态良好的情况下，可以通过甲板机直接采集图像并进行处理而无须经过工控机进行转发，这种改进可以减轻水下工控机的运行负荷，降低延迟并提高图像采集速率。此外，探测舱内部增加了变焦镜模块和多波段 LED 照明模块来实现电驱动变焦控制和显微成像中的共轴照明。同样，MICROcean 系统也提供了本地处理和通信转发两种控制模式，并可以根据网络状态和处理需求进行自由切换。

此外，还有学者将激光诱导击穿光谱技术（laser induced breakdown spectroscopy，LIBS）用于深海原位探测。拉曼光谱可用于具有拉曼活性的水下阴离子和有机分子探测，LIBS 技术可对水中的金属阳离子和金属元素进行分析，两者有机结合起来，可同时获得更多、更全的原位化学成分信息。2012 年，日本京都大学报道了世界上首台深海 LIBS 原理样机，该样机搭载 JAMSTEC 潜水器（Hyper-Dolphin）在水下 200m 处进行了初步现场实验验证（Thornton et al.，2012）。2015 年，日本报道了升级后的深海 LIBS 系统 ChemiCam，该系统搭载 ROV 成功在冲绳海槽的热液喷口场进行了水下 1000m 试验（Thornton et al.，2015）。2015 年，中国海洋大学研制的深海 LIBS 水下原位探测系统（LIBSea）搭载"发现"号 ROV 成功进行了 2000m 深海试验。

2.2.3 基于质谱分析原理的原位传感器

质谱分析的原理是以电子轰击等方式使被测物质分离成多种荷质比不同的离子，在电场中不同荷质比的离子分别到达检测器后形成质谱图，用质谱图确定被测物质的结构。由于测量不是基于官能团等特定的分子特征，所以质谱分析是未知样品分析表征的首选技术。

过去几十年里，基于实验室的传统质谱仪已经被逐渐小型化并用于水下测量，水下质谱仪（underwater mass spectrometry，UMS）系统的发展始于 20 世纪 90 年代中后期，德国汉堡-哈尔堡工业大学、麻省理工学院和美国的南佛罗里达大学开始涉足该领域（Chua et al.，2016）。UMS 能够检测水下环境中的一系列气体化合物（如溶解的二氧化碳、甲烷气体和挥发性有机化合物）。尽管各个系统设计的细节各不相同，但所有这些系统都采用膜入口。目前所有的 UMS 均基于膜入口质谱（MIMS）技术，其采样接口是疏水的半透膜，通过对膜的仪器侧施加真空，使气体和微小的挥发性有机分子直接从外部环境进入质谱仪进行样品电离和检测（图 2-28），仪器连续采样可实现非常高的采样吞吐率（Bell et al.，2011），而大多数 UMS 系统使用的耐压外壳由阳极氧化铝制成，在有超过 3000m 和长期布设的需求时通常选择抗拉强度重量比和对腐蚀性海水环境的耐受性更强的钛。

国外这些系统已应用于检测溶解无机碳（DIC）（Bell et al.，2011）和孔隙水组成（Bell et al.，2012）等，比如用于确定马坎多油井事故中甲烷（和其他碳氢化合物）羽状流的理化性质（Camilli et al.，2010），用于原位质谱仪检测并监测沿海水域中氧、碳、氮循环之间的关系和时间变化（Bell et al.，2007；Camilli et al.，2009）。其中，大多数 UMS 系统使用线性四极杆质量过滤器作为质量分析器，利用四个平行棒上的射频（RF）和直流（DC）电压的组合，根据离子的质量（质荷比）来分离离子（图 2-29）。蓝色实线表示具有稳定轨迹的质荷比，红色实线表示不具有稳定轨迹的质荷比。线性四极具有特征良好、坚固、多用途和商业可用的优点。它们的重量、尺寸和分析性能也非常适合大多数水

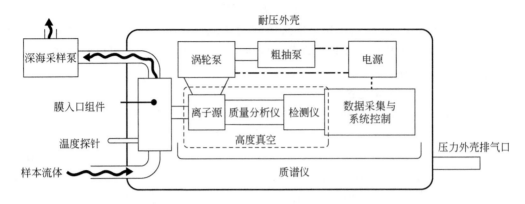

图 2-28 通用的水下质谱（UMS）系统的组成（Chua et al., 2016）

下 MIMS 应用。表 2-6 对比了国内外原位探测的 UMS 传感器的研究进展。

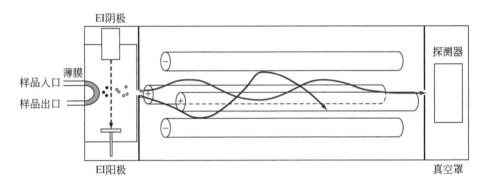

图 2-29 线性四极质量过滤器的膜引入质谱系统的示意图

表 2-6 国内外原位探测的 UMS 传感器

仪器名称	检测原理	分析气体种类	检测限/（nmol/L）	响应时间/s	工作水深/m	功率/W
TETHYS	摆线质谱仪	CH_4、CO_2	<1	5	5000	<20W，12V
NEREUS	摆线质谱仪	CH_4、CO_2	<1	15	300	25W，24V
DOMS	四极杆质谱	CH_4、CO_2	<1	—	—	100W，24V
Mini-DOMS	离子阱质谱仪	多种气体	<1	0.1	>4000	60W，24V
GEmini	四极杆质谱	多种气体	<1		1000	—
ISMS	四极杆质谱	CH_4、CO_2	<1	—	4000	100W，24V
SRI	四极杆质谱	CH_4、CO_2	<1	—	2000	80W，24V

美国伍兹霍尔海洋研究所先后研发了海水检测的 TETHYS 原位质谱仪和搭载在 AUV 上的 NEREUS（Camilli et al., 2004）质谱仪，TETHYS 的检出限为<1nmol/L，响应时间为 5s，其最大工作水深可达 5000m，灵敏度约为 1ppb，分辨率<0.1AMU，能够绘制高时空分辨率数据（Camilli et al., 2007），之后 TETHYS 已多次被用于海洋油气清理工作以及天然

气勘探。

之后，美国的 PaceTech 公司针对深海质谱仪（DOMS）响应慢、质量大、功耗高等缺陷开发了一种新型基于质谱仪的紧凑仪器 Mini-DOMS（图 2-30），这种质谱仪可以选择高真空泵送或者高压膜引入质谱（MIMS）方法，其工作功率在 30~60W，可用于测定多种溶解气体和挥发性有机化合物，可在大于 4000m 的水深中自主或半自主发挥作用（McMurtry et al.，2011）。

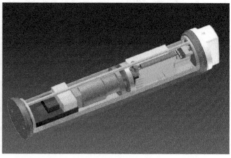

图 2-30　mini-深海质谱仪（DOMS）仪器设计图及其水下工作图

美国 SRI 国际公司设计了最新版本的水下质谱仪（UMS）（图 2-31），可用于检测大面积油气渗漏场及海底油气资源的泄漏。随后 SRI 联合美国波士顿大学开发了一种可用于渗透性沉积物中的高分辨率生物气体测量的前置水分析系统，可以从不同的沉积物深度收集水样，进而形成高时间分辨率的数据。该系统的最大特点是控制不同流量进行采样和分析，由于 UMS 远离采样位置，减少了环境对该系统的干扰。该系统工作水深可达 2000m，长度为 64cm，直径为 24cm，工作功率在 60~80W。

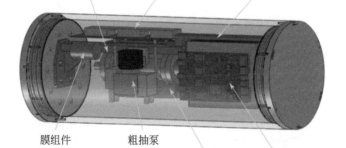

图 2-31　SRI 水下质谱仪（UMS）

基于质谱分析原理的原位质谱仪可以提供丰富的信息，可以直接从环境中获取样本，而无须任何干预的手动样本收集或操作，但代价是比其他海洋传感器更复杂、更大。此外，原位质谱仪在水下工作，需要面临静水压力每 10m 约增加 10^5Pa 的情况，并且质谱仪的某些组件（如离子源、质谱分析仪和探测器）只能在高真空中起作用（<10~5Torr），

因为样品必须从深度高压的外部海洋环境输送到仪器的真空系统中，泵送系统的效率决定了 UMS 系统的性能。

未来原位质谱仪需要对膜界面设计改进和使用新型膜材料来提高 UMS 的响应时间，或者探索新的样本直接引入方法，需要增加 UMS 系统的检测范围，并增加更多极性较高和挥发性较低的化合物分析对象。此外减少仪器对海洋的污染也是必不可少的。

2.2.4 基于生物传感原理的原位传感器

深海极端环境独特的生态系统使其生物群落无论是在代谢上、生理上和分类上都极具多样性，其中以微生物的种类最为丰富，作用最为重要。以往深海极端环境微生物多样性研究主要局限于样品的显微描述和有限物种的富集培养。随着分子生物学技术的进步和系统发育方法的发展，人们对于深海极端环境微生物多样性的认识有了极大提高，越来越多的微生物被人工培养和鉴别。尽管如此，相对于深海极端环境丰富的微生物资源来说，这些仍然仅占很小一部分。生物传感器是生物识别元件与传感器集成的设备，该传感器将与受体和目标化合物之间相互作用相关的变化转换为可以定量测量的输出信号。基于传感器装置和所使用的生物材料，生物传感器的分类如图 2-32 所示（Qazi and Raza，2020）。

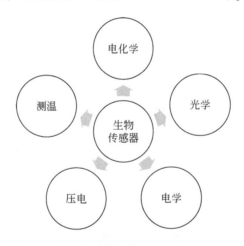

图 2-32　生物传感器分类（Qazi et al.，2020）

笔者所在的团队正在开发面向深海极端环境的原位探测传感器——微生物拉曼光谱探测系统（图 2-33），目前该传感设备正处于方案设计阶段，尚未完成样机研制。该探测系统分为两部分，一部分是主体舱，另一部分是探头舱。工作时主体舱部分固定于 ROV 本体或水下观测平台，探头舱置于五维调节架，通过调节架实现对于观测区域内的显微成像和拉曼扫描。探头舱内置显微成像拉曼光路，负责显微成像和拉曼光谱采集。主体舱内部包含高分辨率光谱仪、激光器、运动控制模块和嵌入式工控机，负责五维扫描平台的运动控制、图像拼接和光谱处理。扫描平台采用闭环控制方式通过分析成像系统图片锐度和激光光斑，实时调节扫描平台，保证拉曼系统的对焦状态。

要实现深海极端环境微生物拉曼光谱的原位测量，要解决的关键技术主要有：①精准

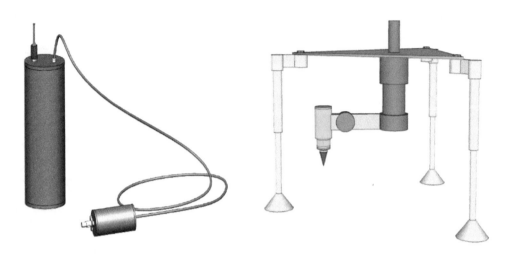

图 2-33　三维运动平台及微生物拉曼探头

对焦和高精度扫描系统；②光谱和图像同步采集时照明干扰的问题。

这些关键技术的主要解决方案如下：

1）采用高精度步进电机：微观尺度下的拉曼探测和生物成像对于系统的稳定性和精密度有较高的要求，理想条件下拉曼激发光斑尺寸为 $20 \sim 100 \mu m$，为了保证扫描效果扫描系统移动部分的步长精度应在 $10 \mu m$ 左右。现阶段 $10 \mu m$ 量级线性驱动器已有成熟的商业化解决方案，可以保证系统的移动精度。

闭环控制系统：根据水下显微拉曼平台特征开发的控制系统，可以从图像锐度和光斑形状实时监测对焦状况并对扫描平台进行反馈调节，保证系统聚焦状态（图 2-34）。

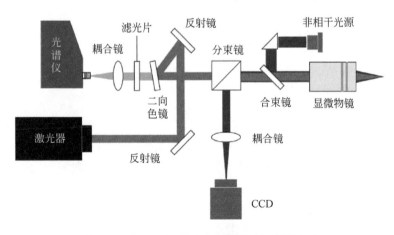

图 2-34　极端环境微生物显微拉曼探测原理图

2）分时调度：将扫描过程分成若干周期，每个周期内包含扫描位移、对焦、图像采集和光谱采集四个步骤。将扫描和聚焦分成两个阶段可以避免扫描过程中系统抖动引起的闭环对焦系统的反复对焦现象，成像和采谱过程分时交错进行可以有效避免成像照明灯光对于弱拉曼信号的干扰，系统无须采用复杂的滤光镜组即可实现高质量的光谱和图像采集。

单色光照明：对于特殊区域随时间变化分析时，可以采用单色光照明方案，避开拉曼光谱区域，或者采用紫外光激发拉曼信号。

此外，国外 Tonnina 等（2002）开发了一种应用于海水分析的全细胞传感器，利用螺旋藻和流动系统中的克拉克型氧电极，通过光合活动的变化来估计污染，这种全细胞传感器的优势在于它能提供有关生物利用度的信息并有可能测量出与海洋过程相关的生理反应。在众多类型的生物传感器中，微生物燃料电池（microbial fuel cell，MFC）传感器是一种很有吸引力的新型电化学微生物传感器。由于目标分析物的变化会影响微生物的电子转移过程，从而产生电信号，因此 MFC 利用电活性微生物作为探针。MFC 传感器并不关注高电流密度输出，而是关注在不同环境条件下电池输出的变化。2015 年 Quek 等研究了一种基于 MFC 的生物传感器，该传感器的生物膜由阳极室中的海洋沉积物形成，可用于测定有机碳的浓度，能够提供海水中生物污染的早期迹象，该传感器优化了海洋沉积物中有机碳的预处理方法并提升了检测效率（Quek et al.，2015）。2022 年上海理工大学研制了一种 O-MFC 传感器，适合于水中硝酸盐的实时监测，但是尚未见报道应用于海洋环境（Zr et al.，2022）。MFC 传感器有望成为 MFC 技术中最有前途的应用之一，为海洋地球化学研究提供一个新的研究平台。

近年来，面向海洋的生物原位传感器已经出现，由于电子产品和材料推动，许多生物传感器的成本显著降低，然而绝对成本仍然较高，欧洲针对这一方向做了很多研究，但到目前为止，用于海洋环境的商业生物传感器很少，可以在现场使用的生物传感器更少。对于深海极端环境生物的新陈代谢和生命过程研究，由于缺乏原位传感器，导致这方面的探测技术基本处于空白状态。

2.2.5 微地形地貌光学测量传感器

2.2.5.1 光学摄像

深海生态系统监测需要在不同的空间和时间尺度上观察其属性，而传统的取样方法（如 RGB 成像、沉积物岩芯）难以有效地提供这些特征。近端光学传感方法可以提供非侵入性的手段观测和跟踪海洋生态系统功能特征的变化来填补这一观测空白。光电技术的发展出现了许多成熟的水下摄像系统，包括许多面向深海机器人的定制摄像系统，越来越多的图像和视频在水下被捕获。光学传感器可以通过已布设的传感器（水下三脚架或固定观测点）、遥控潜水器（ROV）或自治式潜水器（AUV）携带安装，在一次 ROV 或 AUV 调查中可以收集数千张图像的数据集。此外，可以通过固定在海底用于研究不同时间尺度（天到年，即延时研究）的变化（Balazy et al.，2018）。

2016 年德国不来梅大学对墨西哥湾南部坎佩切湾复杂气体渗漏的程度和特征进行了调查，利用 ROV 搭载静态相机（Inside Pacific Scorpio，330 万像素）和摄影机（Pacific Zeus 3CCD HDTV）进行实地调查，在大约 3420m 深处的三个地点发现了壮观的天然气水合物

（图2-35）。图2-35（b）所示位置发现悬壁旁1～2m的气体水合物，并从底部观察到强烈的气泡流，其中透明的气泡是由来自海底深部的水合物发生渗漏所致（Sahling et al.，2016）。

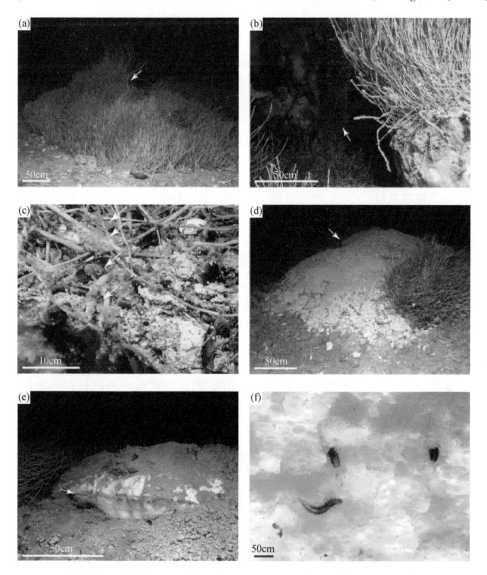

图2-35　墨西哥湾南部坎佩切湾海底探测到的实景图

　　2017年7月，"探索4500"AUV在我国南海北部冷泉区开展了调查，其搭载光学相机拍摄的一系列图像经处理后形成了一幅宽视角无缝全景高分辨率地图，能够从360°视角展现冷泉区全貌（图2-36）（李硕等，2018）。

　　近年来，团队利用光学相机搭载ROV，获取了海底大量的光学影像资料，同时针对深海微地形地貌的高精度探测需求，开展了基于单目相机的深海微地形地貌高精度三维重建，获取了我国深海极端环境区的大量光学图像，利用运动恢复结构方法建立了典型海域内沙波区、碳酸盐岩区及冷泉区的海底三维模型，精细刻画出区域内的地形地貌特征和生

图 2-36 "探索 4500" AUV 获得的冷泉区光学图像自动拼接图

物生态信息。

（1）单目成像系统

相机是单目成像系统的重要器件，研究中选用 4K 工业相机进行成像，采用互补金属氧化物半导体（complementary metal-oxide semiconductor，CMOS）作为传感器，分辨率为 3840×2160，最大帧率为 25fps，可以较为稳定清晰地获取目标的实时图像信息。相机封装在圆柱形铝合金防水舱内，前端装有 15mm 厚度的石英透明窗片以便透过光线。防水舱厚度 10mm，与石英窗片以锁紧盖、密封圈连接，后端通过水密线缆进行密封与数据传输，在下水前接受相当于最大工作深度 2000m 水压的打压测试，以保证系统的水密性与耐压性。

该系统搭载于"FCV 3000"ROV，基于"海洋地质九号"深海考察船进行了深海原位测试，获得了海底地形地貌视频图像资料。在海底工作时，系统固定于 ROV 前端，并通过水密线缆连接 ROV 实现供电与通信，当 ROV 到达海底后，控制其在距离海底大约 5m 的高度进行水平移动，扫过下方目标物，连续获取图像并存储。该系统海上现场工作照片如图 2-37 所示。

图 2-37 搭载 ROV 上的单目相机

（2）水下图像预处理方法

受海水、有机物和悬浮颗粒物等吸收和散射的影响，通常基于光学相机获取的海底图像具有亮度小、能见度差、对比度低及模糊等特征。为了得到高质量的海底图像，需要将图像进行预处理增强。针对海底光学成像的特点，研究人员使用了白平衡、伽马校正和瑞利分布函数拉伸图像相结合的图像增强算法，首先对图像进行白平衡，之后进行伽马校正，调整各个颜色通道图像强度因子，最后再由三通道组成。

基于传统的图像增强方法对光学图像进行了分析，包括直方图均衡化（histogram equalization，HE）、自适应直方图均衡化（contrast limited adaptive histogram equalization，CLAHE）、单尺度 Retinex（single-scale retinex，SSR）和多尺度 Retinex（multi-scale retinex，MSR）算法，如图 2-38 所示。分析表明，传统的图像增强方法只对照明相对较好的场景有效，并不适用于质量较差的图像，不能有效地提升对比度。该方法在对比度和颜色方面都能起到显著增强的效果，能够在保留原始图像特征的基础上，增强图像中的细节，并有效解决图像颜色衰退的问题。

图 2-38　不同增强方法预处理后的图像

（3）三维重建方法

SFM 三维重建主要步骤如下：①提取单个特征图像；②求解每个图像对应的特征匹配和几何关系；③初始化重建。根据对几何模型中的基础矩阵与本征矩阵，依次对相邻两张图像进行重建，求解得到图像的位姿，两个图像之间的公共点作为构建点云的输入。如果图像中有一组三维点和相应的二维投影，则校准相机姿态，以便记录新的点加入到模型当中。在这个过程中，通过三角化来确定匹配点的三维位置。然而，由于连续不断添加新的点集，累积产生的误差会越来越大，所以采用捆集调整算法，优化每个视图的三维结构和相机运动，使重投影误差最小化。最后通过重复归集调整算法进行迭代，将计算出的三维坐标值与阈值比较，当大于阈值时判断为误差点并删除。

由于 SFM 在检查两幅图像的对应关系点时只取了纹理点，忽略了局部极大值周围的点，导致存在较多空洞，因此，需要对稀疏点云数据进行稠密扩充。研究团队采用基于面片的多视图密集重建（patch-based multi-view stereo，PMVS）算法，对不规则物体以及目标对象的细节特征进行空间深度的估计和融合，以达到密集点云重建的目的。PMVS 算法通过构建具有方向的矩形面片集拟合出三维物体表面的局部切面，不需要对边界外包进行初始化，具备自动检测和剔除异常点的能力。海底稠密点云重建结果如图 2-39 所示。

图 2-39 海底稠密点云

泊松表面重建（Poisson surface reconstruction，PSR）是将点云的重建问题转化为求解空间内的泊松方程。通常计算几何学中常用的 Delaunay 三角网和其对偶的沃罗诺伊图对处理的点云质量有一定要求，遇到含噪声的点云往往需要先去噪后再进行重构。与之相比，PSR 将离散的点云信息转化到一个连续表面函数上，构造出水密隐式表面，使得对夹杂的噪声不那么敏感。由于 PSR 容易在非封闭的数据中产生不规则的伪曲面，影响曲面效果。因此文中通过引入屏蔽因子来约束重建过程，以减少法向量的估计。根据 SFM 算法生成的点云数据及图像 RGB 数据，通过 OpenGL 完成纹理映射，结合相机参数和光学图像，将图像转换为纹理素材，估算点云模型的法向量并进行贴图，PSR 及其纹理映射如图 2-40所示。

图 2-40 泊松表面重建及纹理映射图

（4）海底典型区域三维重建

1）南海水合物勘探区沙波区。在我国南海天然气水合物勘探阶段，为详细了解水合物远景区的地形地貌，基于 SFM 方法获取了调查区海底环境的三维重建结果，如图 2-41

所示。从图中可以看出，南海天然气水合物远景区沙波的分布主要集中在上陆坡地区。在空间上，沙波规模向下陆坡方向总体减小。从形态上，沙波总体表现出黑白相间，其中白色为有孔虫砂，黑色为沙波被铁锰结壳覆盖的部分，由此表明该地区沙波的形成经历了较漫长的地质过程。这是由于南海上陆坡地区底流作用较强，特别是内波对该地区沉积地貌具有强烈的改造作用。据此推断，调查区的沙波主要是在强烈的内波冲刷和改造作用下形成，由于东沙地区火山活动活跃，造成这些沙波后期被铁锰氧化物所覆盖，形成了当前黑白相间的状态。

图 2-41　沙波区的三维重建结果

上图为重建的海底局部整体图，下方的①~⑤为局部放大图

2）南海冷泉碳酸盐结核、结壳发育区。图 2-42 展示了南海冷泉碳酸盐结核发育区的

图 2-42　碳酸盐结核发育区的三维重建结果

三维重建结果，可以看出海底冷泉碳酸盐结核非常发育，并栖息着一些典型的底栖大型生物，构成了良好的海底生态系统。利用 ROV 探测追踪，该区面积可达数平方千米以上，表明该处曾经发生了大规模的甲烷泄漏事件。当海底甲烷发生泄漏后，绝大多数甲烷通过硫酸盐驱动的甲烷厌氧氧化反应被固定在海底，有效减缓了海洋碳泄漏对环境的影响，避免了海水酸化和生物物种受损等负面影响。对海底地形地貌进行三维重建还原，有助于精确判断冷泉碳酸盐结核和底栖生物的赋存状态及规模，探索海底冷泉碳酸盐岩成因和总量等关键问题。

研究团队在南海海域冷泉碳酸盐岩结壳区也开展了调查研究，获取光学影像资料后开展了三维重建，如图 2-43 所示。结果发现相对于结核区，该结壳区海底较为平坦，同时底栖生物缺乏，黑色的铁和锰结壳沉淀并不发育，表明该结壳形成不久或仍在增生。但在某些区域仍会出现单独的黑色结核，表明结核和结壳的形成并非同一期次。

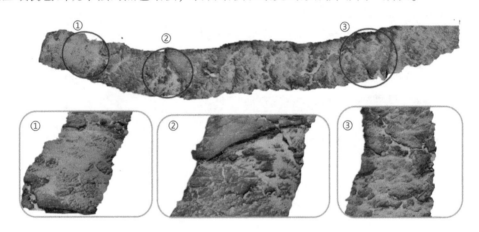

图 2-43　碳酸盐结壳发育区的三维重建结果

2.2.5.2　三维激光成像技术

近年来，国外水下三维激光技术与装备发展迅速，已经在深海冷泉科考、水下考古、海上石油天然气管道检测、水下结构物破损检测等行业领域得到了应用（Hildebrandt et al., 2008；Achar et al., 2014）。水下激光成像利用海水中蓝绿激光独特的光谱特性、时间特性和空间特性对水下目标进行成像，弥补了水下声呐系统在成像分辨率和近距离探测中的不足，从而实现高速度、高精度和大面积探测，相较于声学设备，水下三维激光精度更高，可以应用于高精度检测，是未来深海极端环境探测的发展方向。然而在过去几十年里，受限于我国深海作业能力，该方面的技术大多仅限于实验室研究。

东京大学的 Nakatani 等设计了一种旋转激光扫描（RLS）水下三维测量系统，通过结合不同角度的多次扫描，从热液烟囱的表面提取颜色信息，从而创建它们的可视颜色模型。该方法在鹿儿岛湾海洋实验中成功地重建了处理过程中的热液烟囱模型（Nakatani et al., 2011）。随后，他们扩展了该方法来生成海底的三维颜色重建，并且使用 AUV 对海底热液区域进行了三维颜色重建（图 2-44）（Bodenmann et al., 2011）。

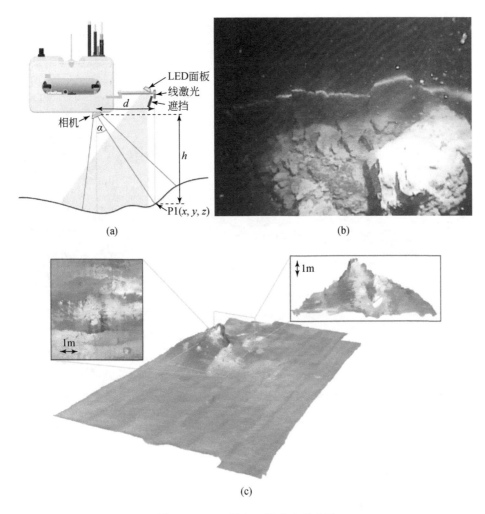

图 2-44 RLS 设备三维重建示意图

近十年来，在国家海洋发展战略的引导下，随着我国海洋工程和海洋技术的迅速发展，为水下激光成像技术特别是高精度三维成像技术提供了搭载平台，激光技术得以走出实验室应用于深海原位测量。

自然资源部青岛海洋地质研究所联合中国海洋大学研制了一套水下激光线扫描装置，于 2019 年和 2020 年用 ROV 搭载该设备进行了深海地形三维成像试验，结果表明水下激光线扫描装置能够快速准确成像，具有较高的形貌还原度（图 2-45 和图 2-46），这是国内较早应用于深海地形探测的实例（范承成等，2022）。

由于深海环境复杂，海水中的悬浮颗粒较多，特别是潜水器抵近时对沉积物的扰动会增大海水的浑浊度，光能量衰减、低对比度和可变光照（潜水器自身携带的照明系统）等问题使水下光学三维重建成为一项艰巨的任务。研制一种小/微型化、低功耗、高效率、高精度的水下激光成像系统成为提升海洋探测技术的迫切要求。

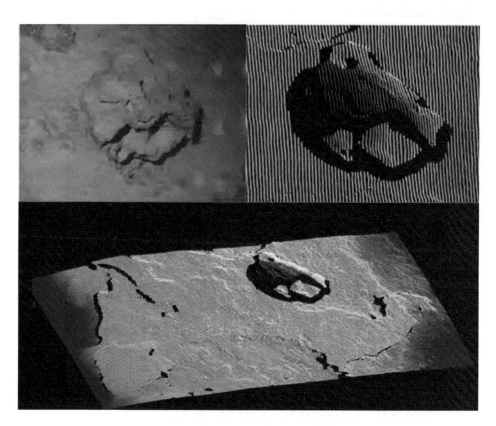

图 2-45 典型激光线扫描海底图像

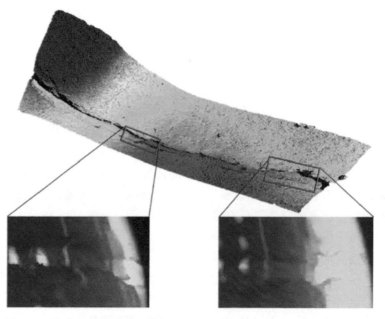

图 2-46 海底狭长坑道的三维点云图和坑道局部照片（范承成等，2022）

2.3 本章小结

利用声学手段探测深海极端环境中的羽状流是目前常用的探测手段之一，相较于海底声呐图像与海底地形数据，多波束水体数据携带更丰富、更全面的采样信息，具有大规模、高精度、高效率的探测优势，为水下探测提供了新的思路与手段，但在探测成功率、自动化处理、气体定量分析等方面的研究较少，相关难题的解决仍面临较大挑战。

目前商业化甲烷传感器的响应时间均以分钟为单位，难以通过其浓度快速变化来确定极端环境中流体喷口的具体位置，而且响应时间都是初始的平衡时间，对于这个平衡时间来说，从低浓度往高浓度区域变化，响应时间相对较快，对于从高浓度往低浓度区域移动的情况，传感器实际响应时间会远大于传感器标定时间。笔者研究团队自主研制的针对深海极端环境的系列化 CO_2 和 CH_4 水下探测传感器，重点突破深海高压下的高效脱气技术、长光程小体积多次反射腔设计等关键技术，在探测灵敏度、响应时间和探测效率等方面相较商业化传感器有了很大的改进，可为深海极端环境探测提供重要的技术支撑。

整体来看，当前的深海极端环境探测传感器在一定程度上推动了深海探测技术的进步，并呈现以下发展趋势：①由单一技术向多系统、全立体式的综合探测系统发展；②由大范围探测向中小尺度精细化快速探测方向发展；③由信息化、人工化探测阶段向智能化、自主化综合探测系统方向发展。

第 3 章 | 深海极端环境移动观测技术

深海热液、冷泉等极端环境中陡峭的热力学和化学梯度影响着所在海域环境中的物质循环及能量流动过程,这导致极端环境中群落结构、生物量水平的空间分布差异,并进一步对海洋生物之间的相互作用、共生关系、遗传变异和进化等多方面产生影响。极端环境中的热力学与化学状况对于生物的影响是复杂的,并且尚未被完全揭示出来,但它们作为基本环境因素,对深海中生物群落的形态和结构具有内在影响,从侧面反映出深海的生命演化和生态适应机制。因此,对深海极端环境中不同区域的生物状况和理化水平进行高空间分辨率的精细研究,是揭示深海生态系统结构和功能,深入了解深海生物进化机制,发掘深海生物资源的必经之路。

目前深海极端环境地球化学与生物研究的方法主要有采样调查、定点观测、模拟研究以及移动观测等。其中,采样调查主要指采用各种采样装备在极端环境区域进行取样分析,以研究极端环境中的理化过程;定点观测是利用中长期的固定观测装备对极端环境理化参数进行长时间序列的定点监测,以揭示其内在的发展和变化规律;模拟研究是指在实验室构建极端环境的模拟系统以达到在实验室中重现极端环境的演化过程来揭示其中的生物–化学过程;移动观测特指通过综合性水下移动观测平台(载人潜水器、遥控潜水器和自治式潜水器等)搭载原位传感设备和取样工具获取海洋或海底特定区域连续时段及范围内的数据。在这些技术手段中,移动观测方法可以通过遥控操作和预编程方法精确地控制观测区域,对深海热液泉、冷泉等极端环境进行抵近研究,并利用观测设备获取高清影像或高分辨率观测数据。移动观测是深入了解深海极端环境的化学特性、生态环境和深海生物生存机制、适应条件、群落结构的最佳研究方式,可以为深海极端环境研究提供更加详尽的数据支撑,并已被广泛应用到各种水下极端环境调查中。

3.1 深海极端环境移动观测技术主要构成

深海极端环境移动观测主要涉及水下移动平台载体技术,具体可以分为载体平台、防水耐压防腐、能源供应以及控制通信等技术。这些关键技术是保证深海极端环境移动观测任务顺利完成的重要保障,也是深海极端环境移动观测技术研究的重点领域。与采样调查和定点观测相比,移动观测的独特优势是采用自主可控的水下移动平台对深海极端环境进行高空间分辨率的详细调查,其采用的观测探测传感技术与其他定点观测方式并无本质不同,因此本章主要聚焦水下移动平台载体的相关技术介绍(图3-1)。水下移动观测平台包括水下滑翔机、剖面浮标、载人潜水器、自治式潜水器、遥控潜水器、自主遥控潜水器以及海底爬行车等,其中水下滑翔机和剖面浮标通常为弱动力平台,依靠自身浮力变化驱动平台实现剖面观测,受海流影响较大,难以实现对深海特定极端环境区域的定点观测。

适用于深海极端环境的移动平台载体主要包括载人潜水器（human occupied vehicle，HOV）、自治式潜水器（autonomous underwater vehicle，AUV）、遥控潜水器（remote operated vehicle，ROV）以及近年来刚刚发展起来的爬行车、自主遥控潜水器（autonomous and remotely operated Vehicle，ARV）等混合型潜水器。

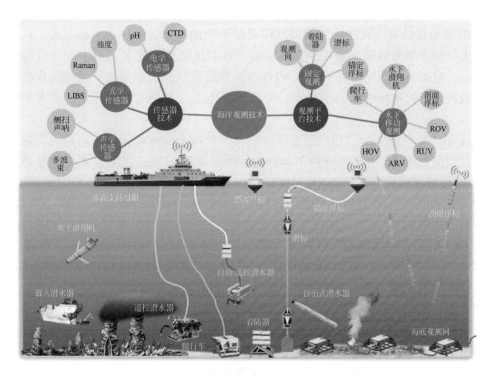

图 3-1　深海观测技术分类及主要的海洋观测装备

3.2　水下移动平台载体技术

　　水下移动观测平台可以携带各种电子设备、机械装置或专业人员，快速准确地到达各种深海极端环境，进行精确观测和科学研究。作为综合性水下机动平台，面向深海极端环境观测的潜水器除了配置常规的定位、导航以及成像设备外，还可针对性地配置其他专用探测设备开展专门观测，是实现深海极端环境观测技术的"集大成者"，具有全面的技术特点，是深海极端环境移动观测技术发展的重头戏。HOV、ROV、AUV 等潜水器以其各自独特的水下应用优势可以满足不同的移动观测性需求，构成了完整的深海极端环境观测体系。

3.2.1　载人潜水器

　　载人潜水器（HOV）最大优点是可以搭载科学家和各种设备前往复杂的深海极端环境中进行地质、生物、水体样品采集以及原位实验，为极端环境实时实地研究提供最直接的应用平台。它为研究人员提供了无与伦比的临场感，科学家可以持续获取实时的生物活动、地质现象、流体通量等数据，根据实际情况设计实验并进行精细操作。目前，全球深海极端环境研究实例并不多，与其他海洋调查探测的标准作业模式不同，暂时没有适应深海极端环境调查的作业程序，也没有办法预测下潜前的所有情况，需要依靠下潜科学家的知识和经验进行分析判断，掌握探测中各类实际操作并从观测细节中发现科学价值和科学问题。HOV 可以针对不同环境和对象立即采取不同的观察、采样和实验方案，从而大大增强了人类探索深海极限生命的主动性、选择性和灵活性，尤其适用于深海极端生物研究。同时，对于突发状况，处于 HOV 内部的操作员直接介入也避免了遥控操作模式下不可避免的控制延迟和环境感知的局限，可以更好地适应复杂的水下环境，提高水下调查效率。

1934 年"海洋球"的应用标志着深海载人平台探索研究的开始，这是人类第一次真正亲眼观察深海动物，在母船支持下其最大下潜深度为 923m。此后，真正能够进入深海的 HOV 才慢慢被研发出来。早期代表性的 HOV 包括"迪利雅斯特"号、SP-350 和 FNRS-2 等。20 世纪 60 年代，法国成功研发了首台配置推进器的水下运载器。同期，全球首艘载人潜水器"曲斯特 I"号由美国研发并海试成功，最大下潜深度为 10 916m（Heirtzler and Grassle，1976）。在此基础上，以美国"阿尔文"号为代表的现代载人潜水器逐渐发展（图 3-2），并开展了一系列深海探险活动。"阿尔文"号具有人眼观测、高清摄像和声学扫描等先进探测手段，具备化学传感、生物调查和地质取样等能力（图 3-3），为美国在全球载人潜水器领域占据领先地位奠定了基础。"阿尔文"号执行了众多重要任务，1966 年成功执行军方失事坠海氢弹的紧急探测和打捞任务，轰动军事界；1977 年首次在加拉帕戈斯断层带发现并证实了海底热液区的存在，获取了宝贵的第一手资料；1979 年在东太平洋海隆首次发现高温黑烟囱，又于 1983 年采集的热液喷口样本中分离出一种新型极端嗜热产甲烷细菌，为深海热液环境生态系统的探索提供了依据；2008 年用机械臂进行了原位

图 3-2　最早期的"阿尔文"号潜水器

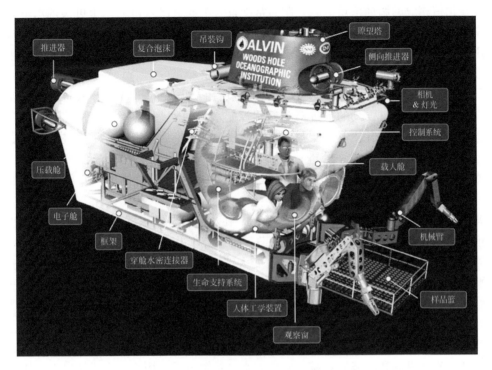

图 3-3　"阿尔文"号潜水器的结构示意图

贻贝移植实验，并观察了 11 个月后栖息地的变化；2015 年拍摄的深海冷泉视频提供了气体羽状流和化能合成生物群落存在的影像证据，包括微生物菌席和贻贝床，以及气体喷口周围裸露的自生碳酸盐岩。目前"阿尔文"号已完成 5000 次以上下潜任务，是全球应用最多的载人潜水器。

　　如图 3-3 所示，典型的 HOV 主要由载人舱、推进器，浮体材料以及观测和采样设备等部分构成。其中，载人舱是 HOV 的核心单元，为水下成员提供了最基本的生存条件（氧气、温度、湿度以及适宜的压力等），HOV 的氧气来自于载人舱内部的压缩氧气，而成员呼出的二氧化碳和水汽则由舱体内部的空气处理系统进行过滤，它和储气装置一起构成了 HOV 的生命支持系统。考虑到材料的强度重量比、耐腐蚀性、静水压下的蠕变性以及塌陷强度，耐压载人舱大都是采用钛合金材质或不锈钢材质制作的球形耐压舱。例如，我国"蛟龙"号 HOV 采用钛合金焊接球体，而俄罗斯的 MIR-Ⅰ 和 MIR-Ⅱ 载人潜水器则采用不锈钢球体。完美球壳型载人舱的屈服压力可以根据环向应力公式进行计算

$$P_y = \frac{4t\sigma_y}{D_m}$$

理论弹性屈曲压力是使用 Zoelly 公式得出的，适用于薄壁球壳（Zhang et al., 2018）

$$P_b = \frac{2E}{\sqrt{3(1-v^2)}}\left(\frac{2t}{D_m}\right)^2$$

式中，P_y 是屈服压力；P_b 是屈曲压力；σ_y 是屈服强度；D_m 和 t 分别是平均直径和厚度；E 是弹性模量；v 是泊松比。为了保证安全，壳体通常采用 1.2~1.55 的安全系数进行耐

压设计并预留相应的腐蚀余量。载人舱通常配备一个成员出入口、三个可实现水下观察的耐压窗以及用于潜水器外部定位与控制的船舱连接口；舱体内部配备有控制系统并根据人员适用要求进行人体工学设计；光学观察窗口通常采用轻便的丙烯酸材料制成并采用圆台形斜面和钛合金舱体进行装配，以满足防水耐压需求。

早期的 HOV 通常采用缆系的方式进行布放，由于电缆的自重，潜水器缺少移动性并且工作深度有限。通过强劲的推进器和鳍片控制水中的姿态是一种较为灵活的调整方法，可以实现快速下降和上升，但受能源限制大多数潜水器依然采用了小型推进器控制姿态和水平运动，并依赖可调浮力系统进行上升和下降。为了实现水下姿态的调整，HOV 在尾部、侧面以及顶部安装了多个小型化的推进器，用以进行前后推进、仰角调节以及舵向调整。

典型 HOV 的浮力调整机制如图 3-4 所示。在水面时，潜水器的空气压载舱充满空气，产生正浮力使其漂浮。当潜水开始时，压载舱排出空气并充满海水，从而产生负浮力并使潜水器下沉。随着深度的增加，水体密度变大，HOV 整体浮力略有增加但依然处于负浮力水平，潜水器下潜速度稍微减慢。当潜水器接近海底时，HOV 通过抛载部分压载物（通常是铅或一些其他重物）以获得中性浮力。当潜水器上的正浮力材料（倾向于漂浮的物体）与负浮力材料（倾向于下沉的物体）平衡时，就会出现完美的中性浮力。这使得潜水器能够失重悬停并自由移动。由于很难保持完美的中性浮力，因此大多数潜水器都有辅助重量调节（纵倾和压载）系统。它由海水泵系统组成，用于吸入或排出水，从而调节潜水器的浮力。完成任务后，剩余的压载物被丢弃，潜水器获得正浮力开始上升。当重新浮出水面时，高压瓶中的空气被重新压入压载舱，为潜水器提供足够的吃水以进行回收操作（Hotta et al., 2001）。

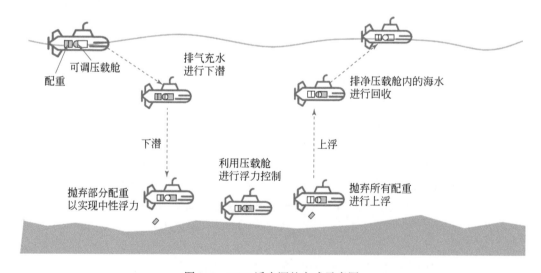

图 3-4　HOV 浮力调整方式示意图

HOV 搭载的水下传感器和探测工具可以进行深海区域的探测和数据采集，这些工具包括但不限于声呐、摄像机、电化学传感器、水下光谱分析仪和采样设备等。声呐可用于探测和测量水下物体的位置和距离；摄像机可用于拍摄、记录和分析深海生物和栖息地；

电化学传感器可以检测深海中的物理和化学参数，如温度、盐度、pH、溶解氧等；水下激光光谱分析仪则可以提供目标物的分子拉曼光谱、元素原子光谱等。采样设备如取样管、采水器以及机械手臂等则可用于获取深海生物样本、水体样品和地质样品。通过使用这些传感器和工具，科学家可以获取深海环境和生命过程的实时数据，从而进一步研究和理解深海极端环境下的生命形态和生态系统的特点。

在"阿尔文"号的影响下，许多国家陆续开始研发载人潜水器。在 HOV 开发研究方面，日本的发展极为迅速。日本海洋科学技术中心（JAMSTEC）于 1987 年研制开发了载人水下潜器 Shinkai 6500（图 1-13），其设计深度为 6500m，实际最大下潜深度为 6527m。Shinkai 6500 载人水下潜器采用 73.5mm 厚的钛合金制作耐压舱，内部空间直径 2m，采用混凝泡提供浮力；潜水器可载 3 人，含 2 名驾驶员，其头部和两侧各有一个异丁烯酸酯系树脂制作的直径 14cm 的圆形观察窗。Shinkai 6500 还可配置三维成像声呐、可旋转式采样篮、高清摄像机、CTD 传感系统和导航定位系统等先进探测设备，可对锰结核、热液沉积物、钴结壳和 6500m 以浅的洋底大断层开展科学调查。日本科学家曾利用 Shinkai 6500 在西太平洋发现的新热液喷口的样本中成功分离出了快速生长的极端嗜热古菌（González，1995）。2010 年 Shinkai 6500 调查了喷口处生物幼虫的扩散与当地生物规模之间的关系（Beaulieu et al.，2011），并在 4204m 深度偶然发现了鲸落（Alfaro-Lucas et al.，2017）。

苏联于 1987 年研发了 6000 米级"和平"系列载人潜水器（MIR-I 和 MIR-II）（图 3-5），可持续开展长达 20h 的下潜和探测工作，是美国"海涯"号和法国"鹦鹉螺"号的两倍，并具有高机动性，水下瞬时速度可达 5kn（Derek，2009）。"和平"系列载人潜水器曾在印度洋、太平洋、大西洋和北冰洋已完成数千次科学考察任务，尤其是完成了"共青团"号核弹潜艇的核辐射探测、"泰坦尼克"号沉船的搜索和视频拍摄以及"北极-2007"海洋调查等任务，充分展示了其卓越的技术能力。MIR 于 2005 年对热液区底部浮游动物的垂直分布进行了调查，在研究热液羽流的水文结构等方面发挥了重要作用。

图 3-5　"和平"号 6000 米级载人潜水器

以法国、德国和英国为代表的欧洲国家在载人潜水器研发方面也具有较强的基础和实力，其中较著名的是法国研发的"鹦鹉螺"号6000米级载人潜水器（Yang and Peng, 2003）（图3-6）。它具有本体重量轻和水下机动性强等优异的技术特点，此外还配置1台小型水下运载器，可实现多维度深海观测。迄今为止"鹦鹉螺"号已完成深海资源勘探、环境调查和军事搜救等任务超过千次。1993年"鹦鹉螺"在冷泉中发现的新的绵鳚科Zoarcidae，表明了极端生命的适应能力（Geistdoerfer, 1999）。1994年，"鹦鹉螺"通过在热液喷口附近部署捕获器，又发现了十多种新微生物和后生动物物种。

图3-6   "鹦鹉螺"号6000米级载人潜水器

图3-7所示的"深海挑战者"号HOV是一艘由澳大利亚制造的载人潜水器，高7.3m，重12t，驾驶舱可容纳一人。该潜水器安装有多个摄像头，可以全程3D摄像，还配有专业设备收集小型海底生物，以供地面的科研人员研究。其主体由一种新型泡沫制成，可提供漂浮性和坚固的结构支撑。"深海挑战者"号不同于传统的水平轴潜水器，其载人舱位于潜器下部，并在下方装备了包括机械臂、采样篮在内的一系列采样装备，这种竖向潜水器构造使其可以在水中快速垂直滑行。其配备的12个推进器使其能够以3kn的速度前进，以及以2.5kn的速度垂直升降。2012年，加拿大导演詹姆斯·卡梅隆乘坐"深海挑战者"号HOV抵达太平洋下约11 000m深处的马里亚纳海沟，成为全球驾驶单人潜水器到达地球上已知的最深处——挑战者深渊的第一人。自2012年以来，"深海挑战者"号潜水器进行了五次潜水并首次报道了在马里亚纳海沟（10 908m）中观察到丰富的极端生物种群（Gallo, 2015），完成了对马里亚纳海沟挑战者深渊世界最深海底生物群落的首次分析。

在国家"863计划"专项的支持下，中国船舶重工集团公司第七〇二研究所、中国大洋矿产资源研究开发协会、中国科学院沈阳自动化研究所和中国科学院声学研究所等单位联合研发我国首台7000米级"蛟龙"号载人潜水器［图1-15（a）］。"蛟龙"号于2012年6月在马里亚纳海沟顺利完成7000米级载人深潜试验，以7062.68m的最大下潜深度一举打破由Shinkai 6500创造且保持多年的世界纪录，成为全球下潜最深的科学作业型载人

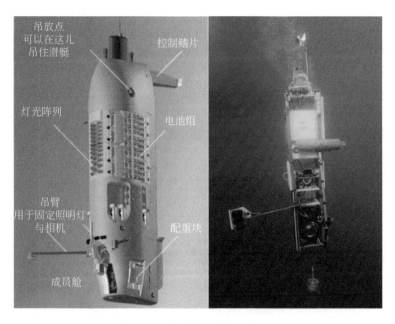

图 3-7　"深海挑战者"号 HOV

潜水器。"蛟龙"号配置高分辨率侧扫声呐、水声通信和信号处理系统以及原位地质力学测量、热液保真取样、温度测量、微生物取样、多参数化学传感器和小型钻机等先进设备，深海观测能力强大。此后，我国载人潜水器的研发和海试，充分吸取"蛟龙"号前期设计和应用中的经验和教训，同时大幅度增加本土化设计，实现了逐步自主创新。

在"十二五"国家"863 计划"海洋领域和"十三五"国家重点研发计划支持下，2017 年 10 月由中国船舶科学研究中心研制完成了 4500 米级"深海勇士号"载人潜水器［图 1-15（b）］国产化率达到 90% 以上。"深海勇士"号的载人舱、浮力材料、深海锂电池、机械手、水声通信系统等都是自主研制，大大提高了海洋装备科技的国产化水平，也为中国未来全海深科考奠定了坚实基础。

"奋斗者"号载人潜水器是"十三五"国家重点研发计划支持研制的全海深载人潜水器［图 1-15（c）］，由中国船舶集团第七〇二研究所牵头，集合了中国科学院深海科学与工程研究所等 20 家科研院所、13 家高校、60 余家企业，近千名科研人员开展关键核心技术攻关，其具备全海深进入、探测和作业能力，核心部件国产化率超过 96.5%。2020 年11 月在西太平洋马里亚纳海沟海域创造了 10 909m 的中国载人深潜新纪录，发现了密度惊人的新物种。至 2023 年 3 月，"奋斗者"号已累计下潜 189 次，其中万米级下潜 25 次，开展了多国联合、系统的深渊地质、生命和环境科学多学科综合深潜考察。

如图 3-8 所示，HOV 在深海极端环境研究中已经获得了丰富的研究成果，并在关键问题研究中仍然发挥着无可替代的作用。即将推出的第三代 HOV 将进一步聚焦于提高推进效率、提升导航精度以及实现更长的水下作业时间，为深海极端环境调查和原位实验提供更高效、更持久的移动平台。

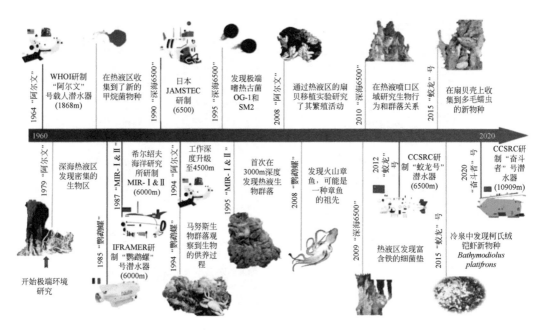

图 3-8　HOV 在极端环境研究应用中的重要节点（Liang et al.，2021）

3.2.2　遥控潜水器

不同于 HOV 可以提供身临其境的真实感，遥控潜水器（ROV）利用一系列的水下传感设备采集水下环境信息并通过线缆传输至支援船，由操作员和技术人员根据显示信息远程操控 ROV 执行水下交互任务。本质上，ROV 是人类视觉、听觉、触觉和水下活动的延伸。早期 ROV 的主要应用场景是辅助水下油气开发，但自 20 世纪 80 年代中期以来，ROV 开始进入水下科学研究领域，因其水下独特能量供给方式而逐渐成为水下调查的重要平台之一。ROV 一般不自带能源，而是利用一条脐带缆从甲板供电，这使得 ROV 不受动力限制，因此可以长时间停留在水底，高效地进行大型调查、长时间序列实验和多学科研究。基于这一特点，发展出了可以长期水下驻留进行装备检修和水下调查的常驻型 ROV。为减少脐带缆的直径和脐带缆承载电流，ROV 一般采用高压供电，小型观测型 ROV 脐带缆较短（<300m），为节约成本，一般采用交流电，并利用电力载波的形式进行通信，而大型 ROV 由于功率较大，工作范围广，因而多采用复合脐带缆，包括供电线及信号线（双绞线或光纤），供电一般为超过 700V 的直流电（Hawkes，2009；Taylor and Lawson，2009）。大量实时观测数据如视频、声呐、CTD（电导率-温度-深度）数据和其他信息等也会通过脐带缆传输到母船。研究人员根据上传的观测信息可以随时在场讨论并修改调查计划。

由于 ROV 没有配备载人舱和电池舱，因此其体积可以小至几十厘米，但考虑到深海环境中的抗流能力，用于深海极端环境调查的 ROV 普遍为数米尺寸的作业级 ROV 系统。如图 3-9 所示，作业级 ROV 本体主要包括复合泡沫浮体材料、系统框架、液压驱动系统、导航定位系统、螺旋推进器、样品篮、机械手、相机和照明系统等。水面缆车和遥控操作控制台也是 ROV 系统的重要组成部分。ROV 通常配备有两台液压驱动的多功能机械手臂用于执行水下交互任务。尽管电驱动手臂在控制精度上更具优势，但其负载能力往往无法满足水下作业要求而很少配备在作业级 ROV 系统上。ROV 水下导航定位一般采用超短基线（USBL），由本体上安装的声信标与水面船体安装的超短基线基阵构成声学定位系统，当声信标发出声信号，超短基线系统接收到信号后测算出目标的方位及距离。ROV 系统的螺旋推进器一般安装在顶部和侧面，其中顶部推进器用于本体的垂直升降和俯仰控制，而侧装的推进器用于水下转向和水平推进。

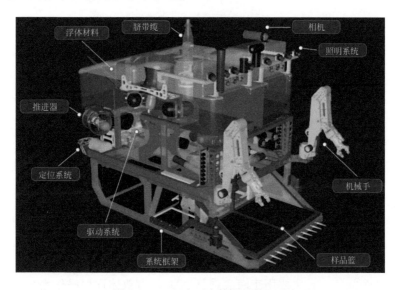

图 3-9　ROV 水下本体的结构组成

ROPOS 是加拿大科学潜水机构在 1986 年开发的一套 ROV 系统。它配备有 3000m 的单缆和 5000m 的组合缆两套不同的水下线缆系统。1994～1996 年，ROPOS 针对热液硫化物烟囱的表面生物进行了定量采样和研究（Sarrazin and Juniper，1999）。Victor 6000 是法国 Ifremer 研制的模块化深海 ROV 系统，1994～2008 年，Victor 6000 对以贻贝为最优势类群的热液系统进行了高分辨率长期变化研究（Cuvelier et al.，2011）。2007 年，Victor 6000 发现了第一个专性厌氧耐压嗜热细菌，为极端生物的应用提供了新思路。随后，Victor 6000 对 Hakon Mosby 泥火山区域不同的栖息地进行了定量采样（Decker et al.，2012）。Victor 6000 还在泥火山附近发现了一个非常活跃的冷泉，其周围分布有不同的化能合成生物（Felden et al.，2010）。

JAMSTEC 在 20 世纪 90 年代初开始设计生产"海沟"号（KAIKO）ROV（图 3-10），设计最大潜深 11 000m，配备有 4 个水平推进器和 3 个垂直推进器，并有避障声呐、高度及深度声呐。1995 年 3 月，"海沟"号对马里亚纳海沟（10 911m）进行了深海极端环境调查，发现了化能合成细菌群落（Fujikura et al.，1999），推测出群落依靠沉积物中还原化合物所产生的营养物质来维持。2003 年 5 月 29 日，在 Nankai 峡谷进行深海作业的"海沟"号，在完成 4675m 作业任务后，由于连接载体与本体之间的二级光缆突然断裂，致使 KAIKO 的本体系统丢失。后来"海沟"号载体系统搭载改装的 UROV7K ROV 本体，称为 KAIKO 7000。

图 3-10 "海沟"号遥控潜水器

传统的有缆 ROV 因使用钢丝加强的铠装缆最大只能下潜到 7000m，虽然凯夫拉等加强材料允许操作到 11 000m，但由于直径太大而影响潜水器的机动性能，需要配备超大型绞车。

美国伍兹霍尔海洋研究所深潜实验室建造的 Jason 2 和 Medea 遥控潜水器（图 3-11）很好地解决了这个问题，其主要用于海底观测。Jason 有双体远程操作系统，一根 10km 长的电缆通过 Medea 将电源和操作命令传递给 Jason，同时也能将采集到的数据和实时摄像画面反馈给船上。Medea 充当减震器，减轻 Jason 在水中大幅度偏离，还能提供照明和对 Jason 监视。Jason 配有声呐、高清摄像及静态成像系统、照明（16 个 LED 灯）和多个采

(a)

(b)

图 3-11 Jason 2（a）和 Medea（b）遥控潜水器

样系统。垂直方向上配置0°、30°、60°三个向下倾斜角度的照相机，用于观测海底和观察Jason。此外，Medea 还配有 HMI 和白炽灯，用于在海底的照明。Jason 的机器手臂可以采集岩石、沉积物或者海洋生物样品，然后将这些采集物放到 ROV 样品框内。通过甲板操纵进行 Jason 探测摄像和取样。Jason 平均每次下潜作业时长可达一至两天。

近年来，全球范围内 ROV 在深海地质与生命过程调查研究中的应用频次越来越高，也取得了一系列较好的科学发现。研究人员基于 ROV Tiburon 在海山上收集的视频横断面探索了底栖巨型动物的水深变化（McClain et al., 2010），结果表明，单个海山的生态和进化过程可能存在很大差异。通过分析 ROV SP-300 和 Luso 6000 获取的现场视频图像，研究了海山鱼类群落的分布和底层鱼类的栖息地关联（Porteiro et al., 2013）。利用 ROV Doc Ricketts 也识别出许多栖息在鲸落周围海底的深海底栖生物，通过摄像可以很好地量化鲸鱼骨头上动物群的组成和丰富度，结果证实了鲸鱼骨骼中不同浓度的脂质可能会影响鲸落动物群的微观分布，据记录，鲸落可以在至少 7 年的时间内产生类似于其他化学合成栖息地（例如冷泉和热液喷口）的硫化物条件。

近年来，中国的深海极端环境科学调查开始大量应用 ROV，其中中国科学院海洋研究所"发现"号、广州海洋地质调查局"海马"号、中国大洋协会"海龙Ⅲ"号等 ROV 在我国天然气水合物、热液等深海极端环境相继开展了多次海洋环境及生物观测、海洋地质和地球物理研究、海底取样、深海海底剖面测绘等科考活动，取得了一系列重大科研成果。

"发现"号 ROV（图 3-12）长 3m，宽 1.7m，高 2m，设计下潜深度 4500m，带有水下定位系统和深水超高清摄像系统，配备 Titan4 和 Atlas 两种机械手，能直接抓取 300kg以上的生物和岩石。截至 2022 年 7 月，"发现"号已圆满完成第 300 次海洋科学考察潜次任务，获取了大量深海冷泉热液等样品、执行了冲绳海槽、雅浦海山等深海极端环境的地质勘测和水文探测等主要作业任务，已具备深海复杂海底情况下准确高效地进行深海极端环境综合探测与海底取样的能力。

图 3-12　"发现"号 ROV

2014 年，我国自主研制的 4500 米级"海马"号 ROV 通过海试（图 3-13）。2015 年，广州海洋地质调查局利用"海马"号 ROV 在南海北部海域发现了一处与天然气水合物有关的冷泉系统，并将其命名为"海马冷泉"。2017 年，"海马"号 ROV 在西太平洋富钴结壳矿区开展了 6 次下潜，完成了海底微地形、结壳类型、水文动力学和生物多样性等多领域探查，获取结壳样品 336kg，并创造了中国第一个 ROV 搭载钻机作业、第一个富钴结壳厚度在线声学原位探测等多项新纪录。

图 3-13 "海马"号 ROV

2014 年 9 月，中国大洋矿产资源研究开发协会委托上海交通大学研制"勘查取样型 ROV 系统"——"海龙Ⅲ"号（图 3-14），主要用于 6000m 以浅热液硫化物调查、环境和生物资源的调查等。"海龙Ⅲ"号 ROV 在"海龙Ⅱ"号基础上进行了大范围的技术升

图 3-14 "海龙Ⅲ"号 ROV

级，国产化率达到 85% 以上，技术水平处于国际领先水平。"海龙Ⅲ"号 ROV 配备了先进的高清高速摄像调查系统、高精度定位导航系统，传感精度和性能大大提升，同时还量身定制了一系列勘查取样工具，包括小型取样钻机、沉积物/海水保压取样器、水下升降机等。2018 年，"海龙Ⅲ"号在西太平洋海山完成 4200m 深海探测，执行了典型海山的环境调查任务，采集了海绵、合鳃鳗、海百合、海蛇尾、虾、珊瑚等 6 类生物和结核、结壳样品 6.5kg。

2019 年首次公开亮相的 SMD 公司研发的 QUANTUM/EV 型电动 ROV（图 3-15）采用全新的 25kW 大功率电力推进器系统、新型长距离直流输电解决方案以及本地管理的直流电力系统等一系列尖端技术，具备先进的水下潜航处理系统，具有超强的稳定性，兼容无缆操作时使用电池供电，在未来可扩展为人工智能操控。该型号 ROV 是目前全球最高性能的电动 ROV，可以下到 6000m 深的海底，整机功率高达 400kW，是目前世界范围内下潜最深、功率最大的作业级电动 ROV，能在高温和极寒深度正常作业。

图 3-15　QUANTUM/EV 电动 ROV

3.2.3　自治式潜水器

自治式潜水器（AUV）是一种可编程的无人潜水器，不需要操作员实时输入或控制，而是通过预编程参数在水下自动执行复杂的物理、化学和生物调查任务。根据不同的设计，AUV 可以在水中漂移、滑行或推进。推进式 AUV 可以达到更高的速度并且更具机动性，但电池寿命较短，通常用于持续数小时至数天的任务。非推进式 AUV（漂流器或滑翔机）要么无动力漂流，要么通过改变浮力在水柱中上下滑行。与推进式 AUV 相比，非推进式 AUV 机动性较差，不适合深海探测。AUV 可携带多种传感器套件，包括摄像机或静态相机、声呐、磁力计、荧光计（叶绿素传感器）、溶解氧传感器、CTD、pH 传感器和浊度（悬浮沉积物浓度）传感器等。借助搭载的传感器和采样器等有效载荷，AUV 可以进行海底地图绘制和拍照、定位冷泉、热液喷口并收集水中的浮游生物样本。

由于 AUV 摆脱了系缆的牵绊，在深海极端环境作业方面更加灵活，因此在大范围的极端环境调查任务中作业效率更高，现已成为海洋勘探中从海底地形和热液羽状流获取信息的有力工具。

如图 3-16 所示，完整的 AUV 系统通常由复合泡沫浮体材料、控制鳍片、推进器、电池组、导航模块、通信模块以及传感器和采样设备组成。其中，成型的复合泡沫块提供了 AUV 所需的浮力，并为灯、天线和其他小部件提供安装位置；控制鳍片的安装位置在设计之初就会进行优化和仿真，以确保通过改变迎角就可实现 AUV 的姿态控制和运动控制；大直径螺旋推进器可以在低转速下为 AUV 提供充分的驱动力；电池组为 AUV 工作提供稳定的能源供给；导航模块通常包括多普勒测速仪、长基线/超短基线、惯性导航和 GPS 系统以确定 AUV 在水面及水下的位置；通信模块通常包含了水下通信和水面通信两部分，在水下时 AUV 通常采用声通信机与支持母船进行通信，在水面则通过铱星、射频、闪光灯与母船通信。

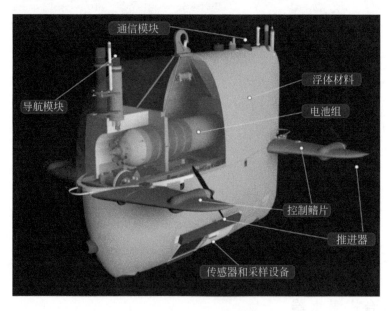

图 3-16　AUV 的结构组成

大部分的 AUV 都是回转体或水滴形，因此常以直径对 AUV 进行分类，如表 3-1 所示。

表 3-1　AUV 按直径分类类型　　　　　　　　　（单位：mm）

类型	直径	典型产品
超大型	>2100	ORCA，Echo Voyager
大型	533～2100	REMUS 6000，Urashima，HUGIN 6000
中型	254～533	Bluefin-12，Knifefish，REMUS 6000
小型	76.2～254	Bluefin-9，REMUS 100，Iver 4

由于有些 AUV 航行器并不是规则形状，不便按尺寸划分，因此国际上还经常利用排水量进行分类，如表 3-2 所示。

表 3-2　AUV 按排水量分类类型　　　　　　　　　　　　（单位：kg）

类型	排水量
大型	>2000
重型	300 ~ 2000
轻型	50 ~ 300
便携式	<50

此外，按照航程，还可划分近程、中程、远程 AUV，如表 3-3 所示。

表 3-3　AUV 航程分类类型　　　　　　　　　　　　（单位：km）

类型	航程
近程	50 ~ 200
中程	200 ~ 500
远程	>500

从发展历程来看，最早由伍兹霍尔海洋研究所（WHOI）研制成功一种自治式深海探测器（autonomous benthic explorer，ABE），它需要在一艘水面工作船的声学导航系统引导下移动，根据事先制订的周期性工作计划，围绕调查区内一系列预先指定的地点走航摄取视频图像或做其他项目测量（Bradley and Yoerger，1993）。升级改造后的 ABE 长2200mm，速度 2kn，其动力采用铅酸电池、碱性电池或锂电池，续航力根据电池类型在12.87 ~ 193.08km。

2005 年，美国海军公布了经过大规模升级后的"无人潜航器主计划"，重新设定了无人水下潜器的使命任务以及希望它所具有的能力，同时指明了工业部门的发展方向（赵涛等，2010）。新计划以"21 世纪海上力量"为指南，重新确定了 9 个方面的重点能力，包括情报、监视、侦查能力（ISR）、水雷对抗能力（MCM）、反潜战能力（ASW）、检测、识别能力（ID）、海洋学能力、通信、导航网络节点能力（CN3）、有效载荷发送能力、信息战能力（IO）以及时敏打击能力（TCS）（赵涛等，2010）。目前，美国海军空间和海战（SPAWAR）系统中心拥有三个 AUV：先进无人搜索系统（Advanced Unmanned Search System，AUSS）、"自游者Ⅱ"号（Free Swimmer Ⅱ，SFⅡ）和"飞行插塞"号（Flying Plug）。AUSS 是一个用于深海搜索的鱼雷形 AUV，全长 5200mm，直径 800mm，重量1230kg，以最大速度 6kn 航行航力为 10h，采用 20kW·h 银锌电池，推进装置为两个垂直推进器和两个纵向推进器。AUSS 带有水声通信设备，可在水深 6000m 的水下向水面传送声呐数据，它对目标的搜索时间只需常规拖曳式搜索系统的 1/10。

德国不莱梅大学开发了一种配备 CTD 和集水器的新型 AUV，在大西洋中脊进行2100km 的环境调查（Schmid，2019），确定了 14 个以前未知的热液羽状流，而这些热液羽流指向新的热液喷口区域。美国 WHOI 研发的 6000 米级 Sentry AUV 收集了冷泉的照片并绘制了高分辨率的栖息地地图。群落栖息地的生物多样性与地质之间的关系为海底冷泉的时空演化和生态资源管理研究提供了基础（Wagner et al., 2013）。挪威地质调查局于 2014 年应用 HUGIN AUV 利用高分辨率合成孔径声呐绘制了冷泉区域的声图像，通过数字摄影识别了海底附近的气泡流，并记录了冷泉渗漏环境下生物群落的特征。HUGIN 成像技术探明了海山巨型动物丰度和精细尺度空间格局。

日本在 AUV 开发方面处于领先地位。早在 2003 年，东京大学产业科学研究所就开发了先进的 4000 米级 AUV r2D4，利用电视摄像机捕捉密集热液羽流图像。TUNA-SAND 是第一代悬停型 AUV，对热液区的海底特征进行详细的侧扫调查（Nakatani et al., 2008）。AUV Tri-Dog 1 对深海热液区域进行了大面积扫描和自主观测，在热液羽状流附近发现了一种独特的管状蠕虫（Maki et al., 2008）。JAMSTEC 开发的 Urashima AUV 于 2009 年在马里亚纳海槽南部利用侧扫声呐探测到了热液羽状流信号（Nakamura et al., 2013）。Tri-TON 2 升级至最大工作深度 2000m，几乎覆盖了日本海域的所有热液喷口深度，并于 2013 年通过海底观测获得了管状蠕虫群落图像。

20 世纪 90 年代起，中国科学院沈阳自动化研究所联合国内多家科研机构与俄罗斯共同研制了我国首台 6000m 级 AUV—CR-01（图 3-17）。随后在此技术基础上研制了 CR-02 AUV，可用于深海水下资源调查、海洋环境调查等，主要参数有：最大作业深度 6000m，水下最大航速 2kn，续航力 10h，直径 800mm，长度 4500mm，重量 1500kg。"十二五"及"十三五"期间，国科学院沈阳自动化研究所研制了潜龙系列 AUV（图 3-18）。其中，"潜龙一号"与其改进型"潜龙四号"均为 6000m 级 AUV，根据任务要求，航行体搭载了水下相机、侧扫声呐、浅层剖面仪等探测设备，除了具备 AUV 的基本功能外，对深海热液区、复杂地形开展了针对性研发，实现了复杂海底地形条件下的有效避碰控制、深海近海底高精细地形地貌快速成图、温盐深及各类化学传感器探测、磁力探测等。

图 3-17　CR-01 AUV

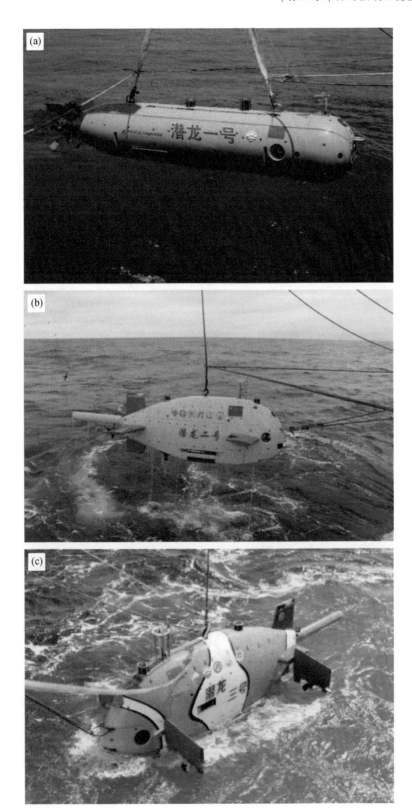

图 3-18 "潜龙一号"至"潜龙四号"AUV

哈尔滨工程大学研发的"悟空"号全海深 AUV（图 3-19）在马里亚纳海沟挑战者深渊完成了 10 896 m 的下潜任务。"悟空"号在万米深海中与母船直线距离超过 15km，仍可准确传输状态信息至母船，上行峰值通信速率达 2003bps，数据包接收正确率超过 93%，显示出我国在 AUV 研发和应用方面已处于世界先进水平。

图 3-19 "悟空"号 AUV

3.2.4 混合式潜水器

为了更好地应对复杂的水下任务,近年来出现了一些融合 ROV、AUV 以及 HOV 等不同潜水器特点的混合型潜水器。它们具备多种潜水器的特征,可以依据不同任务目标在不同潜器形态之间进行自由切换,因此具备了更强的任务适用性和强大的水下作业能力,是新一代的水下作业平台工具。在这些混合型潜水器中,深海爬行车和自主遥控潜水器(ARV)是两种最具代表性的水下混合型潜水器。

3.2.4.1 深海海底爬行车

深海海底爬行车(deep-sea exploration crawling robot platform)是针对当前深海天然气水合物、多金属结核和热流硫化物矿区的精细作业装置。深海极端环境地貌、微地貌多样,底质类型多样,从正地貌到负地貌、从稀软的泥质沉积物到崎岖坚硬的岩石底质变化快,大多缺乏显著的过渡区域,往往几米至十几米范围内出现地形、坡度或底质明显的变化,大多数 ROV 和 HOV 不适宜坐底作业,通常接近海底附近的作业模式是利用推进器和自身浮力悬停定位,使用机械手或其他作业工具进行定点取样作业。海底爬行车的海底地面爬行移动功能可以很好地适应深海极端环境海底地形,完成坐底精细探测作业任务。

深海海底爬行车可根据尺寸划分为小型爬行车和大型爬行车。多数小型爬行车与其他水下平台联合作业,具有灵活、高效、机动性强的突出优点,少部分也具有独立作业能力,是当前国际上深海极端环境探测领域的佼佼者。大型爬行车主要用于海底矿物开采和深海挖沟埋缆,主要用于海底工程,在技术上具有一定通用性,操作部件采用模块化设计,可根据工业实际任务进行调整和更换。二者相比较而言,小型爬行车更适合深海极端环境探测,大型爬行车在勘探后的开采期更为适用,因此本节内容着重介绍小型爬行车。

小型爬行车可分为基站式作业型、子母作业式和独立式作业型 3 种。基站式作业型爬行车以海底观测网为能源和数据交互中心基站,布放回收相对独立;子母式作业型爬行车以传统的深海装备为载体,共同下潜至海底,之后被释放出载体,采用有缆或无缆的方式进行海底联合探测作业,回收时需要返回载体,共同上浮;独立作业型的深海爬行车在海底作业时不与其他深海装备产生物理接触,具备完全的海底自主作业能力,自带电池,可以以低功耗作业方式完成长时间的海底探测任务。

德国雅各布大学研制的 Wally(图 3-20)系列爬行车属于基站式作业型的小型爬行车,Wally 长宽高尺寸为 1.3m×1.06m×0.89m,在硬质海底可以携带 120kg 的负载,由 ROV 进行布放并与观测网通过湿插拔方式连接。Wally 采用由电源线和网线组成的复合电缆,与"海王星海底观测网"(NEPTUNE, North-East Pacific Time-series Undersea Networked Experiments)相联,辐射 1.5 km² 的探测区域,操作人员可以借助 NEPTUNE 的网络对 Wally 进行遥控以实现其在观测网接驳盒附近区域进行长期海底探测。履带上配备的甲烷传感器用于监测从沉积物中进入水中的甲烷通量,侧装摄像头用于辅助自动 3D 测绘系统。2014~2015 年,Wally 在巴克利峡谷冷泉区甲烷渗漏点执行了为期一年的作业。在 Wally 研发应用的基础上,德国莱布尼茨学会发起了 ROBEX(robotic exploration of extreme envi-

ronments）研究计划，研发了 iWally 爬行车。iWally 具备探测海底沉积物溢出甲烷、海底
3D 成像和自主避障能力，借助 ROV 事先布置的导航板可以自主返回基站。

图 3-20　Wally 爬行车在巴克利峡谷冷泉区作业

将深海小型爬行车搭载在传统的水下装备上，共同下潜至海底联合作业，这种子母式
深海作业模式有助于克服常规深海作业机器人存在的成本高、风险大、对母船依赖性强及
单纯定点探测效率低的问题。一般子母式爬行车布放于已知的冷泉、热液或其他深海极端
环境区域。ROBEX 研究计划研制的深海 6000 米级 VIATOR 爬行车就是子母式作业的代
表。需要在水面将 VIATOR 放置在着陆器 MANSIO 内部，利用重力布放至海底。VIATOR
从 MANSIO 释放后，进行完全自主的移动探测，实现避障行走，任务完成后 VIATOR 自主
返回 MANSIO 基站。着陆器 MANSIO 对 VIATOR 进行定期数据接收和海底无线充电能量补
给，VIATOR 爬行车的加入将传统深海着陆器的探测域扩大至 50 ~ 1000m 的圆形区域。

独立作业型的深海爬行车系统主要包括水下移动作业平台本体和水面/水下作业支持
系统两部分。日本 JAMSTEC 在"海沟"号 ROV 本体丢失后，研制了 ABISMO 爬行车，搭
载"海沟"号中继器。ABISMO 具有一对固定式履带机构，潜水器本体竖直方向和水平方
向各安装了 2 台 400W 推进器，是兼具 ROV 功能的爬行车。鉴于"海沟"号的经验教训，
为保证 ABISMO 系统的安全性，当缆系出现破断故障时，ABISMO 本体上的声学装置可以
触发抛载指令，完成本体上浮回收。2014 年，ABISMO 在马里亚纳海沟执行了深渊环境探
测任务，完成了微生物多样性生态调查。

美国蒙特利湾海洋研究所（MBRI）研制的 Benthic Rover Ⅱ（图 3-21）爬行车是为长
期观测海底过程研制的自主移动水下平台，可测量海底温度、溶解氧、流速和沉积物群落
耗氧量等参数，并进行海底摄像。Benthic Rover Ⅱ 长宽高尺寸为 2.6m×1.7m×1.5m。
Benthic Rover Ⅱ 爬行车的海底运动能力并不突出，通常 2 天移动 10m 并进行一个周期的观
测，其履带主要作用之一是使爬行车本体具有较低的表面接触压力，避免陷入稀软沉积物
中。Benthic Rover Ⅱ 爬行车以长期水下工作能力闻名，2 个 10kW · h 的锂电池为 Benthic
Rover Ⅱ 和控制电子设备供电，采用定时唤醒功能，以预先设定的间隔启动测量，电池可
以保障其运行 12.6 个月，因此 Benthic Rover Ⅱ 每 12 个月回收一次，并在 48h 内进行甲板

维修维护，然后再重新布放。波浪滑翔机每年四次前往其所在的东北太平洋 4000m 深的 M 站位，接收 Benthic Rover Ⅱ 位置和运行状态以及观测信息，再通过卫星将信息转发给陆基中心。截至目前，Benthic Rover Ⅱ 已在 M 站位连续运行了 7 年，记录了大量的每周、季节性、年度和偶发事件，为深海碳循环评估采集了至关重要的第一手数据。

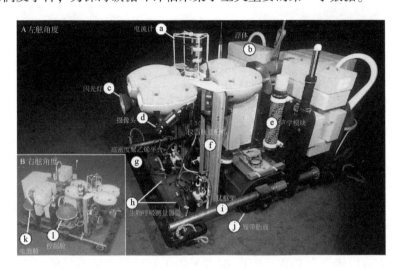

图 3-21　"Benthic Rover Ⅱ" 爬行车（Smith et al., 2021）

中国科学院沈阳自动化研究所、中国科学院深海科学与工程研究所等单位率先在国内开展 3000 米级的可移动式着陆器与小型化的爬行/浮游机器人联合作业相关技术的研究，也取得了一系列研究成果。

中国地质调查局青岛海洋地质研究所针对深海极端环境研发了一套深海爬行车（图 3-22），该爬行车通过光电脐带缆连接水面母船，甲板动力站通过脐带缆为水下本体提供动力，监控台通过脐带光纤向水下本体下发指令和交互信息。爬行车采用模块化结构设计，多载荷任务配置可选。采用浮游本体扩展行走作业底盘的双层结构，具有水中浮游和海底行走两种作业模式，通过优化水动力学设计，浮游模式航速最高可达 3kn，行走模式爬行速度最高可达 1m/s。其具备完善的应急自救功能，包括声学跟踪定位、冗余自救设计等，确保系统安全可靠。它可搭载测深侧扫、多波束等任务载荷，用于 3000m 以浅海底地形地貌探测、精细化搜索和海洋水文环境监测。行走作业底盘标配 7 功能电动机械手和伸缩取样篮，用于海底精细作业和取样。爬行车也可扩展搭载岩芯取样器，用于岩芯取样。该爬行车具备深海复杂地形长时间、大范围智能探测与取样能力。

3.2.4.2　自主遥控潜水器

自主遥控潜水器（ARV）结合了 ROV 技术和 AUV 技术的优点，可以在水下较大范围内自由探测拍照。与传统的 ROV 相比，这类潜水器自供电，而其系绳是光纤的，并且更细，限制更少。典型的 ARV 由三个主要部件组成：水下航行器、系绳管理系统（TMS）和水面支撑，光纤系绳系统和混合控制架构是 ARV 的显著特征。作为一种自供电潜水器，ARV 可以在两种不同的模式下运行。对于大范围测量，该潜水器可以作为自主水下航行

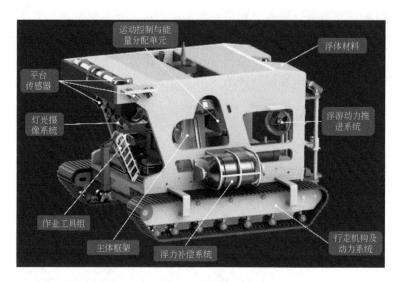

图 3-22　青岛海洋地质研究所研发的深海爬行车水下本体系统组成示意图

器（AUV）不受束缚地运行，能够利用声呐和摄像机探索海底并绘制地图。为了进行精确成像和采样，它可以转变为 ROV。ROV 配置采用了连接到水面船只的轻质光纤系绳，用于高带宽和视频和数据的实时遥测，从而实现操作人员的高质量干预和远程操作。ARV 海上部署时，水面支援船将把 ARV 本体和 TMS 吊放到水中，并通过铠装缆与船只保持连接到达所需深度，ARV 将从 TMS 中释放，并通过光纤与 TMS 保持连接。当 ARV 到达海底后，其通过释放配重实现中性浮力自由巡航并执行任务。一旦水下任务完成，连接光纤被切断，TMS 通过铠装缆回收，而 ARV 则进一步抛载配重并自动返回水面。

如图 3-23 所示，ARV 整体结构由主体框架、耐压舱及电控单元、推进器、成像与环境传感器、采样工具、附加浮力材料等组成。ARV 构型的总体设计通常从几个方面考虑以适应混合模式：①水面和海底之间的下降/漂浮性能；②两种运行模式下的机动性和低水动力阻力；③环境传感器和采样工具的功能。ARV 框架的设计具有重量轻且不降低刚性和强度的特点，因此框架材质的选择非常重要。此外，浮力材料需要提供足够的浮力和抗压能力，保证 ARV 在深海应用的安全。

ARV 目前主要用于科学研究，其比传统 ROV 在经济性、实用性和大航程方面具有优势，适合海底勘探和采样。例如，美国伍兹霍尔海洋研究研制的"海神"号（Nereus）ARV（图 3-24）体积小、轻便灵活，可以长时间穿梭于深海极端环境中，重量 2800kg，有效载荷 45kg，能够在全球 6000～11 000 米的超深渊作业，在 2009 年成功潜入挑战者深渊已知最深地点附近（10 903m），并用机械手采集岩石样本。"海神"号可以以两种方式进行操作。它可以进行远程控制、系缆模式操作，也可以切换成自治模式状态下自主游动，变成无缆自治潜水器。在无缆自治状态下，它可以调查海底深度、勘测海底特征，以及拓宽科学家的观察范围。深海探测过程中"海神"号无缆自治探测过程中发现科学家们感兴趣的对象后，返回母船后切换为远程操纵的系缆潜水器（ROV），通过电缆传递高清实时视频和接受来自母船上甲板命令，采集样品或利用机械手进行海底原位实验。因为能

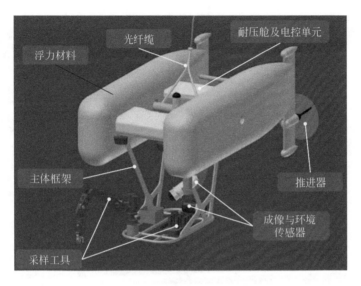

图 3-23　ARV 系统结构组成示意图

够在这两种操作模式之间切换，"海神"号能够在洋底执行大量的任务，包括测绘、采集岩石和沉积物样本、捕捉海底生物、拍摄照片等。

图 3-24　"海神"号（Nereus）遥控潜水器

我国研发的"海龙 11000"是万米级无人遥控潜水器（图 3-25），2018 年 9 月 10 日，"海龙 11000"在中国大洋 48 航次西北太平洋海山区完成 6000 米级大深度试潜，最大潜深 5630m，创下我国无人有缆潜水器深潜纪录。"海龙 11000"利用机械手近底布放了标识物，开展了 4h 的近底高清观测，完成了 5 次共 320m 的船舶无人有缆潜水器联动移位，水下工作时长 13h，验证了潜水器装备系统的功能、耐压与水密性、系统稳定性。

图 3-25　"海龙 11000"混合式潜水器及其在深海极端环境中的探测发现

2004 年，我国主持研制的"海斗一号"（图 3-26）全海深自主遥控潜水器在马里亚纳海沟成功完成其首次万米海试与试验性应用任务，取得多项重大突破，填补了我国万米级作业型无人潜水器的空白。"海斗一号"（最大下潜深度为 10 908m，刷新了我国潜水器下潜深度纪录，全球首次实现了挑战者深渊西部凹陷区大范围、全覆盖巡航探测。

图 3-26　"海斗一号"AUV

2022 年"问海 1 号"（图 3-27）6000 米级 ARV 交付中国地质调查局青岛海洋地质研究所，这是我国首台交付工程应用的 ARV。其具备自主、遥控、混合三种工作模式，可搭载高分辨率测深侧扫声呐、浅地层剖面仪、重力仪、磁力仪、高清摄像机及机械手等进行大范围近海底自主航行探测和坐底定点精细取样作业。在 2022 年 5 月的海试测试中，"问海 1 号"整体性能得到验证，在无缆模式下最大航程可达 45km，在光纤微缆模式下最大航程可达 21km。

图 3-27 "问海 1 号" ARV

3.3 能源动力与低功耗技术

高能长效能源安全使用和水下持续能源补充是水下潜器工作多长、功能载荷多少的基础支撑。针对深海极端环境移动观测，水下潜器航程与航时要求更高，故而也对水下潜器的能源与动力推进系统提出了更高的要求：能源系统比能更高，推进系统效率更高，使用更为安全和灵活。此类技术直接决定着移动平台航程、航速、寿命等主要指标，同时也会对移动平台的安全性、可靠性、维修复杂性等产生影响。移动平台当前可以利用无刷电动机、变速箱和螺旋桨等推进技术，还可以使用推进器单元来维持模块化。根据需要，或者可以配备直接驱动推进器以将效率保持在最高水平并且将噪声保持在最低水平。先进的移动平台推进器具有冗余轴密封系统，即使在执行任务期间，其中一个密封件发生故障，也能保证移动平台的正确密封。

目前，深海极端环境移动观测平台的动力系统主要有蓄电池、燃料电池、柴电动力、浮力推进四种。蓄电池和柴电动力发展相对成熟，燃料电池和浮力推进由于其高续航和静音性，是主要研发方向。

3.3.1 蓄电池

蓄电池是水下潜器最传统的动力源，早期的水下潜器采用银锌蓄电池、铅酸蓄电池等。进入 21 世纪以来，随着锂电池的发展日益成熟，其在水下潜器中的应用也越来越普遍。按照使用次数可分为一次电池、二次电池，其中一次电池具有较低的自损率，储存寿命长达 10 年，比较符合长期潜伏型水下潜器的需求（冯景祥等，2021）。

1）锌银电池：最早用于水下潜器的电池为锌银电池，是 20 世纪 90 年代通用的 AUV 电池，这种电池的比能量较高，为 80~110W·h/kg，是当时铅酸电池的 2~3 倍，能持续大电流放电。美国的无人搜索系统 AUSS、Obyssey AUV、俄罗斯的 MT-88 AUV、韩国的 OKPL 6000AUV 上的应用已证明了其优越性。但是锌银电池充电慢，禁不住多次充放电，在低温环境中电池放电性能受影响大，因含有银导致电池成本较高，且维护费也较高，目前只有少量的中小型 AUV 用这种电池。

2）铅酸电池：铅酸电池虽然能量密度较银锌电池和锂电池低，但由于造价低、安全性好，在早期的水下潜器和潜艇中得到了广泛使用。"曼塔"（MANTA）是美国海军水下作战中心于 1996 年研制的大排量无人水下潜器（图 3-28）（周念福等，2020），该潜水器重 14t，使用铅酸蓄电池、泵喷推进，最高航速 10kn，巡航速度 5kn，作业时长为 4h。它采用扁平形式，既可与舰艇联合执行任务，也可脱离母艇单独执行任务。

图 3-28　"曼塔"无人水下航行器

3）锂电池：目前，锂电池是水下潜器使用最广泛的蓄电池，锂电池技术也已经比较成熟。锂电池中二次电池的比能量和能量密度分别达到铅酸电池和镍镉电池的 4 倍和 2 倍以上，寿命是银锌电池的 130 倍。美国的 Sail 公司最早为 REMUS 100AUV 设计了一款锂离子动力电池，电池的持续放电时间可供 AUV 使用 10~20h。而后许多公司采用串并联的方式将锂电池放电电压、电流以及容量提高，已经可以支撑中小型水下潜器持续航行数天。此外，典型的例子还包括美国的 BULS、"蓝鳍金枪鱼"系列（Bluefin）、俄罗斯的"大键琴"系列、法国的 ALISTER 系列、挪威的 HUGIN Ⅰ系列。2004 年前后，锂电池开始商业化，挪威国防研究局（FFI）开发了聚合物锂电池，并成功应用于 HUGIN 1000AUV 上。HUGIN 1000 搭载聚合物锂电池，采用串联方式将单体电池连接起来，容量约为 40Ah，放电电压为 36~54V。一般在 700W 的负载下航速为 4kn，峰值负载 2kW 时航速可达 6kn。HUGIN 1000 的聚合物锂电池设计成模块化组合，每个电池模块在 0.2C 时能量大约为 5kW·h。

HUGIN 1000 系统应用 2 个或 3 个模块，分别提供 10kW·h 或 15kW·h 的电量。HUGIN 1000 电池模块的比能量为 60W·h/kg，使用了合成泡沫防火墙设计以及金属电池外壳。

3.3.2　燃料电池

由于锂电池的能量密度有限，为了进一步提高潜水器的续航力，人们开始将注意力转移到燃料电池上。目前，燃料电池推进的潜水器还处于商业化推广初期发展阶段，未来有很大的发展空间，特别是对续航要求较高的大型潜水器。

1）铝/过氧化氢半燃料电池：挪威的 HUGIN 系列自主潜水器在 21 世纪问世以来，从原型 AUV 逐步发展到 HUGIN 1000、3000、4500 以及 HUGIN MR 等型。20 世纪末，挪威 FFI 公司设计了属于半燃料电池范畴的铝/过氧化氢电池，这种电池具有 260~400W·h/kg 的能量密度，比锌银电池的 3 倍还要多，可以使水下潜器续航能力增加 30~40h。1998 年，挪威国防研究机构向挪威水下探索中心（NUI）交付了 HUGIN Ⅱ 无人潜水器。HUGIN Ⅱ 的动力源由两块铝/过氧化氢半燃料电池、一个 600W 30V 的直流/直流转换器、循环供应泵和电池的控制单元组成。HUGIN Ⅱ 能够在水下连续运行 36h，36h 后浮出水面重新加注过氧化氢，100h 后更换铝阳极。2001 年，HUGIN Ⅱ 的改进型 HUGIN 3000 登台亮相，潜水器的体积由 1.2m³ 增加到 2.4m³，下潜深度由 600m 增加到 3000m，电池的输出功率由 600W 增加到 900W，能够在水下持续运行 48h，电池也增加到 6 块。

HUGIN 4500 AUV 是 HUGIN 系列中最大的，航行器的结构形式与该系列中的其他航行器相同，不同之处在于采用了功率更大的半燃料电池，容量比 HUGIN 3000 AUV 多 30%。航行器的尺寸和电池容量允许航行器携带工作能力更强的传感器，例如高分辨率浅地层剖面仪和侧扫声呐。

2）固体氧化物燃料电池：美国海军研究局从 2015 年开始研制大排量无人潜水器创新型原理样机（LDUUV-INP）（图 3-29），并陆续开展了续航力、自主性（包括自主导航、控制和通信）以及声呐等有效载荷的试验。该无人水下潜器直径 1.5m，长 13.5m，重 10t，最高航速 10kn，采用燃料电池动力系统（周念福等，2020）。美国海军研究局授予 Fuel Cell Energy 公司 380 万美元研发合同，用于为 LDUUV 开发固体氧化物燃料电池（solid oxide fuel cell，SOFC）推进系统。该系统以 JP-10 燃油和液氧为燃料，可产生 1800kW·h 的电能，满足 LDUUV 航行 70 天的需求。

3）质子交换膜燃料电池：General Atomics 公司和 Infinity 公司联合研制了用于 LDUUV 的 5kW 质子交换膜燃料电池推进系统。其中，Infinity 公司负责研制氢氧燃料电池，其特点是采用了先进的被动排水技术和简化的辅机设计。General Atomics 公司负责研制铝水反应制氢装置，至 2022 年 9 月，已完成 40h 不间断测试。

3.3.3　柴电动力

柴电动力系统一般用在大型潜水器上，潜航时使用蓄电池，电量耗尽后浮出水面使用柴油发电机组充电，其原理与柴电潜艇类似。美国波音公司和亨廷顿英戈尔斯工业公司联

图 3-29　LDUUV-INP 无人潜水器

合设计制造了"回声"号系列无人潜水器。其中,"回声旅行者"(Echo Voyager)采用了油电混合的动力系统(图 3-30),在日常作业中靠电力进行驱动,但当电力不足时,则可使用燃油进行发电,它可以携带大约 3800L 的燃油,Echo Voyager 不仅具有长航能力,还有自带的声呐避障系统及惯性导航系统。

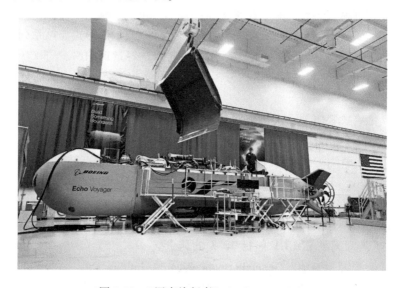

图 3-30　"回声旅行者"(Echo Voyager)

美国一直持续推进超大型无人潜水器(小型无人潜艇)的研发,期望超大型无人潜水器最终能够携带小型 UUV 执行远距离任务。美国"虎鲸"(Orca)超大型无人潜水器由混合柴油/锂电池系统供电,在水下时使用电池供电,浮出水面时柴油发电机为电池充电。最大航速为 8kn,常规巡航速度为 3kn,续航力可达 10 500km,续航时间可达几个月。

3.3.4　浮力推进

除了上述几种动力系统外，潜水器还有一种特殊的动力推进方式，即水下滑翔机采用的浮力推进，它依靠调节浮力实现升沉，借助水动力实现水中滑翔，可对复杂海洋环境进行长时续、大范围的观测与探测。

2003 年，美国斯克里普斯海洋研究所和华盛顿大学进行了大型飞翼式水下滑翔机 X-Ray 的开发，其设计滑翔速度为 2.5m/s，翼展可达 6.1m，重量超过 900kg。2008 年 Scripps 研发了升级版 Z-Ray，其翼展 6m，重 680kg，升阻比高达 35∶1。2021 年，美国国防部高级研究计划局（DARPA）开始设计开发"蝠鲼"（Manta Ray）项目，旨在研发高效率、长航时的水下潜器，将应用新型能源管理技术和海底能量收集技术以及低功率、高效率的水下推进系统。从外观设计图来看，"蝠鲼"项目很可能也融合了浮力推进技术，其外形与 Z-Ray 类似（图 3-31）。

图 3-31　"蝠鲼"（Manta Ray）外观设计图

目前潜水器使用的大多数平台载体都是由可充电电池（锂离子、锂聚合物、镍金属氢化物等）供电，并采用某种形式的电池管理系统。一些较大的移动平台由铝基半燃料电池提供动力，但这些需要大量维护，需要昂贵的再填充材料并产生必须安全处理的废物。一种新兴趋势是将不同的电池和电源系统与超级电容器结合起来。对此，一些研究者认为构建小型 AIP 热动力系统具有较大潜力，给水下潜器安装"迷你"发动机，随着其内燃料的消耗，减小了潜水器自身重量，能够增加其在水下的相对升力。同时，低功耗技术是对时序控制、综合管理、总线技术等的综合应用，在这一技术的作用下，电功能模块的时序供电及协同、电源和信息的可靠传输与分配等问题都将能得到有效解决。也就是说，通过低功耗技术的应用，移动平台整体的可靠性、安全性等都将更好地满足现有指标标准。未来深海极端环境潜水器如果能够充分利用海洋能等对供电单元进行能源补充，将极大地延长工作时间，减少回收、维护和消耗。

3.4　水下移动观测装备的防水耐压技术

防水耐压及防腐装备材料技术是保证潜水器正常工作的前提条件。深海极端环境潜水器需要在水下长时间航行或驻留，承担相应水深的压力，合理的机械设计及新型材料选型可保证外形结构不变形。例如，深海耐压要求下，舱体一般采用环肋圆柱或者球壳，材料选用钛合金、不锈钢等。另外，长期深海极端环境工作，海水腐蚀、浮游生物附着都有可能影响潜水器的工作状态。随着观测深度的不断增加，深海极端环境也会更加复杂，而若移动观测技术无法应对深海极端环境中存在的各类影响因素，那么移动观测的安全性以及准确性等都将会因此而受到影响。为了改善这种状况，就必须针对各类新型材料的应用进行研究，以提升移动观测载体的耐压、防腐性能，不断增加观测深度。

综合考虑使用成本和加工难度，目前全球普遍选择不锈钢或钛合金作为深海极端环境移动探测装备的主材。耐压壳通常采用不锈钢，这种材料造价适中，但密度较大，能增加装备的整体重量，使搭载设备受限。钛合金具有密度低、强度高和耐腐蚀等优点，虽然价格较高，但也逐渐广泛应用于深海极端环境移动探测装备。以碳纤维和多孔结构为特征的复合浮力材料是深海极端环境移动探测装备的理想材料。日本将两种不同大小的中空玻璃微球添加到环氧树脂中，融合得到高强度和低比重的复合泡沫塑料，并将其应用于 Shinkai 6500 载人潜水器。同时，以陶瓷为基础的复合材料具有超强的耐压力和天然的耐腐蚀力，在同等耐压条件下密度较低且体积较小，可降低材料成本和防止结构老化。美国"海神"号深海运载器即采用大量陶瓷复合材料，其耐压壳采用氧化铝陶瓷作为基材，与采用纯钛合金相比轻 331kg。"海神"号于 2009 年成功下潜至马里亚纳海沟 10 902m 深度，充分验证了陶瓷复合材料舱体外壳强大的耐压性能。

3.5　移动观测的导航定位、通信及水下目标智能识别技术

3.5.1　导航定位技术

导航控制与通信定位技术主要用于保障移动平台依照预先设定好的路径航行，若实际运行过程中因为外界因素影响而出现了偏离航线的情况，该技术可能控制平台回到预定航线上。在这一技术的辅助之下，移动平台整体的可靠性将能得到有效提升，从而更好地完成预定任务。无线电波无法穿透海水很远，所以一旦移动平台潜水，它就会失去 GPS 信号。因此，移动平台在水下航行的标准方法是通过航位推算。此外，通过使用水下声学定位系统可以改善导航。利用在海底布设的基线转发器网内操作定位，被称为 LBL 导航。当使用支撑船等海水表面参考时，可以利用超短基线（USBL）或短基线（SBL）定位来计算海底航行器相对于水面舰艇已知位置（GPS）的位置。为了改善移动平台位置的估计，减少航位推算中的误差（随着时间的推移而增长），海底航行器还可以浮出水面并采用自

己的 GPS 定位。在定位和精确机动之间，移动平台上的惯性导航系统通过航位推算计算海底航行器的位置、加速度和速度，可以使用来自惯性测量单元的数据进行估算，并且可以通过添加多普勒速度测井（DVL）来改进估算。通常用压力传感器来测量垂直位置（移动平台深度），但深度和高度也可以从 DVL 测量获得。最后过滤这些观察结果以确定最终的导航解决方案。随着导航定位技术的不断深入研究，未来的水下潜器惯性导航装置不断提高纯惯性导航精度使得深海极端环境航行器的导航定位精度将提升一个数量级，并有望不依赖多普勒计程仪和卫星定位装置便可达到导航精度要求。目前水下无人装备多采用多传感器信息融合的方法，即利用 GPS/北斗、惯导、多普勒测速仪（DVL）等进行组合导航（范刚等，2002）。近年来随着大数据及处理技术的发展，地磁导航、基于视觉/声呐图像的地形匹配导航、即时定位与地图构建（SLAM）等技术新方向兴起，但目前多被应用于水下无人装备辅助导航（张涛等，2022）。

3.5.2 水下通信技术

目前水下通信仍以水声为主，典型的通信领域技术发展方向包括水声信道编码技术、水声扩频技术等，并逐步改善水声通信的质量（姜兴国和刘煜禹，2007；窦智等，2020）。此外，水下潜器的通信组网技术也是各国家研究的重点。通信组网技术将各类水下潜器与岸基系统之间形成联动，是个体到集群跨越的助推剂。水下无人装备由于体型限制，多搭载小型低功耗水声通信机，目前研究多集中在复杂编码超低功耗值守技术、低功耗信号处理技术、深水换能器技术以及高效线性功率放大技术等方面。组网方面多采用自适应的介质接入控制、多路径路由等协议，前者通过提升信道效率来提高网络的吞吐量和接入效率，后者通过在网络节点间建立多条转发路径来提升网络的抗毁能力。然而复杂多变的水声信道极大地影响了水声通信的速率、距离和稳定性。受海水介质的制约，声学通信数据传输的极限速率仅为 1500m/s，同时存在数据损耗大、环境噪声大以及受水体折射和漫反射多径效应影响等问题（Kudo，2008），导致通信质量较差和稳定性较低。一些新涌现的技术手段，如水下 MIMO（multiple input multiple output）通信技术、水下多模态通信技术等正不断突破当前通信速率的"瓶颈"。同时，深海极端环境下光学通信、电磁通信也可在特定场景下作为声学通信的补充，光学通信具有传输速率高（GB/s 级别）、无线、方向性好和隐蔽性强等优势，可弥补声学通信的诸多不足，是深海极端环境移动探测技术发展的"命脉"。未来深海极端环境移动探测的水上部分可采用电磁通信技术，水下部分可采用光学通信技术，实现各平台和传感器之间以及海–空–天之间高速和稳定的数据传输，高速率、远距离的通信技术将应运而生。

3.5.3 水下目标智能识别技术

3.5.3.1 海底目标识别

在以深度学习为代表的人工智能盛行之前，相关的专家和学者已经对海底识别的传统方法展开了大量的研究和探索。2009 年，石守东等使用小波模极大值方法在提取声呐图像的轮廓和模方位之后获得图像特征，提高了提取算法识别的稳定性。2011 年，李庆武等利用 Contourlet 算法的多尺度分析优势进行特征提取，同时使得所提取的特征对底质能量的稀疏性能进行更好的表达，有效提高了算法的识别精度。Atallah 等（2009）使用反向传播消除算法来确定用于区分的最重要的小波特征，并在此基础上进行分类，提高了算法的效率。

在海底目标分类识别人工智能算法的探索中，国内外学者进行了广泛的探索。吕良等（2018）在探讨 K-均值聚类分析算法原理的基础上，构建海底底质分类识别器，针对分类器需预先输入分类结果种类（K 值）这一问题，提出了以基于底质采样点和分类效果连续性为原则的 K 值确定方法，并通过实验证明该方法能较好地实现海底底质类型的自动划分。徐超等（2014）针对多波束海底声图像中多种特征信息数据的不同特点，以经典的基本统计算法、基于灰度共生矩阵的纹理分析以及基于功率谱比的 Pace 谱特征提取方法得到 3 组特征向量，并组合形成 4 个合成核以代替传统的单核形式，进而采用支持向量机（support vector machine，SVM）进行底质分类研究。通过海试数据处理对该方法进行评价和验证，结果表明该方法可获得比传统单核 SVM 更高的分类精度，具备实际应用前景。Bourgeois 等（2018）引入神经网络来实现对海底底质图像的分类，大大提高了分类的准确度。但是，以上方法首先需要预先设定和提取大量的特征，对特征提取工作的要求较高，分类效果的好坏严重依赖于特征提取的质量，而特征提取恰恰是非常耗费时间、人力和物力的工作。因此，需要一种对特征提取具有较低依赖性的分类识别方法来提高工作的效率。

综合以上分析，传统方法只能按照人为的既定规则进行目标识别，不具备自主学习的能力，一旦遭遇规则之外的情况，将会出现崩溃，导致不可估量的损失。人工智能的方法通过训练自主学习，能够在大多数情况下避免崩溃停止工作。但是通常人工智能方法均是在海底获取数据之后返回岸上进行集中处理，而深海极端环境的自主智能识别要在海底探测装置中实时完成，大多数方法没有考虑嵌入式设备运算性能低和需保证长时续航问题，因此无法满足我们的实际要求，这是在智能识别模块中亟须要解决的问题。

3.5.3.2 智能化巡航路径决策

（1）传统方法

郭季等（2007）提出对多个目标进行路径规划算法，根据目标点间的估计距离构建 TSP 回路并实时优化，该算法可以在实现规划目标的同时，明显地降低路径目标点的路径消耗。张建英和刘暾（2007）等提出人工势场法，改进势场函数规划方法，添加附加控制力，进而使机器人尽快跳出局部最小值点，找到最优路径，其仿真效果与人工规划的巡航路径较为一致。陈超等（2013）提出基于可视图的 A*算法，使用启发式搜索的方式，可以减少规划时间，提高规划效率，并通过在平面障碍物环境下的仿真运算，验证了该算法的可行性。在人工势场法的基础上采用变维粒子群算法，结果表明即使是在有凹面的障碍下，也可以实现动态路径规划，但是其不足之处在于容易陷入局部最优。

（2）人工智能方法

Mihai Duguleana 等（2012）提出了一种基于神经网络的 Q-Learning 算法，通过神经网络来计算 Q 值，加快了训练的收敛速度，为水下机器人提供规划导航和避障。李素明等（2014）利用一种人工蜂群算法对潜艇进行航路规划并进行了仿真试验。该方法综合考虑了隐蔽性、安全性等影响因素，成功规划出一条可行性的航路。这几种方法只能应用于 2D 水平面，在实际应用中向 3D 立体发展更符合巡航路径的实用性。Vicmudo 等（2014）提出了基于遗传算法的水下多机器人 3D 路径规划算法，将三维平面欧几里得距离公式对其位移求和以此作为适配度函数，可以实现水下三维空间中 r 个机器人到 b（r mod $b=0$）个目标之间的无碰最短路径。

3.6 深海极端环境移动观测技术的发展趋势

近三十年来，用于深海探测的声光电探测手段、材料学、机械、控制等学科飞速发展，深海极端环境移动观测技术不断更新完善，各类移动观测平台性能已有大幅提高。到现在为止，深海极端环境移动观测潜水器仍存在明显的应用限制或弊端，如载人水下潜器和遥控潜水器对母船依赖性高，操作复杂，没有智能化自主作业能力，且两种潜水器均仅能坐底或悬停，难以实现海底巡行探测与密集取样；自治式潜水器搭载能力弱，智能程度有限，只能按规划的路线机械巡弋探测，无法坐底取样或探测。目前，已有的用于深海极端环境探测的三类潜水器常规功能并没有涵盖对水体全剖面、底质快速识别、海底精细地形地貌以及海底浅层剖面一体化探测，更重要的是缺乏智能化探测功能。因此，对深海极端环境精细化、智能化探测是深海极端环境移动观测技术发展的必然趋势。

随着各种水下移动平台陆续或已经实现万米下潜，基本解决了深海水深对潜水器的制约，为了得到更好的探测或监测效果，长期运行工作的动力储备成为水下移动平台服务的主要目标。未来一段时期，摒弃母船线缆供电或蓄电池的各类动能转化技术将会成为各类潜水器发展的一个主要方向。

另外，深海极端环境移动观测技术对精细化探测的要求不断增加，对各类潜水器开展精细化操作的机械臂系统的精细度、灵活性、柔性、触感传导及反应速度提出了更高的要求，尤其在深海热液喷口区高温条件下的各类探测、采样和原位实验都对机械臂有更大挑战。对精细化探测的需求还体现在对潜水器附加的相机、摄像头、声学、光学、各种传感器等系统的高精度需求，以满足对深海极端环境地形、地貌、地层、生物、微生物等多尺度的精细化调查。目前，通过 ROV 搭载微距相机的显微成像技术已经可以实现毫米级观测的精细程度。

人工智能的迅猛发展和广泛应用已在许多领域发挥着重要作用，其在应用效率和准确性上的优势尤为突出。人工智能在深海极端环境探测上的应用将呈现出广阔前景，智能化探测下实现自动作业是深海极端环境移动观测技术发展的主流方向。同智能化航空探测一样，人工智能系统具有预测和预防故障的能力，可以实时监测潜水器的状态，并提前采取措施来避免潜在故障和深海极端环境下复杂地形、流体等障碍物，提高潜水器作业安全性。除此之外，智能化探测将最大幅度减少人力投入，自主规划探测路径、导航，实现快速高效的深海探测。同时，能识别深海极端环境特殊地貌、岩石、生物等典型标志物，以快速锁定探测或实验地点，智能化执行探测实验、采样任务并智能化地进行任务优先级的排序和调整以达到实验目的。智能化移动观测技术系统既能够探测深海极端环境的空间和瞬间连续变化的信息，真实反映深海极端环境长期活动演化的动态体系，又具备安全、快捷、经济、原位探测反应速度快等特点。

3.7 本章小结

随着人类对开发海洋的需求不断增加，现代科技推动深海极端环境探测快速发展，水下移动平台载体已然成为深海极端环境探测的首要利器。深海极端环境移动观测平台具有通用性，可以在热液、冷泉、深渊、海山等不同深海极端环境下进行下潜作业，根据探测目标和需求可搭载不同传感器等仪器。适用于深海极端环境观测的移动平台包括 HOV、AUV、ROV、ARV 和水下爬行车等混合式潜水器。

深海极端环境移动观测技术是一种技术密集型、多专业综合的新型技术，需要通过采用能源动力、控制与自动化、水下通信等手段，研制耐高压、耐海水腐蚀、低耗能、长续航的观测平台，发展适用于深海极端环境移动观测系统的供电、数据通信和组网技术，更有必要大力开发深海智能探测技术，这些技术的实现将进一步推动深海极端环境的科学发现向纵深发展。

各国在深海观测技术方向的竞争日益激烈，深海极端环境移动观测高新技术研发的领跑地位与各种潜水器市场占有率长期被欧美、日本等国把持。近十年来，国产自主研发的深海移动观测平台及其关键技术层出不穷，以方兴未艾的势头迅猛发展，各种深海观测平台的国产化率大大提高，这为中国未来海深科考奠定坚实基础。我国在深海极端环境移动观测技术自主创新和商业化发展中，将有效拓展海洋经济发展空间，实现海洋科技强国的发展目标。

第 4 章 深海极端环境原位探测与监测技术

在黑暗、高压的深海极端环境中，有着以冷泉、热液及海底深部为代表的特殊系统持续向周边深层海洋环境输送物质和能量。当前，由于进入深海及原位观测能力的限制，对于这些深海极端环境的研究通常难以直接开展，主要是通过海底取样后，将从深海极端环境获得的沉积物、岩石、流体或生物样品带回实验室再开展分析研究。就地球化学分析而言，在样品采集过程中，由于关键环境因素如温度、压力、pH、氧化还原电位的改变，一些敏感的化学成分或指标往往也随之改变。因此，陆地实验室间接分析的结果往往不能真实地反映深海极端环境的实际状态。而深海原位探测技术则可以将人为因素对于所需深海极端环境流体参数的影响降至最低限度，更真实地反映深海极端环境。

为准确获取海洋关键界面的流体通量，客观重建深海环境过程，评估环境效应，必须发展一系列精确、高效、科学的深海原位测量技术。目前对于深海极端环境的探测及监测主要集中在界面、剖面、深部等相关层面技术，本章主要介绍这三个界面的原位探测及监测技术。

4.1 界面探测与监测

目前深海极端环境的主要界面包括水–气界面（海水与 CH_4、海水与 CO_2 等）、水–沉积物界面、水–岩石界面、水–生物界面等。对于水–气界面目前传统的海水溶解气体检测传感器的开发主要基于三种原理：膜脱气技术、光学检测技术、生物传感机理（于新生，2011），主要探测技术包括水下质谱仪原位探测技术、激光拉曼光谱原位探测技术和激光诱导击穿光谱技术等，水–沉积物界面的探测主要依靠海床基的微电极技术，而水–岩石界面和水–生物界面的探测及监测主要依赖激光拉曼光谱原位探测技术。

4.1.1 水下质谱仪原位探测技术

基于质谱技术的甲烷传感器是通过质谱分析设备小型化实现对海水甲烷浓度检测分析，其工作原理是首先在进样系统中将样品气化，然后通过电子轰击等过程完成检测（于新生等，2011）。质谱分析是对物质离子的质量和强度进行定性、定量分析的方法，气态分子经一定能量的电子流轰击后失去一个电子成为带正电荷的离子，这些离子在电场与磁场的综合作用下，按照质荷比（m/z）大小依次被检测器收集并记录成谱，形成质谱图。质谱分析方法具有响应时间短、灵敏度高、特异性强等优点，能够提供大量化学物质的元素、结构和同位素信息，且可用于识别一些未知化合物。将质谱的分析功能应用于海水中溶解物质的原位检测，是海洋化学研究中的一个重要进步。水下质谱仪（UMS）已广泛应用于水体化学研究，目前的 UMS 都是基于膜进样质谱（MIMS）技术，即通过使用疏水性半透膜，并在一侧施加真空，使气体和微小的挥发性有机分子直接进入质谱仪。有些 UMS 装置被设置在移动平台上，用于生成二维或三维水体化学物质浓度分布图，还有一些则被开发用于检测原位同位素比值和孔隙水。UMS 的总体布局为流体由泵通入膜分离组件后，气体进入质谱仪，在质谱仪中进行电离和检测。质谱信号由工控机进行数字化、分析和存储。整套装置通过电池或外部电源供电，并采用模块化设计，可以自由更换、配置不同的组件。海水溶解气体通常使用 PDMS 膜分离后进入质谱分析装置，质谱仪内部的高真空由粗抽泵+涡轮分子泵的组合实现，以满足质谱仪的工作压力。

到目前为止，美国已先后开发了多种水下质谱分析仪，其中，伍兹霍尔海洋研究所开发了最大工作水深为 5000m 的质谱仪（TETHYS）和搭载于 AUV 的质谱仪（NEREUS），用于对海洋甲烷与二氧化碳的原位检测，其精度均可达到 1nmol/L（Camilli et al.，2004，2007）。

Wankel 等（2010）开发了一种深海原位质谱仪（ISMS），实现了对墨西哥湾海底盐池高分辨率的原位测量。ISMS 的设计初衷主要有三个：一是要保证能在高达 450 个大气压下工作，二是能实时提供测量数据，三是使用原位泵送系统实现高空间和时间分辨率的采样。这种 ISMS 主要由三个部分构成，包括：①高压膜入口和泵送系统；②四极质谱仪和真空系统；③水下壳体。具体结构如图 4-1 所示。

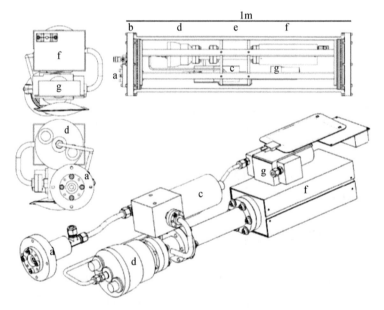

图 4-1　ISMS 结构示意图

a. 膜进样口；b. 钛钢外壳；c. 真空高压电磁阀；d 和 g. 涡轮泵；e. 四极质谱仪；f. 信号接收装置

采用这种 ISMS 装置 Wankel 等对 GOM 海底盐池（AC601 站位）进行了测量，并获得了相应的化学参数（表 4-1）（Wankel et al.，2010）。在其研究中，原位质谱仪可以直接测量海底盐池中的甲烷浓度，且由于该区海底盐池在水平方向上几乎没有流动，又可以通过菲克第一定律计算出甲烷通量值，为 1.1±0.2mol/（m²·a），再通过对基于梯度的空间分辨率进行修正后，最后得到的甲烷渗漏通量约为 1.8mol/（m²·a）。此数值与 2008 年 Solomon 等所测甲烷通量范围 0.89～29mol/（m²·a）、Lapham 等所测 2mol/（m²·a）差别不大。

表 4-1 墨西哥湾 AC601 站位海底盐池的主要化学组分

深度/cm	pH	盐度/‰	DO/(μmol/L)	DIC/(μmol/L)	H₂S/(μmol/L)	SO₄²⁻/(μmol/L)	Cl⁻/(μmol/L)	CH₄/(μmol/L)
5	—	—	—	—	—	—	—	14.35
20	6.29	82	<2	11.2	0.00	20	1 366	20.29
80	—	—	—	—	—	—	—	33.29
100	6.25	92	<2	12.8	0.25	16	1 533	38.40

资料来源：Wankel et al.，2010

Bell 等于 2012 年将潜水式膜进样质谱、取样探针、遥感系统进行了集成化设计，对佐治亚（Georgia）大陆架沉积物-水界面处的溶解甲烷浓度进行了原位测量，绘制了沉积物-水界面附近的溶解甲烷气体随时间变化剖面（图 4-2），并评价了海底对流因素对沉积物孔隙水的控制作用（Bell et al.，2012）。但由于孔隙水样品的泵送效率与沉积物中流体的替换速率存在差异，能提供的垂直分辨率还比较有限。此外，由于孔隙水中存在产甲烷古菌活动，甲烷浓度很容易就可达到仪器的检测限，这也意味着该测量装置主要适用于以对流为主的海洋环境中的甲烷通量监测。

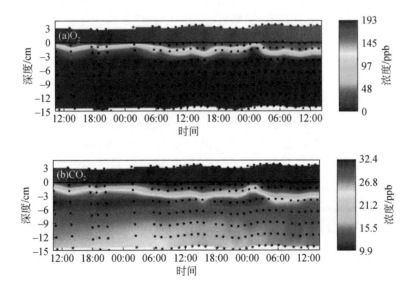

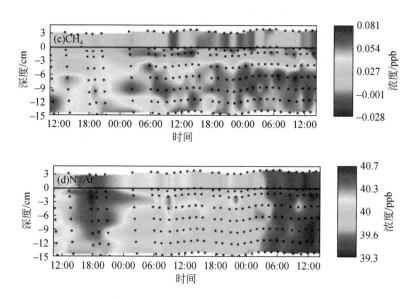

图 4-2　沉积物孔隙水中溶解气体浓度随时间变化剖面（Bell et al.，2012）

黑色圆点表示随时间、深度变化的取样位置

　　总之，与传统检测方法相比，海洋溶解气原位检测装置因耗时较短、准确性高等优势，在最近一段时间得到极大程度发展，并已成功应用于各种水体原位探测研究。海水中的 CH_4 浓度普遍较低，仅在 nmol/L 的量级，而天然气水合物可能赋存的区域往往存在局部 CH_4 浓度同位素特征异常，使用原位检测方法对快速、准确确定天然气水合物藏的位置具有指示意义。除基于拉曼光谱技术的原位传感器检出限较高，仅适用于 CH_4、CO_2 浓度高度异常的环境，其他各类原位传感器皆可满足海水背景浓度下的 CH_4、CO_2 原位观测需求。但绝大多数传感器在响应时间、灵敏度、检测限、稳定性、体积和功耗等方面仍有很大提升空间。

　　在检测溶解 CH_4、CO_2 浓度的同时，对稳定同位素进行检测有利于了解海洋中 CH_4 和 CO_2 的产生、输运及相互转化机制，对研究海洋含碳流体循环和生物地球化学过程具有重要意义。如今，对海洋溶解 CH_4 和 CO_2 浓度检测已达到海水背景值，而同位素只能在气体浓度相对较高时检测，若要满足一定精度需要更复杂的条件。水下质谱仪在同位素检测精度、灵敏度和响应时间等方面的实用性较高，而基于 OA-ICOS 技术及其他技术的原位传感器实现较低浓度溶解气体（CH_4 海水背景值）同位素的检测仍然需要不断开发与研究。缩短海洋原位观测传感器响应时间有利于在走航观测中提高测量空间分辨率。而缩短响应时间一方面要提高仪器灵敏度，另一方面则要提升溶解气提取效率。在水下，溶解气体的提取通常使用气液分离膜作为介质，膜的材料和厚度直接影响其使用寿命和气体渗透效率。开发稳定性好、气体透过率高、选择性强、耐用的新型膜材料对水下溶解气原位长期检测起推动作用。

　　海洋溶解 CH_4、CO_2 原位传感器已经得到了飞速发展，但尚未充分发挥其潜力。有两种趋势是显而易见的：一种是简化系统组件并减少电源需求；另一种是增加可测量的复杂性和灵敏度，以便布设于不同观测平台，扩大检测区域，满足水下长期原位观测需求。未来，可将小型化、集成化的溶解 CH_4、CO_2 原位传感器布设于已得到充分应用的海洋观测网络中，收集沿海、某一海区或全球范围的数据，这对研究全球碳循环和海洋温室气体通量将具有重要意义。

4.1.2 激光拉曼光谱原位探测技术（LRS）

受温度、pH 及浊度等因素影响，常规传感器往往难以应用于深海极端环境下的气体通量原位监测。由于原位激光光谱具备无须与样本接触、无须实验室预处理等优点，已成为可同时检测多参数的理想方法。目前，深海激光原位探测方法也得到长足发展（Brewer et al.，2004；Du et al.，2015；Thornton et al.，2015；Zhang et al.，2017）。LRS 已广泛应用于实验室和深海等多种环境的定性和定量检测，原位激光光谱的发展从整体上为深海环境的地球化学过程研究提供了新的技术手段。

拉曼光谱（RS）是一种散射光谱。当光照射到物质上就会发生弹性散射和非弹性散射，其中，弹性散射的散射光是与激发光波长相同的成分，而非弹性散射的散射光有比激发光波长长的和短的成分，它们被统称为拉曼效应。通过对与入射光频率不同的散射光谱进行分析，可以得到分子振动、转动方面信息（Chou et al.，2017），将激光作为光源的 LRS 方法的应用则进一步加速了基于拉曼光谱的研究进程。目前，实验室条件下的 LRS 分析方法已经比较成熟，通常是将 LRS 与内标法相结合进行定量分析（Schmidt et al.，2017），以减少仪器本身存在的不稳定性因素和其他外部因素的干扰。过去 LRS 技术往往用于深海定性分析，但通过在实验室模拟深海极端温压条件，对拉曼光谱的特性也有了更深刻的理解。目前，LRS 技术多应用于以下四个方面。

（1）对深海渗漏流体的原位检测

研究深海流体的渗漏行为对了解生物地球化学过程背后的机理，甚至对研究渗漏点之间的相互作用都具有重要意义。深海拉曼原位光谱仪（deep ocean raman in situ spectrometer，DORISS）被用于海底浅层沉积物孔隙水的现场检测，由 ROV 携带的液压系统从表层沉积物过滤固体颗粒物，获取孔隙水后，再通过 LRS 测试获取孔隙水化学组分浓度。经研究对比，采用这种方法原位测得的甲烷浓度可高达 30mmol/L，而对同一位置通过钻取岩芯进行甲板测试获得的甲烷浓度仅为 1mmol/L，二者对比明显。因此，通过拉曼探针原位测试可以最大程度地减少沉积物、底层海水等因素的影响，从而获得更加接近现场真实情况的地球化学参数（图4-3）。另外，DORISS 已被广泛用于深海热液喷口流体等流体渗流的原位检测，以及生物和细菌席的原位检测（White et al.，2006）。由于拉曼光谱的采样器打开，喷口流体与周围海水不可避免地混合在一起，且系统本身强度较低，因此 DORISS 无法检测到喷口流体中溶解气体的拉曼信号。

（2）天然气水合物的原位检测

天然气水合物广泛分布于极地、多年冻土区和深海沉积物中。根据水分子和客体分子形成的笼状结构，天然气水合物主要有三种结构：结构 I（sI）、结构 II（sII）和结构 H（sH）。天然气水合物研究是全球气候变化的重要组成部分。同时，埋藏在深海沉积物中的天然气水合物分解会直接导致海底麻坑、海底冷泉渗漏等地质现象。同时，充足的甲烷

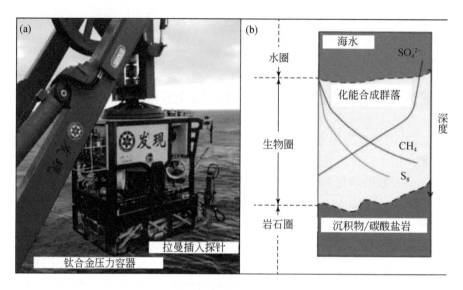

图 4-3　（a）"发现"号 ROV 上所搭载的激光拉曼探针；（b）不同界面上的
化学参数变化特征

泄漏也为海底化学合成细菌提供碳源和能量，从而维持化学合成菌群。研究表明，深海流体泄漏，如海底冷渗漏，与天然气水合物的形成和分解直接相关。当有足够的气源时，深海泄漏流体将迅速生成天然气水合物。在过去的几十年里，人们在实验室中用模拟装置对天然气水合物的性质进行了研究，其结构会随着压力的变化而发生变化。通过对天然流体包裹体中甲烷气体水合物的研究，可确定流体包裹体的形成条件。随着潜航器和原位探测技术的发展，深海已成为天然气水合物物理化学性质研究的天然试验场。拉曼光谱技术在天然气水合物的原位检测和分析中得到了越来越广泛的应用。

　　DORISS 对在世界上首次 Cascadia 边缘水合物脊沉积物柱中的天然气水合物进行取样，并在水深 770~780m 处进行原位检测（Hester et al., 2007）。与回收样品分析相比，采用原位方法检测天然气水合物的性质外界干扰明显减少。原位拉曼光谱结果表明，Cascadia 边缘水合物脊上的水合物为 sI 型，以 CH_4 为主，以 H_2S 为客体分子。Hester 等（2007）基于天然气水合物样品的原位拉曼光谱，还计算了水合物中 CH_4 笼的占有率，以评估客体填充在水合物笼中的分布。另外，Hester 等将制备好的气体样品用 ROV 分别带到水深 750m 和 1022m 的水下，利用 DORISS 进行原位探测，目的是研究多组分天然气水合物的形成、演化和分解（Hester et al., 2006）。基于原位拉曼光谱研究，研究者提出了水合物生长机理来解释天然气水合物的形成过程（Hester et al., 2007）。在多组分气体与周围海水相遇并产生气泡后，sII 水合物优先形成，而后形成了多相混合的 sI-sII 水合物。天然气水合物在结构和组成上的非均质性与合成气水合物相似，表明提出的机理既适用于合成气水合物的形成过程也适用于天然气水合物的形成过程，进一步证实了深海天然气水合物的形成受气体组分、环境温度和压力等初始条件的影响。

　　(3)　矿物的原位检测

　　深海极端环境液流体所携带的组分参与了喷口附近的成矿作用，并以碳酸盐、硫化物或其他矿物形式沉积，是揭示喷口与海底生物群落相互作用的标志。拉曼光谱技术的发展对冷渗和热液喷口系统中矿物的研究有很大的帮助。目前已经使用 DORISS 和精密水下定位器在热液喷口附近进行了原位探测。采用绿色激光和短聚焦深度作为最佳激发波长和采样光学器件，可获得高质量的矿物光谱。White 等还对不同海域冷泉和热液喷口的几种矿物样品进行了实验室显微拉曼光谱分析，建立了基于拉曼光谱的岩石识别和分类方法。

使用 RiP-Mr 在不同位置进行热液烟囱原位探测的结果表明，热液烟囱在不同位置的拉曼光谱特征峰存在显著差异，这为研究热液系统演化等问题提供了一种新的方法。矿物中所含的流体包裹体（如热液矿床、地热系统）是地球内部的信息载体，利用拉曼光谱原位探测可以获得关于其捕获条件的信息（Chou and Wang, 2017; Qiu et al., 2020），因为气体（CH_4、H_2S、CO_2 等）、硫酸盐和其他成分常被包裹在流体包裹体中。另外，LRS 已用于确定流体包裹体中 CH_4/CO_2 的浓度（Qiu et al., 2020），以及识别流体包裹体中天然气水合物的形成条件。结果表明，LRS 是分析流体包裹体中液体、气体和固体组分的有力技术。

(4) 在生物样品中的应用

拉曼光谱在生物样品的研究中表现出了极大的优势。拉曼光谱技术借助微观技术可用于不同细菌的原位检测，即在自然环境中直接进行检测，无须制备样品。利用共聚焦拉曼显微技术（CRM），还可以获得较大区域内细菌聚集物的分布规律。CRM 具有高横向和轴向分辨率的优势，是获取微生物群落无创和原位信息的有力工具。基于细胞色素 c（Cyt c）的共振拉曼效应，可以对硝化菌和厌氧氨氧化菌的微生物分布进行原位扫描和绘制，因为细胞色素 c 是反映细菌代谢状况的一个有效的指标。CRM 还可用于研究甲烷厌氧氧化（AOM）过程中通过甲烷营养古菌异化硫酸盐还原的新途径形成的零价硫化合物（S0）。另外，CRM 还应用于分辨冷泉区和热液喷口区的贻贝类别。拉曼光谱在生物样品中的应用为实时研究深海大型动物群的生命过程和对极端环境的适应性提供了新的方向。

4.1.3 激光诱导击穿光谱（LIBS）原位探测技术

激光诱导击穿光谱（laser-induced breakdown spectroscopy, LIBS）是通过超短脉冲激光聚焦样品表面形成等离子体，对等离子体发射光谱进行分析，然后确定样品的原子结构信息。理论上，通过调整激光的功率以及检测器的灵敏度和波长范围，LIBS 可以分析任何物态的样品。但将该方法实际应用于深海环境时，又面临着很多实际困难，包括：①水体中的各种矿物质会使激光发生能量衰减；②水体对等离子体的冷却作用；③等离子体形成时产生气泡后发生的干扰作用。诸多因素导致 LIBS 在水中的信号比在气体环境中明显变差。

目前，为了提高水下 LIBS 信号的质量，人们做了很多努力。对液态溶液中的 LIBS 检测方法而言，聚焦角度对溶液中 LIBS 信号的影响一直是研究的热点。研究表明，更大的聚焦角度可以产生更低的击穿阈值、更致密的等离子体和更强的辐射，以及更高和更稳定的 LIBS 信号。对于水下固体目标的探测，采用长时间脉冲（~150ns）时谱线强度高、宽度窄，与气相类似。前人已经证明，用较长的脉冲的后期部分连续激发可以扩大等离子体体积并降低其密度。同样，长脉冲辐照也可以促进激光-能量耦合到体水溶液中产生的等离子体中，导致更强烈的光谱发射，在液体环境中，首先产生激光诱导等离子体，然后形成空化泡。这种气泡可以为二次激光诱导等离子体提供一个低压高温的气体环境，减少液体蒸发的能量损失和力学效应。

目前 LIBS 方法主要应用于两个方向，其一是应用于浅海区域内的考古发掘工作，对水下大理石、陶瓷等材质的文物进行识别与鉴定，为考古学家直接调查水下文物提供了一种新方法。其二，LIBS 方法也用于对深海海水及矿物进行原位探测。渗漏流体将地球深部的微量金属元素带到海水中，参与冷泉喷口或热液喷口附近的成矿作用。

Thornton 等于 2015 年开发了一种深海激光诱导击穿光谱仪（ChemiCam），对 Iheya 北部油田活动热液喷口的海水和矿床进行了原位多元素分析。Thornton 等选择了长脉冲激光器（脉冲持续时间为>150ns）来诱导，以提高信号质量。ChemiCam 针对不同的目标有两种操作模式。一种工作模式是将激光直接对准海水，获取液体的 LIBS 信号；另一种方式是将激光传输到光学探头，借助仪器将激光聚焦到固体目标表面。海水的原位 LIBS 光谱表明，热液喷口的海水中含有 Na、Ca、K、Mg 和 Li，与典型浓度及回收海水样品的实验室分析结果吻合良好。热液矿床的 LIBS 光谱表明，压力对固体靶材的 LIBS 光谱特征影响不大。Guo 等（2017）开发了一种 LIBS 系统（LIBSea），用于检测马努斯（Manus）地区的热液羽状流，检测了 Li、Na、K、Ca 和 Mg 等金属元素，并利用原位 LIBS 光谱获得了海水中 K 和 Ca 的分布。结果表明，压力和温度对流体靶的 LIBS 光谱特性有显著影响。

4.1.4 水合物微渗漏海床基微电极原位探测技术

水合物微渗漏海床基微电极原位探测装置（以下简称"微渗漏装置"）主要包括：多参量地球化学微电极测量系统和海床基原位探测平台（含水下单元与甲板单元）两部分。

多参量地球化学微电极测量系统主要研究、研制能够开展长期原位测量 CH_4、O_2、H_2S、pH、Eh、温度的微电极，并提高测量的响应时间及高分辨。

海床基原位探测平台主要由平台框架、浮体材料、中央回转台、拉伸机构、升降机构、水下控制及数据采集系统、状态监测传感器、配重、水声通信机及信标机等组成。中央回转台、拉伸机构及升降机构用来安装微电极探测系统和沉积物取样器。微电极垂直升降机构由伺服电机驱动，包括导轨、进给丝杠、水下限位开关、深水 CPT 探头、水下伺服驱动电机及伺服控制器等，可实现微电极探针在垂直方向的上下运动，结合微电极响应快、搅拌敏感度低、空间分辨率高的特点，设计垂直升降机构定位精度1mm。水声通信机可以将平台水下状态及仪器采集的数据等参数传输到甲板接收单元。水下控制及数据采集系统包括软件和硬件两部分，主要控制平台回转、拉伸定位以及微电极垂直升降动作，采集各微电极、高度计、静力触探及姿态传感器等探测仪器的数据。

微渗漏装置的多参量地球化学微电极测量系统和海床基原位探测平台（含水下单元与甲板单元）两者通过声学通信机实现数据传输。多参量地球化学微电极测量系统作为主体探测设备，是安装在海床基原位探测平台的水下单元。水合物微渗漏海床基微电极原位探测装置结构框图如图 4-4 所示，系统结构示意图如图 4-5。

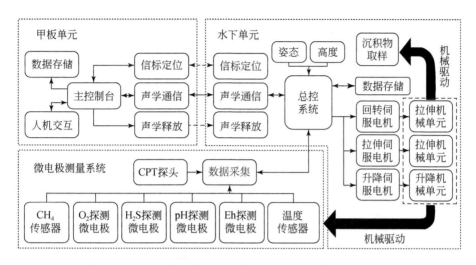

图 4-4 水合物微渗漏海床基微电极原位探测装置结构框图

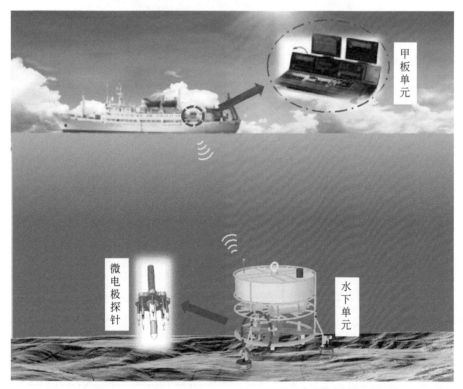

图 4-5 水合物微渗漏海床基微电极原位探测装置结构示意图

（1）海床基原位探测平台水下单元

海床基原位探测平台水下单元整体结构示意如图 4-6 所示。

1）平台框架。平台框架为圆柱形，外径 2000mm，高度约 1500mm，分四层，采用 40mm×4mm 的无缝 316 不锈钢材料焊接成型，再进行中温时效处理，消除应力变形。上层安装浮体材料、水声通信机及信标机，第二层安装姿态传感器、高度计、水下控制及数据采集系统，第三层安装回转台及微电极垂直升降机构，最下层安装配重块。配重块悬挂在平台下部，通过水声释放器通过缆绳控制挂钩打开，即可抛弃配重。

2）浮体材料与配重。浮体材料外径 1900mm，内径 200mm，高度 450mm，设计为 6 等分环形，组合后与框架同心，选用密度 500kg/m³ 的玻璃微珠材料，可提供浮力约 700kg，平台不含配重重量约 500kg，水下净浮力 200kg，在抛弃配重后，可以帮助平台浮出水面。

平台设计水下净浮力 200kg，在布放时由配重块将设备牵到海底，配重块采用钢材制作，重量不小于 500kg，分三组均匀分布安装在平台下方，可通过水声通讯控制释放。

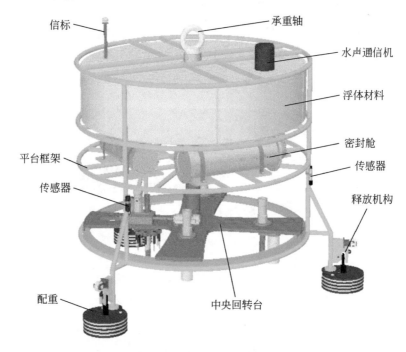

图 4-6　水合物微渗漏装置水下单元示意图

3）密封舱。密封舱包括电池舱、驱动舱、水下系统控制舱，使用水深 3000m，316 不锈钢材料，舱体与仪器之间采用进口水密电缆及接插件连接（表 4-2）。

表 4-2　密封舱的主要参数

电机功率	额度扭矩	额度电流	减速比	输出扭矩
400W	0.96N·m	8.5A	1:10	9.6N·m

直流及伺服电机选直流 48V 无刷电机，采用充油平衡的方式密封，主要参数如下：

实际工作中设定系统测量频率每天 10 次，每次 10min，每天累计工作 120min。单台电机功率 400W，控制及采集系统 50W，通信系统 100W，水下系统总功率 550W（4 台电机分时工作），每天耗电 1100W·h。

4）中央回转台。回转台由伺服电机驱动，主要包括导轨、回转盘、水下伺服驱动电机及伺服控制器等，可实现360°回转，同时在设定半径（$R<1m$）位置多点定位，完成电微电极探测系统及沉积物取样管的可控定位探测/取样，其结构如图4-7所示。

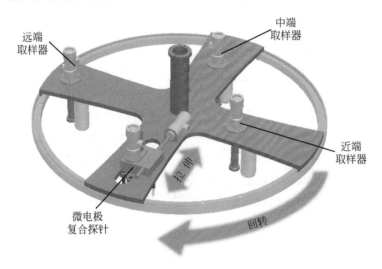

图 4-7　中央回转台结构示意

中央回转台有效直径 $\Phi1800mm$、配环形导轨，原点安装限位开关，可完成360°旋转。回转台采用316不锈钢材料加工，伺服电机通过同步带驱动，定位精度0.1°。拉伸机构采用直线导轨，两端安装限位开关，可实现微电极探针装置水平移动，有效行程500mm，采用316不锈钢材料加工，伺服电机通过丝杠驱动，定位精度1mm，如图4-8所示。回转与平移共同完成电极在一定范围内的测量点定位。

图 4-8　微电极拉伸机构示意

微电极垂直升降机构有效行程200mm，驱动方式与拉伸机构相同，可实现微电极探针在垂直方向的上下运动，结合微电极响应快、搅拌敏感度低、空间分辨率高的特点，设计垂直升降机构速度0～200mm/min可调，定位精1mm。取样器有效取样直径Φ50mm，长度200mm。中央回转台、拉伸机构及升降机构均采用伺服驱动电机，配原厂驱动器，工作稳定可靠。

由于微电极机械强度较差，为防止在刺穿沉积物的过程中被破坏，该系统在电极下部安装一套深水CPT探头，用来测量电极下插过程中沉积物的强度的变化，保护微电极不受伤害。

5）总控模块。总控模块是水下单元的核心，主要由高速低功耗的微处理器（MCU）及其外围电路构成，总控模块的MCU采用基于STM32系列的嵌入式微处理器，其主要功能是实时处理来自微电极测量系统的采集数据、来自状态监测模块的状态信息、来自机械运动模块的反馈信息，以及来自通信/定位/传输模块的控制命令，通过多级控制环路，实现机械运动模块的驱动控制、传感器的电源控制，以及水下单元综合信息的上行传输。其主体结构如图4-9所示。

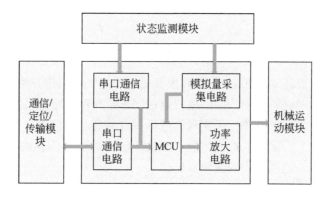

图4-9 通信/定位/传输模块

通信/定位/传输模块是水下单元与甲板单元的信息传输通道，也是GPS信标定位、声学释放器控制的通信通道，是整个海床基微电极原位探测系统的安全保障。通信/定位/传输模块主要由水下GPS定位/铱星通信信标和声学通信机水下部分构成，其主要功能是：在水下接收声学释放控制命令，并传输给总控模块；在水下实现双向无线数据实时传输，将水下单元的信息数据上行，同时将甲板单元的控制命令下行；在海面实现GPS信标的定位，并通过铱星卫星实现定位数据的传输。

6）状态监测模块。状态监测模块用于实时监测水下单元的状态信息，同样是保障整个海床基微电极原位探测系统在布放、回收、长期工作时设备安全的重要模块。状态监测模块主要由高度计、姿态仪、电池管理系统构成，其主要功能是：在系统布放、回收、海底长期工作期间，实时监测水下系统的离底高度、三维姿态，水下电池的工作电压、电流状态，以及其他系统工作状态。在系统状态异常时，进入相应的故障应急机制，保障系统的安全。高度计及姿态仪采用进口产品，水下电池采用可充电锂电池组。

（2）多参量地球化学微电极测量系统研究

微电极采用模块化集成的方式进行研制（图4-10），采用水下伺服电机驱动取代液压系统。另外，为保护测量用微电极，探针前端复合静力触探设备，进行原位探测过程中的自适应保护。

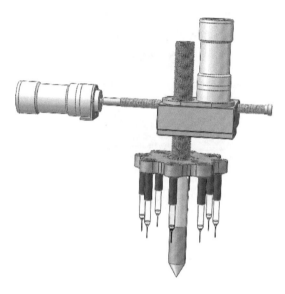

图 4-10 自保护微电极穿刺探针

1）多参量原位探测微电极研究。微电极尖端很微细，响应快，搅拌敏感度低，因而可以可靠和快速地进行测量，且空间分辨率很高。根据微电极探针随时间推移的测量曲线以及随沉积物深度的测量剖面图，可以引申推导渗透深度、扩散系数、扩散通量、微层总产量、总消耗量等环境效应参数。不同的微电极探针所对应的研究应用环境以及适用的领域范围均有所不同，依据应用环境调整探针的选型也极为关键。研究团队自主研发的微电极测量系统见图4-11。

通过应用微电极可测定沉积物和水体中 $\mu mol/L$ 浓度的 CH_4、O_2、H_2S 等指标，提供浓度等测量值随深度加深而出现的微量变化，并提供其空间分布图，能够进行沉积物等系统中新陈代谢机理的推断。探针基本要求为柄长于10cm、尖端外径小于毫米级使得流动干扰最小化、能在1s内捕获90%的浓度变化。通过室内实验确定合理的微电极探针选型，以实现海水–海床边界层–浅表沉积层原位剖面环境化学参数测量。

2）浅表层沉积物穿刺技术研究。为获取高精度的环境效应监测数据，需要采用精准的电极穿刺驱动设备。通过水下伺服电机，使探针能够实现1mm精度的步进式垂直升降，总行程500mm。此外，为满足静力触探的常规探测要求，沉积物穿刺过程的标准运动速度为2cm/s，如图4-12所示。

图 4-11　微电极测量系统及模具

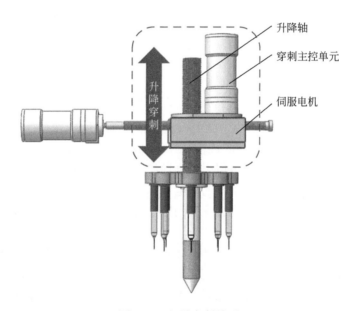

图 4-12　探针穿刺单元

伺服电机可使控制速度，位置精度非常准确，其工作原理为将电压信号转化成转矩和转速以驱动控制对象。将其作为控制探针升降的驱动功能装置，可以实现定位精度达到1mm。其中，交流伺服电机作为无刷电机，同步电机的功率范围大，可以做到很大的功率。大惯量，最高转动速度低，且随着功率增大而快速降低，适合做低速平稳运行的应用。

交流伺服电机具有以下优点：①无电刷和换向器，因此工作可靠，对维护和保养要求低；②定子绕组散热比较方便；③惯量小，易于提高系统的快速性；④适应高速大力矩工作状态；⑤同功率下有较小的体积和重量。

3）静探复合式探针前端保护技术研究。微电极高精度低扰动性的优点，同时也带来其环境适应性较差的缺陷，在复杂环境中应用时容易受到破坏。为保护微电极探针，采取静力触探前端保护的形式，通过静力触探值获取探针穿刺沉积物的物理力学性质，从而反馈给水下伺服电机驱动控制系统，调整穿刺设备的运行状态，进而保护微电极探针。静探复合式探针结构如图4-13所示。

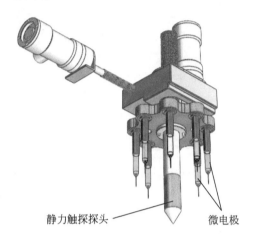

静力触探探头　　　　微电极

图 4-13　静探复合式探针结构

在 AUTO CAD 中建立微电极模具的三维仿真模型，将其导入到 ANSYS Workbench 中进行机械结构的有限元分析及虚拟仿真，掌握微电极的机械强度、材料强度以及极限破坏条件。

采用微电极模具开展穿刺过程的破坏性室内实验，模拟沉积物穿刺过程，通过反复试验获取极限破坏阈值及其范围。结合虚拟仿真结果，为穿刺过程的静力触探保护提供数据支撑。具体实验设计为，将探针静力触探探头贯入不同击实强度的沉积物中，记录不同沉积物中静力触探探头锥尖阻力、侧摩阻力。直至微电极结构强度收到不可逆损害后，在该强度及其强度邻域内的沉积物中开展重复性破坏实验，最终确定微电极探针的极限破坏阈值，以及此时对应的静力触探测量结果。实际探测中，选择破坏阈值下限的80%左右作为截止贯入强度，进而为微电极提供穿刺过程的实时保护。

4）天然气水合物泄漏环境效应研究。研究团队自研的自保护微电极穿刺探针，如图4-14所示，可以对天然气水合物泄漏区 CH_4、O_2、H_2S、pH、Eh、温度等环境化学参数进行测量，获取测量剖面地球化学指标的扩散通量，将其与背景值（未发生泄漏区）的扩散通量进行对比，获得海水—海床边界层—浅表沉积层天然气水合物泄漏垂向剖面的分布变化规律（图4-15）。

选取天然气水合物泄漏区，开展自保护微电极穿刺探针现场探测应用工作，对海水—海床边界层—浅表沉积层天然气水合物泄漏垂向剖面的地球化学指标分布规律进行研究，总结归纳天然气水合物泄漏对环境化学参数的影响作用，反演水合物泄漏产物的扩散过程。

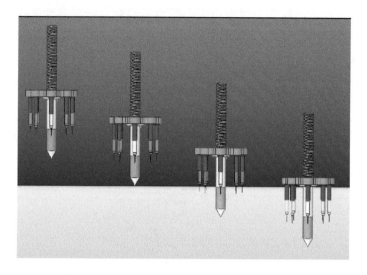

图 4-14　自保护微电极穿刺探针原位测试示意

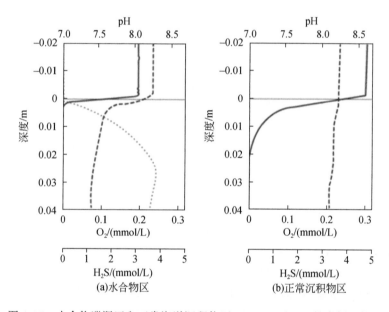

图 4-15　水合物泄漏区和正常海洋沉积物区 H_2S、O_2 和 pH 的微剖面特征

（3）海床基原位探测平台甲板单元

甲板单元是海床基微电极原位监测系统在母船实验室的部分，主要由声学通信机甲板部分、声学通信机换能器、数据集中器、大容量数据存储器、人机交互界面等构成，如图4-16所示。

1）声学通信机甲板部分及其声学换能器。声学通信机的甲板部分、换能器与水下接收器在一起构成了海床基微电极原位监测系统的信号通路。声学通信机采用进口产品。

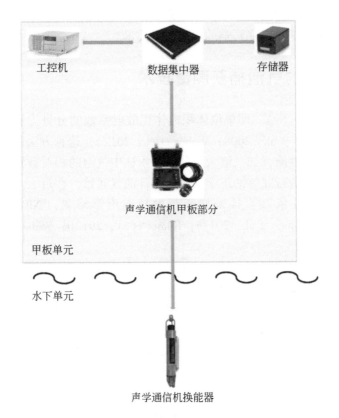

图 4-16　甲板单元组成示意

2）数据集中器。数据集中器的作用是将来自声学通信机的水下单元数据包、来自船载多波束的水深数据、来自船载罗经的 GPS 数据进行集中，统一经过以太网口传输给工控机，同时传输给大容量数据存储器进行存储。数据集中器由研究团队自主开发研制，内部采用串口服务器实现多个 RS232 串口到以太网口的接口转换。

3）大容量数据存储器。海床基微电极原位监测系统在水下长期工作的数据量较大，水下单元虽有数据存储模块，但为了提高系统可靠性，一般在经历一定工作周期后，由作业船只靠近系统所在作业区进行监听和回收历史数据。甲板单元的大容量数据存储器的作用是回收水下单元采集到的历史数据，并自动与上一次同一站点回收的历史数据进行拼接，以及相关的分类处理管理，尽可能降低由于水下单元技术故障引起的数据丢失程度。

4）工控机与人机交互界面。甲板单元的人机交互界面是工程师对整个海床基微电极原位监测系统进行布放回收操作、工作状态监视、历史数据回收、系统调试维护的窗口。人机交互界面基于装配 Windows 操作系统的工控机，由 C#语言编程实现。

4.2　剖面探测与监测

目前针对深海极端环境的剖面探测主要包括空间剖面和时间序列剖面的探测，其中空间剖面主要是随海洋深度的变化产生的各种环境参数的变化，而时间序列剖面主要是在深海中随时间的推移产生各种变化。本节主要介绍空间剖面监测的基于声学的气泡捕获测量技术及时间剖面监测的基于时序影响的原位通量技术。

4.2.1 基于声学的气泡捕获测量技术

声学体积散射强度（Sv），即单位体积内体积散射系数的分贝当量，以前曾被用来估计油气通量（Nikolovska et al.，2008；Weber et al.，2012）。这种方法的缺点之一是，如果事先不了解渗漏流体的性质，如气泡大小分布、水柱中气泡的相对数量以及渗漏流体中油气的物理性质，就很难进行完整的声学反演来估计油气通量。在过去，通过引入宽频声学方法来解决该问题，且依靠直接采样来帮助校准声学结果（Nikolovska et al.，2008；Greinert et al.，2010；Römer et al.，2012a；Römer et al.，2012b；Weber et al.，2014；Wang et al.，2016）。

Padilla 等在对圣巴巴拉（Santa Barbara）海峡 Coal Oil Point（COP）渗漏区甲烷通量的研究中（Hornafius et al.，1999；Quigley et al.，1999）使用人工羽状流转换为体积气体通量的方法开展声学散射测量。其中，人工羽状流是在水柱中利用人为来源的气体产生的，并假设人工羽状流和自然羽状流具有相同的气泡大小分布。但由于人工羽状流和自然羽状流之间气泡大小分布具有未知差异，这种方法本身就存在着测试误差。例如，在 50～250kHz 的频率范围，通过机器自动识别，会将 25 个半径为 1mm 的气泡的 Sv 等同于一个半径为 5mm 的气泡的 Sv。然而实际上，一个半径为 5mm 的气泡的体积是 25 个半径为 1mm 的气泡体积的 5 倍。在此前提之下，Padilla 等采用渗漏区的自然羽状流而非人工羽状流来将 Sv 转化为体积气体通量，并研制了一种 BCD（Bubble Catch Device）以校正声学体积散射强度数据（Padilla et al.，2019）。

BCD 由一个倒刻度圆筒安装在铝制框架上构成。该装置工作时，气体通过设备下方的聚乙烯漏斗并进入到倒置的带刻度圆筒中，倒置漏斗的底面积约为 0.085m²。在 BCD 上安装有水下摄像机，用于监测和记录带刻度圆筒中气体的体积。当装置到达海底后，漏斗与沉积物-水界面形成密闭的空间并收集通过界面向上渗漏的甲烷气体。一旦圆筒中充满气体，量筒顶部的电磁控制阀将会打开并释放气体。这种设计有利于使用 BCD 进行连续或重复的气体流量测量，避免了频繁回收设备的繁琐及非必要性。

2016 年，Padilla 等（2019）结合大尺度测量的声波测量和原位观测绘制了出海底渗漏流速分布图，估算了研究区域的总气体流量值。该海底调查区域面积为 4.1km²，总气流量约为 23 800m³/d。将该结果与以往估算数据进行比较后，发现在 COP 渗漏区某些站位，1999 年的气体流量比 2016 年的气体流量高 2～7 倍。但因为用于估计该地区气体流量的方法存在差异，迄今很难确定这种气体流量的变化是由自然变化引起的，还是由于不同研究方法之间的差异造成的。

在调查中，Padilla 等着重对 COP 区域内以下 5 个渗漏点进行了测量：Platform Holly、Seep Tent、La Goleta、Patch 以及 Trilogy（表4-3）。2016 年 8 月 31 日至 2016 年 9 月 14 日，他们使用 Simrad ES200-7C 分波束回声器收集声学散射数据，获得了水体中声速的剖面。在获得研究区的声速垂直剖面后，利用 BCD 对所研究的站位气体通量测量值与所获得的声学散射数据进行比对，建立了 Sv 和气体通量之间的函数关系。在所有 5 个重点渗漏点中，前四个点位都采用 10m 测量间距对 500m×500m 的区域进行声学扫描测量，对 Trilogy点位采用 20m 测量间距对 1000m×600m 的区域进行测量。测量结果显示，在 5 个重点渗漏点中，Trilogy 渗漏点处的界面气体通量最高，为 2.6m³/（m²·d），而 Patch 渗漏点处的界面气体通量最低，仅为 0.13m³/（m²·d）。

通过对这些渗漏点的海底沉积物–水界面通量进行对比发现，La Goleta 和 Platform Holly 区域渗漏活动较为活跃。然而 Padilla 等在一些区域所得通量值与 Hornafius 等所测数值有明显不同。考虑到不同测量方法之间的差异性及渗漏过程的复杂性与高度易变性，想要对 COP 渗漏区界面气体通量特征及其变化进行准确评估是非常困难的。因此，未来需要开发新的测试仪器设备，并建立起一套统一且准确的测试方法体系，这将有助于理解COP 渗漏区气体通量的长时间序列演化规律。

表 4-3　Santa Barbara 海峡 COP 重要渗漏点沉积物–水界面气体通量

渗漏点	调查区域面积 /km²	渗漏活跃区面积 /km²	Q_{max} /[m³/（m²·d）]	Q_{total} /（m³/d）
Platform Holly	0.367	0.034	0.75	1490
Seep Tent	0.338	0.051	0.19	990
La Goleta	0.375	0.215	0.57	5350
Patch	0.366	0.203	0.13	4220
Trilogy	0.747	0.187	2.6	8980

资料来源：Padilla et al., 2019

4.2.2　基于时序影像的原位通量技术

Johansen 等（2017）在对墨西哥湾两个天然渗漏点（GC600、MC118）的油气释放过程研究中采用了一种全新的技术方法。实际操作中，他们利用自动摄像机对气体渗漏释放气泡过程进行捕捉，然后通过观察和相应的图像处理技术确定了气泡类型、大小分布、释放速率以及时间变化（观察间隔为 3h 至 26d）。同时，研究人员还开发了一种半自动气泡计数法，可以从视频数据中分析计算渗漏气泡数量和释放速率。该方法适用于渗漏区内生成小气泡较多的渗漏点，并且适用于多种原位观测设备。

这种方法的基本原理是通过高清摄像机对渗漏点的气体行为进行捕捉，并将气泡的像素大小转化为气泡的实际大小，以获得每个气泡的体积参数，采用气泡的长轴短轴来计算气泡半径：

$$r = \sqrt[3]{\frac{(a^2 b)}{8}}$$

式中，a 为长半轴；b 为短半轴；r 为球体半径。利用上述公式计算出 r，就可以通过球形体积公式 $V = 4/3 \cdot \pi r^3$ 估算出气泡的体积 V。一般来说，为了计算甲烷通量（n），需要假设气泡中含有100%的甲烷，但也可能存在少量的乙烷或二氧化碳等气体，因此还需要引入甲烷压缩系数（z）并通过公式 $PV=nRTz$ 对甲烷通量进行校正。

通过对中国南海冷泉区甲烷通量进行测量（邸鹏飞，2020）。实测发现，每个渗漏点的测量结果都符合对数正态分布，平均气泡直径为 2.54~6.17mm（图4-17）。但受限于相机系统的电池寿命，在较短的原位观测时间内还无法描述气泡释放速率的长时间变化趋势。同时，由于海底光照较差及视距等因素的影响，将像素大小与实际大小进行匹配校对时往往也存在着误差。

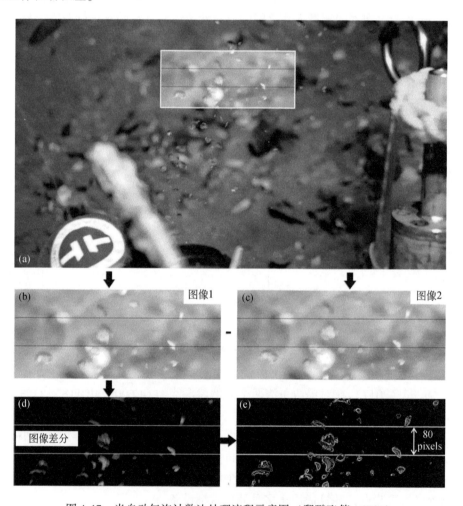

图 4-17　半自动气泡计数法处理流程示意图（邸鹏飞等，2020）

（a）从原始图像中选定气泡计数区域并转换灰度；（b）（c）消除气泡计数区域的背景图像并将
气泡转化为（d）中的亮斑；（e）对每一帧图像的每根像素线上的气泡数进行计数求和、取平均值

Johansen 等（2017）也对 GOM 海域内 GC600 与 MC118 地区的气体通量开展了相关的调查。实际工作中，研究者首先将已预设程序的高清摄像设备送至研究点处，以获取渗漏点处的气泡影像资料，然后通过半自动气泡计数法对所获取的影像资料进行分析。在运行半自动气泡计数算法之前，还要先手动准备数据，同时定义某些变量。具体操作步骤如

下：①将视频片段数字化为静态帧图像；②确定气泡计数帧内裁剪窗口的最佳位置；③在裁剪窗口内指定计数区域；④在计数区域内以像素为单位估计气泡上升速度和高度，设置适当的阈值。这些变量必须在整个数据收集过程之前集中调整和检查，以确保运行自动气泡计数程序之前的一致性。

最终，Johansen 等所测得的平均气体速率与前人数据基本相符。如在 MC118 处，测得的数值为 188m³/a，相比 Wang 等（2016）在 MC118 处的测量值 105～158m³/a 要稍高一些；在 GC600 处，测得的数值为 62～101m³/a，相比 Wang 等（2016）在 GC600 处的测量值 79～121m³/a 稍低一些，但基本在同一范围。

通过将 GC600 站位渗漏点内多学科不同规模和不同分辨率的数据相结合，Johansen 等（2020）率先对 GOM 区域内沉积物–水界面甲烷通量特征进行了系统描述，以解释该界面还原性流体活动对冷泉系统地貌和生物群落的控制作用（图 4-18）。其具体做法是，利用地球物理（地震、多波束）与视频成像（基于 ROV 获得的视频）对甲烷运移路径与强度进行约束，再通过对沉积物内微生物群落、碳酸盐岩和水合物露头等指标的空间分布特征的分析，来量化区域内潜在甲烷含量。数据显示，在 Birthday Candles 与 Mega Plume 两个站位，沉积物–水界面上的甲烷总输入量及总输出量之间存在着明显差异。研究者估计这部分的差异可能是由于对实际生物消耗甲烷量的不准确估算所致。

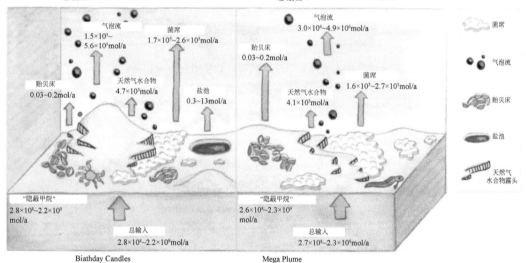

图 4-18　Birthday Candles 与 Mega Plume 处的甲烷输入与输出模式（Johansen et al., 2020）

总而言之，在 GOM 开展的这项研究，首先将多学科领域内不同规模与分辨率的数据结合起来，并对各部分数据之间的联系作出解释，以系统描述区域内甲烷的循环模式。这启示我们，以系统化的方式将特定渗漏区各部分数据有机地结合起来，开展数据融合和综合分析，或许会成为未来海底甲烷通量原位观测工作的重要发展方向。

4.3 深部探测与监测

洋壳含水层是地球上最大和最为连续的含水层，其含水量与冰盖和冰川的含水量相当，构成了"海底之下的大洋"（Sclater et al., 1980；Paul et al., 2003），同时也是深部生物圈的主要组成部分（方家松等，2011）（图4-19）。

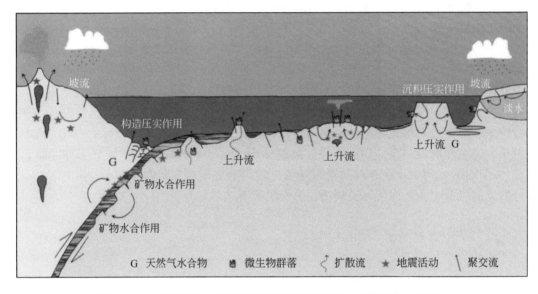

图4-19 全球海底水文地质系统活动特征示意图（方家松等，2011）

海底是"漏"的（Sclater et al., 1980）。从洋中脊到俯冲带、从大陆边缘到深海盆地的广阔范围的海底均存在地下流体，它们在地形、构造、热等因素的驱动下在海底沉积物和岩石中运动，并在海底表面与海水发生交换。海底地下流体作为热量传递和元素活化迁移的载体，其在海底以下的运动以及与岩石或沉积物的相互作用，对海洋热通量、元素迁移成矿、海水化学平衡、生物地球化学过程、洋壳岩石的热结构及物理力学性质等方面具有重要影响（Elderfield et al., 1996；Paul et al., 2003；汪品先，2009；方家松等，2011）。因此，对海底地下流体进行研究，认识海底地下流体的特征和状况，揭示海底地下发生的各种过程及其原因，成为热液系统研究、海底成矿机理研究、海底生物地球化学过程研究等领域关注的焦点之一。

深海钻探计划（Deep-Sea Drilling Program，DSDP，1968~1983年）、大洋钻探计划（Ocean Drilling Program，ODP，1983~2003年）、综合大洋钻探计划（Integrated Ocean Drilling Program，IODP，2003~2013年）和国际大洋发现计划（International Ocean Discovery Program，IODP，2013~2023年）开展的50年是地球科学特别是海洋科学极富成效和创造力的50年。科学家能在全球范围内定期取回海底沉积物岩芯和玄武质洋壳岩芯样品，这为地球科学和生命科学带来了前所未有的思维变革。这期间还涌现出了诸多新的理论，包括板块构造学说的发现、全球气候变化的阐明、海底热液喷口及其所支撑的生物群（化能合成）的解密等。尤其引人瞩目的是，在这期间我们已经认识到在深部生物圈（包括大洋沉积物以及结晶洋壳）中还存在一个巨大的海底生物群（Fisher et al.，2011）。海底井控观测装置（Circulation Obviation Retrofit Kit，CORK）技术的发展，实现对洋壳温度、压力、流体通量及微生物群落的实时观测和原位实验，极大地推动了洋壳水文地质学、微生物学及生物地球化学等的发展。

4.3.1 CORK 的起源

CORK 实验的起源可以追溯到 1987 年一次关于深海井眼电缆再入的研讨会上的讨论。那时，在 DSDP 和 ODP 孔中，渗透地层与海底水之间的垂直流动的热观测已经获得了相当多的解释经验。然而，钻孔中的流体可通过沉积物渗透到玄武质洋壳或基底，这对我们试图通过科学海洋钻探研究水文系统构成了严重的扰动。因此，为重新建立原位条件下的平衡，以了解水文地质状态和过程，某种密封孔实验是必要的（Becker et al.，2005）。

1989 年，当 Carson、Becker 和 Davis 在一张餐巾纸上绘出 CORK 的最初草图时，"海底井控观测装置"的概念也应运而生（图 4-20），这是深海海底钻探在取样和观测技术上的革命性发展（方家松等，2017）。

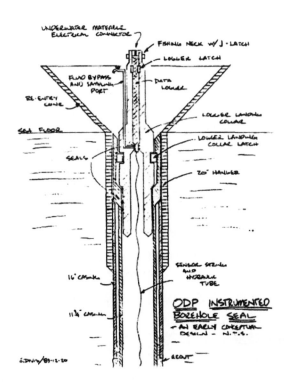

图 4-20　Carson、Becker 和 Davis 于 1989 年在餐巾纸上绘制的最早的
海底井控观测装置概念示意图（Becker et al.，2005）

CORK 是由 ODP 执行主管 Glen Foss 提出的，"CO"是"封闭"钻孔的意思，意即对钻孔进行控制，阻止洋壳地层与海底海水间发生流体交换。如果钻入洋壳水文地质条件活跃地层的钻孔没有封闭，这种交换的发生是可以预期的。"RK"是"重新进入"的意思，指不论是近期的新钻孔还是 20 年前的老钻孔，通过再入圆锥筒均可再入钻孔并安装仪器设备进行科学实验和观测（Becker et al.，2005；方家松等，2017）。

4.3.2 CORK 的类型

CORK 经过长时间研究开发，已形成四个版本，初级海底井塞装置（Original CORK）、改进型海底井塞装置（Advanced CORK）、Ⅱ型海底井塞装置（CORK-Ⅱ）、有缆型海底井塞装置（Wireline CORK）、L 型海底井塞装置（L-CORK）。

（1）初级海底井塞装置

原始的单密封 CORK 设计的基本要素（图 4-21）是：①在再入井顶部的套管悬挂器系统内密封的 CORK 体，②在密封井眼内的长期数据记录器和传感器链。通常，返回圆锥的转换连接管内可依次安装 4 根套管，其直径分别为 20in①、16in、13-3/8in 和 10-3/4in。标准要求井塞密封在 10-3/4in 的套管悬挂器内，并延伸到再入锥边缘以上 1.5m，虽然也有针对套管尺寸和悬挂系统略有不同的老井的版本（例如，采用 11-3/4in 套管的 DSDP 再入井）（Becker et al.，2005）。观测传感器链通过井塞中心孔进入钻孔，其上部末端封装有数据记录仪的仓体搭在井塞中心孔边缘的肩部。

受钻管和井塞中心孔内径的限制，传感器链的外径应小于 3-3/4in。实际操作中，传感器链通常包括：①数据记录器下方的热敏电阻电缆，用于密封孔内的温度分布；②数据记录器电子外壳上方和下方的压力表，分别用于海底参考和密封孔压力测量。数据记录仪可由载人潜水器或水下无人遥控机器人通过"水下插拔式连接器"（underwater-mateable connector，UMC）进行数据下载和维护。除了在钻孔内安装压力传感器外，井塞头部也装配有压力传感器，检测钻孔外海底压力，便于对钻孔内外的压力进行比较（季福武等，2016）。此外，井塞上还留有流体采集口，通过管道通入钻孔内，用于采集钻孔内的流体。

初级海底井塞装置实现了对钻孔的密封，阻止了钻孔内外流体的交换，是 ODP 一项重要的技术革新。1991 年第一次布放之后约 10 年的时间里，ODP 共在海底的 12 个钻孔布放了 14 套初级海底井塞装置并取得了有价值的观测成果（Becker et al.，1998，2005）。然而，初级海底井塞装置也存在明显不足：①仅在孔口处密封，不能在同一钻孔中进行不同层位水力学的观测；②布放和回收等主要维护工作需要钻探船来完成；③观测链的外径受到限制，制约了观测传感器的选用。

（2）改进型海底井塞装置

为满足在一个孔中隔离多个区域进行观测，引入了封隔器技术，在单一钻孔内将所钻洋壳在垂向上分隔成互不连通的观测层位（Becker et al.，1998，2005）。该装置被称为"改进型海底井塞装置"（Advanced CORK，或 ACORK）[图 4-21（b）]，与初级海底井塞

---

① 1in=2.54cm。

装置不同，ACORK 利用套管和多个封隔器将孔内的流体分隔成了互不连通的密封层位，可以分别对这些层位的流体开展长期观测（Becker et al.，1998；Shipboard Scientific Party，2002）。两套 ACORK 已于 2001 年布放于 Nankai 海槽增生楔地层中（ODP 196 航次）（Shipboard Scientific Party，2002）。

与初级海底井塞装置仅在钻孔口处密封、将观测传感器链布入 10-3/4in 套管内观测不同，改进型海底井塞装置将套管和观测窗口安装于 10-3/4in 套管上，利用封隔器和套管将各观测窗口隔离，从而实现了对不同层位的观测。

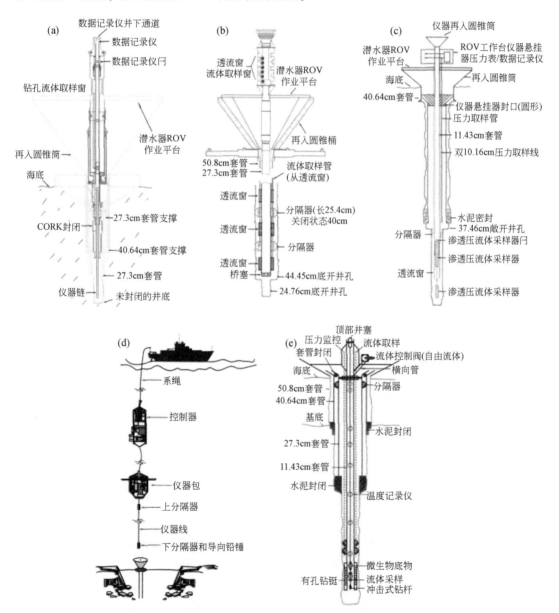

图 4-21　海底井塞装置（方家松等，2017）

（3） Ⅱ型海底井塞装置

对改进型海底井塞装置进一步地改进发展出了Ⅱ型海底井塞装置（CORKⅡ）（图4-21），其主要的改进（Jannasch et al.，2003；Becker et al.，2005）包括：①封隔器安装在直径为4-1/2in 的套管上，既可吸附于钻孔内壁，也可吸附于直径为10-3/4in 的套管内壁；②对直径为10-3/4in 套管的底部通过黏合剂密封，隔离海水和钻孔的连通；③利用渗透流体连续采集器（Osmo Sampler）（Jannasch et al.，2004）连续采集流体样品，并且采集器配备有温度传感器，流体采集和温度测量同时进行；④连接管线等进一步优化。

与前两种海底井塞装置相比，Ⅱ型海底井塞装置的功能更加完善，设计更加合理，能够实现对钻孔中流体的分层观测和连续取样，并且回收数据和样品时对钻孔原位流体的影响小。Ⅱ型海底井塞装置最先于ODP 205 航次布放于哥斯达黎加俯冲边界上的1253A 孔和1255A 孔（Shipboard Scientific Party，2003）。

（4） 有缆型海底井塞装置

1998 年，一种不依赖于钻探船而通过缆线连接至船上，并受船上控制的专用运载工具进行布放的海底井塞装置构想被提出，称为有缆型海底井塞装置（图4-21）（Becker et al.，1998，2005）。

有缆型海底井塞装置的基本组成包括支持舱（support package）、封隔器和观测链，其中支持舱内部装有流体动力单元、数据记录仪、动力源和遥测装置等。封隔器安装位置和观测传感器位置根据观测目标来确定，最上面的封隔器与支持舱相连。

布放有缆型海底井塞装置只需要钻孔稳定并已安装返回圆锥，若钻孔不稳定则需要安装套管。布放时，运载工具与支持舱软连接，通过控制运载工具将该海底井塞装置的封隔器和观测链通过返回圆锥进入海底钻孔，布放就位后操作封隔器膨胀，运载工具和支持舱脱开，布放完成。因此，有缆型海底井塞装置布放不依赖于钻探船，实施过程具有灵活、经济的优点（Becker et al.，1998）。

（5） L 型海底井塞装置

L 型海底井塞装置（L-CORK）（图4-21）是在Ⅱ型海底井塞装置基础上发展而来的，其主要有5 个方面的改进（Fische et al.，2005；Fisher et al.，2011；Wheat et al.，2011a）：①增加了一个与 CORK 主体上端管道连接的直径10.2cm 的球阀，用于安装感应流量计，从而提供了一个与钻孔内传感器和采集器相接的新通道。②增加了一个顶部阀门，用于避免出现 IODP 301 航次所遇到的安装顶部井塞的问题（Wheat et al.，2011）。③增加了备用充气型和遇水膨胀型分隔器，强化了对钻孔的密封。膨胀型分隔器长1.5m，材质为FREECAP FSC11 聚合体。④CORK 布放机制的改变，将钻孔中所有渗透流体连续采集器（OsmoSampler）置于带孔的、有环氧树脂涂层的钻铤中，从而避免因暴露在套管外而被埋藏。安装钻铤的另外两个好处，一个是增加套管的强度（ODP 195 航次和206 航次、IODP 301 航次 CORK 安装的失败可能与此有关）（Wheat et al.，2011），另外一个是内外所涂的环氧树脂可减少微生物学和地球化学研究过程中的污染问题（Orcutt et al.，2011）。⑤增设了耦合器系统和相关的新阀门，可通过脐带取样管采集钻孔内流体。IODP 327 航次于2012 年在胡安·德富卡洋脊1362A 和1362B 站位布放了 L-CORK，用于研究地壳演化、洋壳水文地质学、地球化学循环、微生物生态和生物地球化学过程（Fische et al.，2005；

Fisher et al.，2011b）。

上述分布在不同海域、时间上可进行长期连续观测的 CORK 在科学研究中具有十分重要的应用价值（Kopf et al.，2015），可以帮助我们：①获取可靠的孔隙水压力数据；②通过测定地层对潮汐和海底地震载荷的响应，取得洋壳地层弹性与水文特性资料（王克林等，1996；Davis et al.，2006a）；③通过大范围、长期连续观测，获取如地震、滑塌、深部海底浊流等瞬时事件记录，并通过数据来分析该类事件发生前的环境变化（Davis et al.，2001，2006a）；④找到与幕式流体流动或地震前兆有关的温度异常（Brown et al.，2005；Davis et al.，2006b）；⑤获取流体化学成分及地层渗透率实时变化数据（Brown et al.，2005）；⑥通过直接注入特定化学成分的流体或采集深部流体，对海底地层中微生物群落及其生命过程进行研究（Brown et al.，2005；Orcutt et al.，2011）。

4.3.3 CORK 的布放、应用和经验启示

自 CORK 首次在 ODP 139 航次和 146 航次布放成功后，截至 2011 年，ODP 和 IODP 已先后布放了 28 个 CORK 观测站用于开展海底探测和研究工作（Geoffrey et al.，2010）。这些 CORK 观测系统主要用于研究固体地球和地球物理（Becker et al.，2000）、洋壳水文地质学 [包括示踪实验（Fisher et al.，2011）和区域水文学响应、流体地球化学和流体迁移（Jannasch et al.，2004；Neira et al.，2016；Geoffry et al.，2010，2017）及深部生物圈微生物学和生物地球化学（Orcutt et al.，2011）。CORK 布放和研究最多的区域是胡安·德富卡洋脊。IODP 327 航次在此洋脊东侧的 U1362B 钻孔基底上部注入示踪剂，并进行了单孔和跨孔示踪实验（Fisher et al.，2011）。Geoffrey 等（2010）通过在此洋脊进行连续 4 年的钻孔流体采样，研究了海水—玄武岩—微生物间的相互作用。他们将 CORK 安装在穿过 262m 厚的沉积物和 108m 厚玄武岩的基底上，通过研究该洋脊东侧洋壳海水的补给排泄揭示了该区域的热力学、水文学和地球化学过程以及微生物代谢。

我们系统总结了在 ODP 和 IODP 的 CORK 布放与使用过程中的经验与启示：

1）CORK 密封性和管道系统质量：CORK 系统密封性的好坏是能否正确观察到瞬时及平均压力状态的关键。CORK 的密封部位以及不同部位的管道（套管与地层之间、分隔器周围或钻孔附近没有封闭的辅助钻孔）均有可能产生渗漏，这将会导致压力损失。要尽最大努力确保整个装置完全无泄漏。系统封闭性测试可通过热液系统观测来实现。

2）系统顺应性：填充于 CORK 套管中的流体、ACORK 与 CORK Ⅱ 取样管的压缩率以及分隔器或密封装置的顺应性均可导致压力信号失真。因此，系统设计时需尽量缩小液压管直径并清除其中的空气或其他游离气体。目前尚不清楚分隔器对系统稳定性的影响，但其可能导致低渗透率地层中的高频信号失真。

3）采样及系统压力损耗：采集流体样品时，除非将采样器密封在取样地层中，否则利用 CORK 系统采集流体样品通常都会导致系统渗漏。在具有多个分隔器的 CORK 系统中，海底流体采样可通过一个小口径通道进行，对该通道进行适当平衡维护以使流体保持一定流速，这样可将采样器与海底间的转换时间最大限度缩短到可以接受的程度，但也不能无限度缩短，否则会造成压力丢失或热结构失真。渗漏的存在对低渗透率海底地层研究

提出了巨大挑战。

4）海水的侵入及扰动：在打钻过程以及钻孔完成而未密封之前，低温、高密度海水侵入地层会对地层造成较大扰动，高渗透率地层尤其如此。这种非原生流体会影响温度和压力的测量、置换地层水并影响原始地层流体样品的采集。选择自然的超疏水站点有助于规避上述问题，尽可能缩短钻孔开始钻入地层与钻孔密封之间的时间也可减弱上述影响，还可通过桥塞封堵或分隔器密封主套管底部周边来将上述影响最小化。

4.4　本章小结

深海极端环境的研究在整个地球科学和全球变化研究中都起着十分重要的作用，而对该系统的原位探测和监测又是揭开深海极端环境变化的基础，因此发展深海极端环境的原位探测与监测技术是非常迫切且必要的。目前的技术主要包括探测和监测界面的水下质谱仪技术、LRS 技术、LIBS 技术以及海床基微电极技术，探测和监测剖面的基于声学的气泡测量技术以及基于时序的通量测量技术，探测和监测洋底深部的 CORK 技术等。另外，还包括各种深海潜标的布放等。随着各种技术的日益进步，未来原位监测技术应会结合各种声、光、电、磁等多种手段并结合物联网、人工智能等各种新技术，实现更有效、及时、准确探测，也使得人们对于深海极端环境的研究更上一个台阶。

第5章 | 面向深海极端环境的海底观测网技术

海底观测网被称为第三种海洋科学观测平台（李风华等，2019），相对于传统海洋调查手段，海底观测网不受时间、空间等多重制约，可实现长期、连续、原位、实时观测极端环境中发生的现象和过程，并获取海底极端环境的物理、化学、地质和生物等特征的关键数据，是深入认识海底极端环境中的环境变化特征、生物活动特征和相关的地质活动特征的一个重要手段，对解决极端环境下的生命、环境等重要的前沿科学问题具有重要意义。海底观测网可使人类在实验室远程监测海底极端环境的实时变化，为人类深入探索海洋提供多尺度、多类型的观测手段，从根本上改变了人类认识海洋的途径（Beranzoli et al.，2006；汪品先，2007）。

5.1　海底观测网的总体结构

面向深海极端环境的海底观测网架构包括控制系统、电力系统、通信系统、传感器系统。控制系统用于监测并控制观测网的电力供应、数据传输、观测设备运行等，电力系统为海底通信系统和传感器系统等关键设备供电，通信系统用于在控制系统和传感器系统之间传输控制指令和数据，传感器系统主要由针对不同观测目标的各类传感器组成。基于上述观测网基本的架构，目前国内外海底观测网基本的物理结构主要由远程控制中心、海岸基站、光电复合通信电缆（包括主干光电缆和次级光电缆）、海底主基站（主接驳盒）、观测仪器适配器（次接驳盒）和仪器或传感器等部分组成（图5-1）。

5.1.1　海岸基站

海岸基站是陆地系统与海底系统之间的枢纽，通常可远程控制。海岸基站通常具有两路独立的三相电力输入、后备发电机组和不间断电源，可确保向整个观测网稳定供电。馈电设备（power feeding equipment，PFE）将工频三相交流电转换为负高压直流电，并具有电压调节、电压显示、电流显示、过流保护、缺相保护和远程控制等功能。三层核心交换机组建海岸基站局域网络，数据缓存服务器、精确授时系统、网络管理系统、网络防火墙、监控工作站、海缆光链路监控系统、海缆电力监控系统和海岸基站安全监控系统均通过该局域网互联，并由网络管理系统和网络防火墙管理、监控整个海岸基站局域网的通信状态。数据缓存服务器可缓存数月连接至该海岸基站的观测网的数据。全球定位系统（GPS）精确授时系统，用于确保整个观测网通过网络获得统一的时间标准，使得后期海量数据分析和信息融合成为可能。海缆光链路监控系统用于实时监控海缆光纤、中继器和分支器等的运行状态，并在光通信系统故障情况下定位故障点。海缆电力监控系统用于实

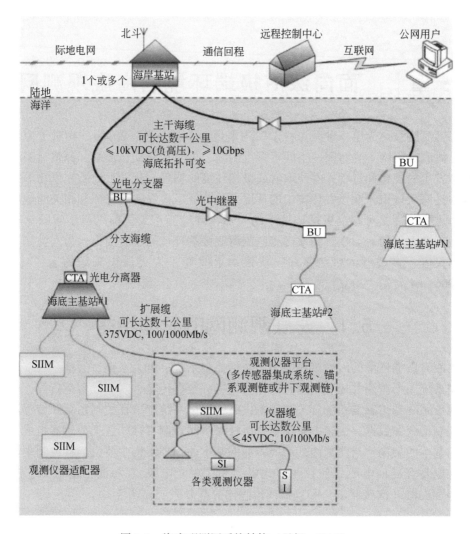

图 5-1　海底观测网系统结构（吕枫，2016）

时监控海缆供电、海底主基站和观测设备平台等的供电状态，并在电力系统故障情况下定位故障点。海岸基站安全监控系统用于监控无人值守的海岸基站在日常运行中的安全性。此外，海岸基站需设置多组阳极，便于在不中断观测网运行的情况下更换腐蚀损坏的阳极。阳极可采用接地或接海的方式。海岸基站应选址在地质稳定和安全的环境中，应有严格的温湿和盐雾控制，且尽量靠近海边，以减少光电复合缆登陆段长度，并便于损坏阳极的施工掩埋。

5.1.2　光电复合电缆

为降低海缆研制和海底布网的成本，海底观测网可采用远距离跨洋通信系统中普遍应用的电信工业标准光电复合通信海缆。通过海岸基站和主干海缆可提供给观测网一

10kVDC/10A 左右的电能，其中 VDC 表示直流电压（voltage direct current）。不同光电复合通信海缆具有不同的铠装结构，可用于不同的海底环境，从里到外依次为光纤、不锈钢光纤护套、内铠装钢丝、铜管、绝缘层、外铠装钢丝外被层。海缆的功能单元为光纤和铜管，分别用于数据传输和电能输送。为增大光电复合通信海缆的中继距离，减少中继器的使用，提高观测网传输容量，需选用低损耗光纤。我国的海缆已通过国家级鉴定并取得国际环球接头联盟（UJC）颁发的万用接头（UJ，universal joint）认证。

5.1.3 海底主基站

海底主基站将从主干网获得的负高压直流电变换为中压 375VDC，可提供的电能总功率通常为数千瓦。海底主基站的总通信带宽通常不小于 2Gbps，并将从主干网获得的通信带宽分配到各个观测设备平台接口，可采用电缆通信或光纤通信，并监控所有内部负载和外部负载的用电和通信情况，通过故障检测、诊断和隔离实现系统自动保护。各个观测设备平台接口的通信带宽总和不得超过海底主基站提供的总通信带宽。海底主基站主要包含若干安装有功能单元的钛合金耐压密封腔体、若干光/电湿插拔水密连接器、海缆终端光电分离器、防拖网结构和接海阴极等，功能单元主要为高压/中压直流变换器、中压/低压直流变换器组和通信与控制系统等。中压-低压直流变换器组主要用于海底主基站内部负载和监控电路的供电。海底主基站通过接海阴极与海岸基站的接地阳极构成海水供电回路。海底主基站的功能单元和防拖网框架有整体式和分体式两种设计，各有优缺点，适用于不同的场景，若采用整体式设计，则整个海底主基站与海缆一同布放；若采用分体式设计，则防拖网框架和海缆需同时布放，功能单元则通过遥控水下机器人（ROV）布放和回收。

海底主基站的外部负载接口采用水密湿插拔连接器，再连接到接口上。若采用电缆通信，仪器水密缆长度须小于 100m；若采用光缆通信，仪器水密缆长度一般最长可达数十千米（与光通信模块功率和负载功耗有关）。需额外考虑通信中水密缆的传输损耗和水密连接器的连接损耗。通过检测接口电压和电流（包括供电电流、接地电流和浪涌电流）进行负载供电管理。数据传输主要采用 TCP/IP 协议。时间同步主要采用简单网络时间协议（SNTP，simple network time protocol）、网络时间协议（NTP，network time protocol）和精确时间同步协议（PTP，the precision time protocol）。

通过检测腔体内的环境参数、直流变换器的工作状态和内外部负载的用电情况，海底主基站内部的电能监控系统可诊断系统故障并采取相应的保护措施，同时根据优先级管理内外部负载供电。通过 A/D 转换模块和数字 I/O 模块，模拟量和数字信号可分别送到相应的电能监控系统（PMACS，power monitoring and control system）主控制器或辅控制器，并进一步判断系统是否有过压、过流、过温或接地等故障。对于可恢复故障可通过断电重启相应电路模块等措施及时排除，引导故障系统重新进入正常工作状态。对于不可恢复故障，则应关闭故障模块并启动备用系统，并将故障信息发送给海岸基站。为提高用能效率，PMACS 按照用户设定的负载优先级自主管理负载供电，在端口最大功率和系统总功率范围内，设备按照优先级顺序得到所需电能，优先级低的负载在电能不足的情况下最先考虑关闭。实际经验表明，供电线路的接地故障是海底装备的常见故障之一。海底主基站和观测节点之间的连接采用可插拔的水密连接器和水密缆组件，这些机电装备均长期工作在高水压和强腐蚀性的海底环境中，由于海水为良导体，因此可能发生供电线路的接地故障。造成接地故障的直接原因主要有：海水侵入水密连接器公头和母头之间；水密缆组件长期运行中发生磨损或老化，导致绝缘能力下降。若海底装备在存在接地故障的情况下长期运行，可能导致水密连接器、水密缆组件、框架结构和耐压密封腔体等金属部件的加速腐蚀，最终损坏海底装备。因此，对于海底主基站而言，监测外部负载供电线路的接地故障十分重要。

5.1.4　观测设备平台

观测设备平台将从扩展缆获得的中压 375VDC 变换为低压 48VDC、24VDC、12VDO 等，其稳态总功率受海底主基站相应观测仪器适配器接口的输出功率限制，并将从扩展海缆获得的通信带宽分配到各个观测设备接口。每个海底主基站的观测范围可覆盖方圆数十千米的海底区域，其观测能力是通过连接到海底主基站的数个观测设备平台实现的。观测设备平台由观测设备适配器（SIIM）和多种原位观测设备组成。观测节点需满足海底主基站的接口规范；具有一定的容错能力，能检测、诊断和隔离故障传感器和故障部件；可通过科研型 ROV 进行布放、回收和维护；支持双向通信，通过海岸基站控制台可远程监控系统状态和实时获取科学数据。

5.2　海底观测网的关键技术

深海极端环境具有海底环境和地质条件复杂、压力高、温度变化大等特点，这导致观测网布放和维修难度较大，同时受海况、船时等条件影响，观测节点的维护困难大、成本高，因此开展观测网关键技术相关研究是降低各类风险的前提条件。由于观测网覆盖范围大、使用线缆长，须最大限度保证观测网的稳定性、降低可能出现的风险。稳定可靠的电力系统对观测网的平稳运行是至关重要的。为保证电力系统可靠供电，防止由于人为或地质灾害等因素导致的意外供电中断，还需要在运行阶段实时监控并在线分析其关键节点的运行情况。海底观测网多为远距离数据传输，目前远距离大容量的数据传输基本采用光纤作为数字信号传输媒介，但光信号在光纤中传输存在损耗，需要使用中继通信系统。由于观测网长期位于海底，设备表面会附着海洋生物，这些附着生物对海底观测设备及传感器的测量效果产生较大影响，需对生物附着现象进行预防。另外，为保证水下系统具备可实施性和方便后期维护、维修，需要成熟的水下接驳技术。

5.2.1　负高压直流输配电技术

供电稳定对于海底观测网的顺利运行至关重要。高压交流输电和高压直流输电是现在两种较为成熟的远距离输电方式。高压交流传输方式对电缆要求比较高，并且线路与海水、大地构成较大的电容，长距离传输功率损失严重。相对而言，高压直流输电对电缆要求比较低，传输过程中不受电容的影响，损耗较小。目前，海底观测网多采用单极高压直流输电方式（图 5-2），用海水作为输电回路的正极，利用一根导线作为输电回路的负极传输高压直流电。该输电方式可控性强、响应快速，具有强非线性和小信号意义下的恒功率负载特性，在源、荷或线路扰动下易产生电磁失稳和高频震荡（Jiang et al.，2019；Ghaderi et al.，2020），具有非常独特的暂稳态特性。由于海缆存在较大的电阻和感抗，是特殊的直流弱电网，负荷对供电系统的影响大，海缆电压降落和波动远大于陆地电网。海底电力结线、电压等级和功率分布、海缆分布参数及高压变换器性能参数等，均可能影响电磁时间尺度上的电压稳定性（吕枫，2014a）。为提高海底观测网供电系统运行稳定性，Howe 等（2002）提出合理设计海底变换器的输入滤波器，Harris 等（2002）则提出在海底变换器的输入侧并联调节器。

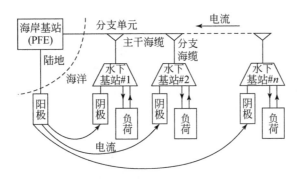

图 5-2　海底观测网负高压单极直流输电系统（吕枫，2014a）

海底观测网中的电压转换器将数千伏以上的高压直流电降压变换为海底观测平台所需的数百伏中压直流电，是海底主基站的关键装置。首先，海岸基站的交直流变换器将陆地电网输送的工频交流电变换为恒定电压的高压直流电（通常为 −2 ~ −10kV），并通过海底光电复合缆输送到海底主接驳盒。其次，主接驳盒中的中压−低压 DC-DC（direct current-direct current，直流转直流）电压转换器将该高压直流电变换成观测设备适配器所需的中压配电电能（通常为 300 ~ 400V），然后再将该中压直流电送到主接驳盒的控制舱和次级接驳盒中。最后，通过主接驳盒控制舱和次级接驳盒中的 DC-DC 变换器将中压电能转换成低压电能（通常为 48V 以内），给内部控制电路和外部观测设备提供电能。电能转换器是海底主基站的关键装置，须在极端恶劣的海底环境下长期高可靠运行，是世界上实际应用中电压最高的海底电力电子装置。

海底主基站内的高压高频直流变换器是研制难度较大和技术风险较高的核心电力装备之一，其功能类似于陆地电网中主变电站的角色。为耐高水压和强腐蚀性，高压变换器通常封装在钛合金耐压腔体中。为使海底设备具有紧凑的体积和极高的可靠性，该变换器适合采用电能转换效率较高的高频开关直流变换技术，以提高功率密度和降低发热损耗，且有利于延长工作寿命。在远距离输电时，海缆实际电压随着海底负荷大小变化而变化，因此要求该变换器具有较宽的输入电压范围，通常其最低输入电压约为观测网最高运行电压的一半（Howe et al.，2002）。由于各个海底高压变换器的输入侧并联，为了降低故障传播的概率，其输入侧和输出侧应采用变压器隔离，以提高整个观测网的运行可靠性。可见，该变换器的基本特点是：输入电压高且输入电压范围宽；输出电压较高且输出功率大；输入侧和输出侧隔离；高功率密度和高可靠性。

对于高频直流变换器而言，观测网提供的输入电压等级很高，当前国际上该类高压高频直流变换器只在观测网上有初步应用，在陆地工程中极为罕见。近年来，国内外研究了海底高压变换器的两种可行方案，即多模块组合和多功率管串联来实现 10kV 到 375V 的直流变换。目前，加拿大 NEPTUNE、日本 DONET 及美国蒙特利湾 MARS 等采用多模块组合变换器，而 OOI 则采用功率管串联变换器。其中，日本 DONET 采用的变换器为 1.1A 小电流恒流输入，功率约为 500W。美国国家航空航天局下属的喷气推进实验室采用双管正激变换器作为基本模块（power electronics building block，PEBB），通过多模块组合式结构实现 10kV/10kW 高压直流变换（Vorperian et al.，2007）。该变换器对模块和器件参数的一致性有较高要求。为提高可靠性，"N+M" 冗余的多模块组合变换器须实现各模块电压和功率动态均衡，并通过故障检测与隔离电路实现主被动容错控制，使得在任意不超过 M 个模块失效时仍能正常运行（Choudhary et al.，2018）。相比多模块组合变换器，功率管串联变换器的结构更简单。美国 OOI 采用的功率管串联变换器将 20 个低压功率管串联后作为高压模块使用，输出功率高达 20kW（Gaudreau et al.，2016）。近年来，浙江大学和同济大学等单位也作了相关研究。浙江大学将多个采用双管正激拓扑的 PEBB 通过输入串联输出并联（input-series output-parallel，ISOP）实现高压直流变换（Chen et al.，2013）。同济大学则研究了单模块直流变换和组合式直流变换两类方案并分别研制了样机。前者选择高压 IGBT 作为功率器件，采用移相控制全桥拓扑实现高压直流变换；后者选择低压 MOSFET 作为功率器件，将多个采用同移相角控制的全桥拓扑 PEBB 通过输入串联输出串联（input-series output-series，ISOS）实现高压直流变换。总体上，前者结构相对简单，主要优点是可靠性高、功率大，主要难点是高效紧凑的高压高频电路和可靠的高压启动与辅助电路，通常采用整机冗余备份方案；后者结构相对复杂，主要优点是变换效率和功率密度略高，主要难点是输入输出动态均压均流控制和故障模块在线快速隔离，通常采用模块冗余备份方案。这两种主要的海底高压高频直流变换器方案如图 5-3 所示。

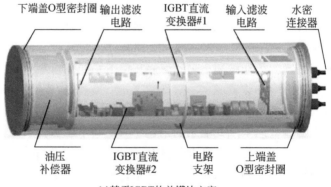

(a)基于IGBT的单模块方案

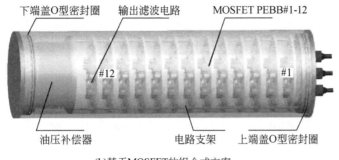

下端盖O型密封圈　　输出滤波电路　　MOSFET PEBB#1-12

#12　　　　　　　　　　　#1

油压补偿器　　　　　电路支架　　上端盖O型密封圈

(b)基于MOSFET的组合式方案

图 5-3　两种主要的海底高压高频直流变换器设计（吕枫和周怀阳，2016）

5.2.2　水下远程电力监控技术

由于体积受限和可靠性考虑，缆系观测网采用的海缆及其分支单元中无法安装遥测和遥信模块，因此相对陆地电网具有较低的可观测性，加之地理位置特殊，节点呈离散稀疏分布，状态监测点远少于陆地电网，突发故障难以及时维修。在海底的极端环境下，各种未知因素都有可能影响各模块和各传感器的工作状态，不及时进行处理可能导致严重后果，甚至使整个系统瘫痪。因此，须从系统设计、运行模式和控制方式等方面综合考虑，针对其物理架构特点远程 PMACS，实现类似陆地电网中能量管理系统（EMS，energy management system）以及监控与数据采集系统的相关功能，以对整个海底观测网的仪器设备进行电能分配控制、实时监测和异常处理，保障海底观测网的稳定性和可持续性检测。

PMACS 的核心功能是海底电力系统的远程监测、分析与控制。PMACS 采集的数据有海岸基站、水下基站和 SIIM 的供电状态（包括电压值、电流值和开关状态），以及各海底设备内部的多点温度值、湿度值和压力值等环境参数。PMACS 根据采集的电力系统状态数据，结合海底电网实际数学模型，通过状态估计和故障定位等网络分析功能，估计运行状态、预测运行趋势和提供运行对策，并控制所有内部负载和外部负载的供电，从而提高观测网的用能效率和运行可靠性。从结构上看，PMACS 可采用三层客户端/服务器模型：底层为水下基站和岸基 PMACS 控制器，负责采集相应的观测网电力系统运行状态数据，并执行 PMACS 服务器发布的控制指令；中间层为 PMACS 服务器，负责管理和存储观测网电力系统的运行状态参数，并发布 PMACS 控制台的控制命令；顶层为 PMACS 控制台和客户端，负责从 PMACS 服务器获得观测网电力系统的运行状态数据，此外通过 PMACS 控制台可发送控制指令。观测网 PMACS 的总体结构设计如图 5-4 所示。图中，HVDC 表示高压直流（high voltage direct current），UTC 表示协调世界时（universal time coordination）。

从功能上看，PMACS 可分为数据采集子系统（data acquisition subsystem，DAS）、负载管理子系统（load management subsystem，LMS）和网络分析子系统（network analysis subsystem，NAS），相互关系如图 5-5 所示。DAS 是 PMACS 和观测网物理系统的接口，为 LMS 和 NAS 实时采集电力系统状态数据，并向电力系统发送控制信号；LMS 利用 DAS 提

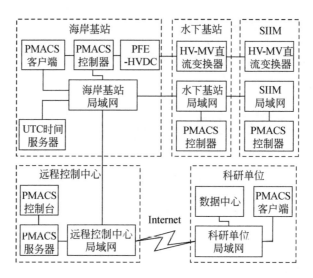

图 5-4　PMACS 的总体结构（吕枫和周怀阳，2016）

供的观测网电力系统实时数据执行 PMACS 调度决策，向 DAS 发送电力系统控制指令，并向 NAS 发送负载供电状态数据，同时获得满足电力系统安全约束的供电限制值；NAS 利用 DAS 和 LMS 提供的观测网电力系统信息进行电网分析与辅助决策，向 DAS 发送量测质量信息，并向 LMS 提供负载供电限制值。

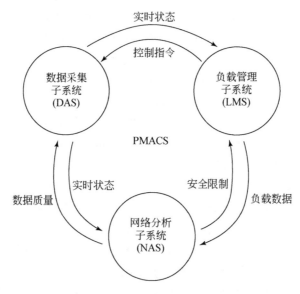

图 5-5　PMACS 三个子系统关系图（吕枫和周怀阳，2016）

　　PMACS 以数据采集、报警处理、命令发送和人机界面等基本模块为基础，实现负载管理、状态估计和故障处理等高级功能，以准确掌握系统实际运行状态，预测系统运行趋势，提供系统运行对策，保障观测网电力系统运行和控制的稳定性和可靠性（吕枫等，2014b）。此外，观测网需要采用电切换型分支器实现海缆分段继电保护，这是从系统层面提高观测网整体可靠性和可用性的重要方案。海岸基站的通信监控设备通过光脉冲编码来切换分支器内多个继电器的状态，闭合相应的继电器可连接主干海缆和分支海缆，断开相应的继电器则可隔离发生故障的海缆或海底主基站。可见，分支器的运行不能依赖海底主基站的供电，其内部电路需要直接从主干海缆取电，且其继电器状态只受岸基光信号指令的控制。维修时，须控制继电器将故障海缆段连接到分支器的海地端，以确保维修船上的人员安全。

快速准确定位故障点是海底观测网需要解决的关键问题之一。目前陆地电网中，电力电缆的故障定位主要分为阻抗法和行波法。其中，阻抗法是通过测量点与故障点之间的阻抗计算故障点位置。行波法则是通过测量行波往返测量端和故障点的反射时间或故障点行波到达线路两端的传播时间差计算故障点位置。小型无中继系统可采用行波法定位故障，长距离有中继系统时须采用阻抗法分析故障。国内外多家单位研究了海底观测网的电能监控软硬件，提出海缆故障定位算法，有望实现稀疏感知下的运行健康监测，进一步保障海底观测网的运行（Chan et al., 2007）。

5.2.3　海底远距离信息传输与精确时间同步

海底观测网长期放置在水下，每天 24 小时不间断产生大量的数据，而且不同设备的数据在采集频率、数据格式等方面存在差异。另外，海底观测网系统庞大，水下环境复杂，海底通信网的不稳定有可能导致重要数据或者指令丢失。因此，实现海量数据的同步并发处理及提高指令执行成功率是数据通信所要解决的难点问题。目前远距离大容量的数据传输基本采用光纤作为数字信号传输媒介，观测网采用的海缆光纤通信系统可分为有中继和无中继两类。小规模观测网可采用无中继系统，而中大规模观测网由于需要覆盖较大范围的海底区域，须采用有中继系统。由于光信号在光纤中具有传输损耗，超过 400km 的远距离数据传输通常需要采用有中继的海缆通信系统。在有中继的系统中，两套海岸基站 PFE 分别在海缆两端通过海缆内的铜导体给光中继器以恒流模式供电，每隔 100km 左右重建光纤数字信号的幅度和波形。

受海底光中继器的体积和可靠性限制，在中继系统中通常只容纳 1 ~ 6 对光纤，每对光纤均可承载上波和下波。目前海缆通信系统一般采用密集波分复用（dense wavelength division multiplexing，DWDM）技术，使得单个商业海缆通信系统的通信容量可高达每秒数十万亿字节（TB），其采用的光分插复用（optical add-drop multiplexer，OADM）分支器可使所有海底主基站能共享同一光纤对的容量，从而克服了光纤对数对海底主基站个数的限制。由于体积限制，目前单个海底主基站的最大通信带宽通常为 2 ~ 10Gb/s。海底光中继器中应用比较成熟的是掺铒光纤放大器（erbium-doped fiber amplifier，EDFA），其正常工作需要泵浦激光器、波分复用器和掺铒光纤。泵浦激光器给增益介质提供激励能源，在 EDFA 中常用 980nm 和 1480nm 波段。波分复用器为三端口器件，把泵浦激光和信号光耦合到同一根光纤中传输。掺铒光纤是 EDFA 的增益介质，吸收泵浦激光后铒离子会跃迁到激发态，当信号光光子经过时发生受激辐射，产生与信号光光子同频率、同方向和同偏振的光子，实现光信号的放大。

目前商用海缆通信系统的各个海缆终端均在陆地上，海底中继器和海底分支器均采用两端恒流供电模式从海缆中直接串联取电，单个海底中继器或海底分支器的供电电压仅有数十伏，供电电流约为 0.65A。科学观测网采用恒压模式供电，海底负荷多且功耗大，如单个海底主基站的最大功率可达近 10kW，即超过一个中美跨洋通信海缆系统的负荷总功率，且海缆的输电电压高、电流变化范围宽，可从 0.1A 直至 10A。因此，必须改进传统恒流模式供电的海底中继器和海底分支器内部的电路和结构，使两者能满足观测网宽电流范围运行的需求，导致两者内部电路的电气应力大大提高，这是目前观测网远距离信息传输技术的难点之一。此外，海底中继器和海底分支器在恒压模式下的启动机制和电切换方式与传统恒流模式不同。在两端供电的恒流模式下，全网海底中继器和海底分支器均同时启动和关闭；在恒压模式下，所有海底分支器处于初始断开状态，需在供电电压逐级传递下实现工作状态切换。

海光缆终端设备（submarine line terminal equipment，SLTE）负责再生段端到端通信信号的处理、发送和接收，一般包含波分复用器、光放大器或拉曼分布放大器和色散补偿等单元。网络管理系统（network management system，NMS）用相关协议来监控和管理设备或系统的设备。NMS 收集设备和线路信息，响应网管设备请求，发送事件和报警，规划、监督、控制网络资源的使用和网络的各种活动，以使网络的性能达到最优。海底线路监视器（submarine line monitor，SLM）自动监测海底光缆和中继器的工作状态与性能，在出现故障时自动告警并对故障定位。PFE 通过海底光缆中的导体向海底中继器供电并经馈电接地（ocean ground bed，OGB）装置返回的直流高压、恒定小电流设备，可调制一个用于缆定位和设备探测的交流低频信号。

海底科学仪器的时间同步是海洋观测网络的关键技术之一。由于水下传输节点数量增多、数据量增加，难以保证观测仪器各种采样信号的采集和传输的同步性能。通常情况下，海底观测仪器采集的数据需要标记一定精度的时间戳信息，并与海底或岸上其他仪器采集到的信号进行联合分析，进行综合判断后提高观测准确度。对于多数观测应用而言，时间同步精度达到秒级或毫秒级即可，而对于某些观测数据，例如地震信号观测，同步精度需要达到微秒级甚至更高。各观测仪器采用统一的时间基准，使得观测信号与精确时间信息相配合，才能确保数据的准确性、可靠性和有效性，才能够准确监测海洋风暴、海底地震、海底火山喷发、海啸等各种灾害事件。因此，研究并实现基于海底观测网的时间同步系统，对于海底各类仪器的实时监测、联合分析和灾害预报等具有重要意义。在深海特殊环境中，受功耗、体积等多种因素限制，海底观测网节点自身的守时精度受限。如果长时间未进行对时，节点与标准时间的偏差将逐渐增大。只有通过与岸基基准时间源设备不间断周期性对时，才能确保水下节点的长期时间同步。海底观测网时间同步技术基本采用业务或开销信道建立授时链路，通过节点间连续实时同步信息交互，将时间服务器提供的时间信息传输至光网络各节点。其优点在于能无缝承载于现有光通信网络，且基本不影响其他业务的正常传输。海底观测网通常采用 SNTP、NTP 和 PTP 使分布式节点之间具有统一的时钟基准。目前，PTP 精确时间同步协议因具有同步精度高、适应 IP 化光网络架构、组网灵活等特点，广泛应用于海底观测网分布式时间同步系统。基准和备用主时钟模块安装在岸基站时间服务器上，通过全球卫星定位系统实现与 UTC 保持一致。将时钟模块安装在海底主基站内，通过海底通信系统与岸基站主时钟同步时钟，并可通过秒脉冲和日期时间信号（1PPS+TOD）为仪器设备授时。

目前国外海底观测网中岸基节点至水下接驳盒及接驳盒至观测仪器的时间同步基本采用支持分组架构的 NTP/PTP 协议联合实现（Chesnoy et al.，2016）。例如，加拿大 NEPTUNE 海底观测网岸基节点与水下接驳盒、水下接驳盒与观测仪器间的时间同步都采用 NTP 协议实现。美国 MARS 海底观测网岸基节点与水下接驳盒通过 8 路 1000BaseLX 连接，接驳盒与观测仪器通过 10/100BaseTX 和 RS232/RS422/RS485 等连接信号连接；系统时间同步主要通过 NTP 和 PTP 协议联合实现，部分设备通过将时间信息转换为 RS232/RS422/RS485 等多种格式的时间信号实现同步。

5.2.4 水下防生物附着技术

几乎任何固体构件物放置海水中都会或多或少地受到生物附着的影响。生物附着的发展速度有时非常快，对海底观测设备及传感器的测量效果产生较大影响，使得某些观测数据产生持续漂移，从而降低这些数据质量，甚至导致这些传感器逐渐失效。当水下摄像机镜头上存在生物附着时，将难以获取清晰的影像资料；当声学通信设备发生生物附着时，会引起换能器前端阻抗错配，从而影响通信可靠性。生物附着还能影响海洋设备的散热、水动力流场及对机械结构带来额外的腐蚀等。若放任海洋传感器附近的生物附着现象自由发展，将导致测得数据误差较大。例如，附着在溶解氧传感器上的生物会消耗氧，从而产生数据失真（Delauney et al.，2010）。另外，在海底观测平台没有防生物附着措施的情况下，则主要根据数据连续性及经济性要求，确定这些观测平台的维护周期。一般而言，近海观测平台的维护间隔一般不应大于 2 个月（Blain，2004），深海观测平台的维护周期一般在 1 年左右较为合适（Sarrazin，2007）。对生物附着现象进行预防，可延长海底观测平台的维护周期，降低海洋设备全寿命内的维护成本。

海洋观测平台防生物附着技术的选用应当遵守如下三个原则：一是不影响被测水域的环境，二是不降低整个系统的可靠性，三是满足整个系统的能耗和维护要求。防生物附技术的分类方法有很多。Lehaitre 等（2008）将其分为被动方式（又称静态方式）和主动方式、体积作用与表面作用。被动方式和主动方式是通过实现生物附着的过程中是否需要消耗能量来区分的，其中前者不需要消耗能量，而后者则需要消耗能量。被动方式是传统工业上使用较多的方法，主要以各种涂装方式来防止生物的附着（Yebra，2004），常见的防生物附着涂料包括金属基涂料、硅基与纳米材料涂层、海洋生物中提取的涂料等。此外，铜板与铜网、银离子和氧化钛也具有较好的防生物附着效果。主动方式的防生物附着策略较多，如物理去污技术、间隔浸泡消毒技术、局部电氯化技术、紫外光照射技术等。其他主动防生物技术主要有加热、超声波、震动及电场方式等，但这些技术尚无实际应用。

在海底观测网上，使用较多的被动方式是铜板铜网，使用较多的主动方式是物理去污，两种方式被较多的商业传感器所采用。此外，涂装、间隔浸泡消毒、局部电氯化、紫外光照射等方法在海底观测网上也有应用，其中紫外光照射方法在加拿大观测网上就展现了很好的防生物附着效果。深海极端环境发生生物附着的程度要比其他区域严重，这就要求我们在极端环境观测的应用中采用更为可靠的防生物附着方法。对于海洋传感器探头、水下摄像机镜头及海底声学设备等应做重点防护，而被动方式几乎难以取得良好的防生物附着效果，因此通常建议采用主动方式。主动方式中的电刷、铜遮板、电解氯化消毒及UV射线方式都能取得不错的效果，对于特别关键的海底长期观测设备，也可考虑采用两种或两种以上的防生物附着技术。防生物附着的装置本身可能会对所保护的传感器采集的数据产生不利的影响，选定某种防护策略后，必须在实验室严格试验和分析，补偿或消除防护装置对传感器本具及所探测对象的影响，从而尽可能保证数据的准确性。

5.2.5　水下接驳技术

水下接驳技术是一项综合性较强、复杂度较高的技术，包括接驳站的建立与连接、水下信号与电能传输、自治式潜水器导航回坞等核心技术，主要用于解决自治式潜水器在无水面船舶辅助回收等人员参与的情形下自动完成水下信号与电能传输并安全停靠的问题。根据水下信号与电能传输方式的差异，水下接驳技术可分为接触式水下接驳技术和非接触式水下接驳技术。两种接驳技术的区别主要在于前者采用接触式的方法如水下湿插拔的方式完成水下信号与电能传输，而后者则采用非接触方法如电磁耦合的方式实现对应的功能。

（1）接触式水下接驳技术

水下插拔扩展口技术是实现主接驳盒重要功能的技术之一。采用水下插拔连接器，通过水下 ROV 操作方式实现接驳盒电子吊舱与主干缆的水下接入/分离，是保证接驳盒自身具备后期维护、维修及升级换代的必要条件；利用 ROV 操作方式实现主接驳盒与次接驳盒或主接驳盒与水下探测仪器设备水下接入/分离，则是保证水下系统具备可实施性和后期维护、维修的必要条件。

水下湿式插拔电连接器是指插头和插座中两个金属接触点直接连接，采用多芯的插头插座结构分别完成电能和信号的传输。这种连接器要在具有导电性的海水中工作，需要具有严格的密封措施及断电保护功能，防止海水浸入到连接器。此外，连接器在水下完成插拔操作，需要有动态密封过程，因此为了实现这种连接器的绝对密封，必须有非常复杂的密封技术。水下湿式插拔电连接器的密封一般采用橡胶的自紧密封机制，即利用橡胶在常压下难压缩的物理特性。此外，水下湿式插拔电连接器的密封方式还包括油液密封以及 O 形圈密封，可有效防止深海高压海水的浸入。由于深海极端环境压力较大、海水流速较慢、温度低且盐度高，水下湿式插拔电连接器还需满足高压、低温、高盐、耐腐蚀及耐海流冲击等条件。深海环境下的连接器通常采用充油压力平衡模式以提高密封性（图 5-6）（朱家远，2017），该方法不仅可以对原密封体系实现有效抗压，同时还填充特种胶体以进一步确保密封性。国外水下插拔连接器的产品成熟度和可靠性均较高，且已投入生产应用。如美国 MARS 观测网的 Rolling-seal 型连接器，以及加拿大 NEPTUNE 观测网中的 NRH 型连接器等。

（2）非接触式水下接驳技术

接触式连接能够很好地满足海底观测设备的电气需求，但由于海水具有导电性，因此

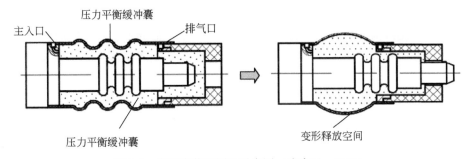

图 5-6 自适应装置原理示意图（朱家远，2017）

存在渗透漏电等安全隐患。此外，为了保证连接器在插拔时达到密封，插拔操作难度较大，且多次插拔易造成接口磨损，进而损害连接器的密封性及使用寿命（Rémouit et al.，2018）。因此，海底接驳坞通常采用更为可靠的非接触式水下接驳技术，将能量和信息穿透海水介质传输给水下机器人（Teeneti et al.，2021）。非电气接触式连接器依据电磁感应原理，在插头和插座都被独立密封的情况下，通过各自内部的电磁耦合器件在连接器结合时通过相互感应耦合完成电能和信号的传输，从而避免了连接器复杂的水下动态密封过程，因此解决了安全隐患以及因端口磨损而寿命短等问题。同时，其制作相对简单，成本随之降低，在水下完成插拔操作也相对容易。该连接器相对接触式连接器而言体积较大，现在随着水下机器人的应用成熟，也能很容易地完成水下插拔工作而不受体积的影响。目前非接触电能传输根据方法不同可分为 4 种类型：①电磁感应式，该方法的传输距离一般在十分之一线圈直径范围内，传输功率可从毫瓦级到 100kW，传输效率平均可达 80%～90%，工作频率范围为 10kHz～1MHz；②电容式，该方法的传输距离为 1～2mm，传输功率在 100W 以内，传输效率为 40% 左右，工作频率范围为 100kHz～1MHz；③磁谐振式，其传输距离为 2～5 倍线圈直径范围，传输功率范围为毫瓦级到千瓦级，传输效率为 50% 左右，工作频率范围为 1～100MHz；④电波式，其传输距离在 20m 以内，传输功率为几毫瓦到 100mW，传输效率为 60% 左右，工作频率范围为 900MHz～2.4GHz。

相比湿插拔技术，非接触式传输技术结构简单、运行可靠、无短路风险，且对接过程可由水下机器人自主完成。其缺点是能量传输效率远低于湿插拔连接器，存在额外的发热损耗。水下机器人为自容式供电，电池能量密度是制约其续航能力的关键因素。通过连接至观测网的海底接驳坞，常驻式机器人可原位充电、上传数据和下载指令，将其机动性与海底观测网持续供电和高速通信的优势结合，在原位蹲守观测的基础上主动出击探测，可进一步扩展海洋观测的空间尺度，提高自适应观测能力（Teeneti et al.，2021）。此外，常驻式机器人可对海底高风险设施持续开展预防式周期巡检和轻量维护，对可能存在的异常提供预警，降低海底设施停运风险（Lyu et al.，2022）。

5.2.6　海底高可靠组网装备机电集成

海底组网装备需要在高水压、强腐蚀、强导电的极端环境下长期服役，且近海海域存在高外力风险、强水动力、重度生物附着污损等风险。除开展多学科优化、可靠性测试、环境适应性试验、规范化海上试验外，还亟须研究海水长期耦合下的海底复杂装备性能退化与失效机理，实现海底极端环境超长期服役设施的全生命周期管理。同时，需要基于模块化、型谱化和流程化的原则，建立海底复杂装备研发、生产制造、测试试验和质量管理体系。

为提高可靠性和容错能力，海底主基站和海底设备适配器须具备远程电能监控和通信网络管理功能，具备输入输出浪涌保护、过压与欠压保护、过流与短路保护、雷击与磁暴保护、过温与漏水保护以及安全预警等功能。根据实际布放海域情况，海底主基站具有整体式和分体式两种结构类型。海底主基站和海底设备适配器在浅海应用时，框架结构应设计为具有防拖网、抗锚害和防沉降能力。针对海底环境特点，应采用耐海水腐蚀的金属材料和重防腐蚀防污损涂装来设计耐压密封结构和机电集成散热结构，以提高海底组网装备的运行寿命。

5.3 面向深海极端环境的海底观测网应用

5.3.1 国际海底观测网建设

21 世纪初，世界上主要发达国家开始进行海底观测网的实质性研究和应用，一些观测网已经开始运行。目前世界上主要的海底观测网有：加拿大有缆海底观测网（Ocean Networks Canada，ONC）、美国大洋观测计划（Ocean Observatories Initiative，OOI）（Cowles，2010）、欧洲海底观测网（European Sea Observatory Network，ESONET）日本地震海啸密集海底网络系统（Dense Ocean-Floor Network System For Earthquakes and Tsunamis，DONET）（Kaneda，2010）等。

ONC 由"海王星"海底观测网（NEPTUNE）与维多利亚海底实验网（VENUS）合并组建而成。该观测网实时监测海洋生物、化学、地质和物理过程，在地震、海啸、海洋污染、资源开发和海洋管理等方面发挥了重要作用。目前，ONC 由 2 个区域性、4 个社区性以及 7 个传统岸基观测站组成。海底主干电缆长达 850km，覆盖了 20 ~ 2660m 不同水深的海洋环境。ONC 共有 750 个仪器平台，7 个移动平台，400 套仪器，5000 余个传感器，一年当中持续地收集、存档和分发大量的数据。"海王星"海底观测网是全球第一个区域性光缆连接的洋底观测试验系统，铺设在胡安·德富卡洋脊到不列颠哥伦比亚海岸带的板块区域。NEPTUNE 是世界上首个可通过互联网、电缆和仪器实时监测海底生物、化学和地质数据的海岸带海底光纤观测网（Dewey et al.，2003，2007），该观测网有 6 个节点，主要研究范围包括：陆海相互作用、物理和近岸物理海洋学、海洋生物地球化学、沉积动力学、海底地震、海洋动物和生物多样性等。其中，Folger Passage 节点位于 Barkley Sound 大陆架，水深 17 ~ 100m，主要研究近岸物理海洋学及海洋生物学；Barkley Canyon 位于大陆架边缘，水深 400 ~ 653m，主要监测天然气水合物及相关的生态系统；Middle Valley 节点位于胡安·德富卡洋脊北部深 2400m 的地震活跃区域，主要研究热液活动及其生态系统；Endeavour 节点位于水深 2300m 的大洋中脊，主要研究深海生态系统、热液系统和板块构造、地震与火山运动。

OOI 是美国建设的长期海底科学观测网，该观测网由科学驱动平台和传感器系统组成，主要用于从陆地到海洋，从海面到海底全方位立体观测海洋生物、化学、地质等过程。该网络是海洋研究交互观测网络（ORION）计划的一部分，由区域网（RSN）、近岸网（CSN）和全球网（GSN）三大部分构成。此外，海底观测信息基础设施也是 OOI 的重要组成部分，其主要负责将近岸网、全球网和区域网的观测结果进行整合及深度研究。全球网主要由阿拉斯加海湾的 Station Papa 节点、丹麦格陵兰岛南部的伊尔明戈海（Irminger Sea）节点、智利南部的 Southern Ocean 节点以及阿根廷的 Araentine Basin 节点组成。近岸网主要由位于美国东部的太平洋海湾处 Pioneer Array 节点和美国西部俄勒冈州新港的 Endurance Array 节点组成。OOI 系统包括 1 个由 880km 海缆连接 7 个主节点的区域观测系统、2 个近岸观测阵列以及 4 个全球观测阵列（由锚系、深海实验平台和移动观测平台构成）。

为实现海底大尺度实时研究和监测地震、海底地形和海啸，日本启用了 DONET 计划，先后建立了 DONET、DONET2 和日本海沟海底地震海啸观测网（Seafloor Observation Network For Earthquakes and Tsunamis Along The Japan Trench，S-net）。2011 年，DONET 在日本南海海槽的 To-Nankai 地区建设完成，该观测网的主要目的是对地震和海啸进行高精度实时监测。为了能够更大范围地进行地震和海啸预警，日本从 2010 年开始启动了DONET2 的建设。目前，DONET2 观测站主干缆线长达 450km，拥有 2 个海岸基站，7 个科学节点以及 29 个监测站。此外，还增加 2 个监测站和 2 个钻探监测站与 DONET 连接。DONET 系统覆盖了整个日本海沟，可实现对日本海域地震的高精度实时监测。2015 年建成的 S-net 观测网主要沿日本海沟布设，主要由 6 个系统组成，每个系统包括 25 个观测站，观测站之间南北相距约 50km，东西相距约 30km，缆线总长 5700km，覆盖面积高达250 000km^2。

欧洲海底观测网（European Sea Observatory Network，ESONET）是一个分布在欧洲的大范围、分散式的海洋观测网。该观测网由 13 个欧洲成员国共同承担，海底缆线长达5000km，其观测范围从北冰洋延至黑海，观测平台较多，目前共有 11 个深海节点，4 个浅水节点。这些节点安装了大量的传感器，用于探测海水温度、盐度、海流方向与海床运动等参数。系统通过海底终端接线盒将观测站与陆地连接起来并利用电缆 IP 协议为观测仪器提供能源、实现双向实时数据遥感勘测从而进行全球变化、自然灾害警报等信息的传送和欧洲海域的基本管理。

我国的海底观测网在国家"863 计划"和地方科技计划的推动下得到了大力发展，已开展了一些海底观测网关键技术和观测网试验系统的研究。2006 年，同济大学开始了海底观测网技术科研攻关。2009 年，同济大学在小衢山岛附近建成了我国第一套海底观测试验系统——东海海底联网观测小衢山试验站（许惠平等，2011）。在此基础上，2011 年又进一步布设了总长度约 750km 的环型观测网，并带有多普勒声学海流仪、浊度仪等进行海洋信息监测（黄玉宇等，2018）。2016 年，我国"南海海底观测网试验系统"建成（图 5-7），该观测网试验系统以海南为岸基站，海缆长度 150km，水深达 1800m，包括多套海洋化学、地球物理和海底动力观测平台，用于长期、连续、实时监测海洋环境。其中，海底动力平台搭载温盐深仪（CTD）与声学多普勒流速仪传感器（ADCP），为深海海洋科学研究提供可靠海底动力基础数据资料。此外，中国台湾地区已建成小型"妈祖"海底观测网（MACHO）（Hsiao et al.，2014），其海底主基站位于水深300m处，安装有宽频地震仪、短周期地震仪、海啸计、盐温深仪和水听器等观测仪器。

图 5-7　南海深海海底观测网试验系统示意

5.3.2　面向深海极端环境的海底观测网应用

海底热液和冷泉是目前研究最多的两种海底流体活动现象。海底流体与炽热的底部岩层接触就生成了喷出海底的、壮观的热液黑烟囱喷口，而冷泉多形成于陆坡处富集甲烷水合物的地区。研究表明，这两种极端环境中存在独特的生物群落和地质活动过程。海底热液和冷泉活动往往具有偶然性和阵发性，这些流体活动时间持续的时间不固定，可能持续几小时、几天或者更长，常规的调查设备很难观测到这些流体活动的真实情况。通过布设海底观测网，可以长期、连续、实时监测海底热液和冷泉区的流体活动情况，获取这些极端环境中的生物、化学、地质等变化过程准确详细的数据，有助于深入研究极端环境中生物随时间的演变规律、流体活动与地质灾害的关系、海底甲烷流体的渗漏通量等相关科学问题。

5.3.2.1　面向冷泉环境的海底观测网应用

冷泉释放的甲烷是大气中温室气体的重要来源，同时冷泉分布区多发育有水合物。通过在冷泉发育地区布设海底观测网，可长期、实时、准确地监测海底甲烷流体的通量、海底水合物的分解情况以及海底温度的变化。

自 2009 年以来，加拿大 NEPTUNE 对天然气水合物赋存区进行了全面长期的观测，主要原位监测了甲烷泄漏和浓度随时间变化。通过船基水体声学调查及 ONC 提供的水下视频和海底多波束声呐数据（Riedel et al., 2018），在卡斯凯迪亚（Cascadia）沿岸发现了超过 1100 个冷泉喷口。在 Barkley Canyon 站点，研究人员将相机、甲烷传感器、及氧气、pH、硫化物传感器套件装在爬行车上，对天然气水合物分布和甲烷排放速率的变化、浮游植物沉积及生物群落变化、底部边界流及其横向传输的变化等进行监测（Lapham et al., 2013）（图 5-8）。在原 ODP 889 钻孔 Bullseye 节点海底以上 25cm 处、海水–沉积物界面处和海底以下 7cm 处，研究人员利用长期取样设备进行了 9 个月的上覆水和孔隙水取样工作，获取了甲烷、乙烷、硫酸盐及氯离子浓度在时间尺度上的变化。通过将观测到的甲烷浓度随时间变化数据与该区域的洋流和地质活动相关信息对比，研究人员发现该区域地震活动（局部地震和远震）、区域海洋学、风暴天气可能是影响甲烷及其他化学参数的时间变化的主要因素（Lapham et al., 2013）。

图 5-8　原位采样设备（Lapham et al., 2013）

研究人员还通过在海底观测网上布放声呐设备器以及测量潮汐压、温度、潮流、地震，甚至沉积物水文地质等，开展了气体水合物、海底流体和气体、深海微生物的观测，揭示了地震和地质滑坡对天然气水合物分布的影响。通过 NEPTUNE 观测网对位于卡斯凯迪亚海盆某区域进行了为期一年的甲烷泄漏声学监测，研究人员发现该区域甲烷泄漏主要与潮汐活动导致的海底压力变化有关（Römer et al., 2016）（图 5-9）。在此基础上，Marcon 等（2022）通过声学监测进一步探究了导致甲烷泄漏的其他因素。该研究监测总时长 4 年，采样周期 1h，并通过 NEPTUNE 进行实时数据传输，是迄今为止对海底甲烷气体释放进行的时间最长的高分辨率监测。该研究表明，潮汐活动可影响甲烷泄漏的起止时间，但不影响甲烷的泄漏强度。

此外，科研人员借助于海底观测网对水合物富集区的海底温度进行了长期监测。Becker 等（2020）利用热敏电阻电缆对卡斯凯迪亚海盆的 U1364A 钻孔进行了长达 4 年的温度监测。该电缆于 2016 年布设并于 2017 年 6 月连接到 NEPTUNE 观测网。随后 ONC 每隔一分钟记录一次热敏电阻温度，直到 2018 年 5 月综合海底控制单元的主以太网交换机

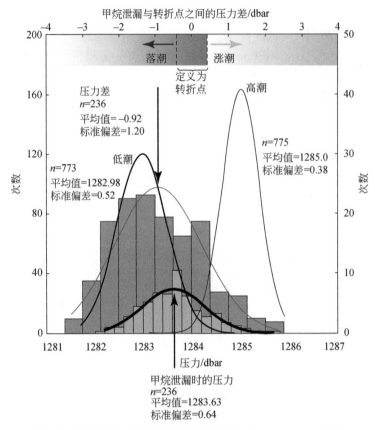

图 5-9　潮汐活动与甲烷泄漏之间的联系（Römer et al.，2016）

发生故障。研究人员还在 BSR 附近布设了多个热敏电阻以及两个压力监测屏幕（分别在 203mbsf 和 244mbsf 深度）。4 年的数据显示，温度深度分布总体呈线性，梯度为 0.055℃/m，热通量为 61～64mW/m²。BSR 深度的原位温度为 15.8℃，与该深度和压力下的甲烷水合物稳定性一致。

5.3.2.2　面向热液环境的海底观测网应用

　　洋壳与海水之间热和物质交换的通量及机制是海水侵入海底裂缝，受地壳深处岩浆热源加热，溶解地壳内多种金属化合物的高温热液流体从海底喷出后与冷的海水混合，形成典型的"黑烟囱"。同时，大部分热液流体在浮力的作用下上升，在海水水柱中形成中性热液羽状流（plume）。现代海底热液活动所导致的热通量可能仅次于太阳对地球的热辐射，而释放的物质通量则可与大陆入海河流所形成的通量相近。因此，海底热液活动对海洋化学环境、大洋环流及全球气候有着重要的影响。对热液活动的热和物质通量的估算是热液活动研究中十分重要的内容。

　　利用海底观测网对热液系统进行长期观测，可以准确评估热液喷口向海底输送的能量和物质通量，深入理解热液活动区物质的物理化学变化过程和生物活动情况，研究热液活动与地质活动的相互关系。Axial 海山的水下火山观测阵列位于胡安·德富卡洋脊岩浆活动最活跃的区域。2014年，OOI计划完成了将Axial火山缆系观测节点上包括地震仪、压力和温度传感器、质谱仪在内的仪器连接到通往岸边的脐带电缆的工作。除此之外，该观测网上还连接有可测量地面倾斜、溶解氧浓度和化学物质组分的仪器，还有一些设备和传感器可采集并分析微生物DNA及不同深度的水体样品。2015年4月23日，水下地震仪检测到了Axial海底火山下方巨大的地震峰值信号，小规模地震开始以每天近8000次的速率进行，预示着位于距俄勒冈海岸300英里（482.8km）水深约1600m的海底火山即将喷发。在接下来的24小时内，在观测网上所布放的仪器共记录了约8000次的余震。之后，地震突然消失，同时压力传感器所显示的压力也显著降低。科学家对地震数据进一步分析，发现在Axial火山北部侧面检测了很多小的地震，水听器也同样记录到了类似的信号。华盛顿大学William Wilcock教授认为这很可能是由于下方岩浆脱气后所引起的地震。2015年7月，科研团队依据观测网所提供的准确信息找到新喷发形成的岩石，并通过ROV拍摄了厚度超过40层楼高的枕状熔岩。通过观测发现，热的流体仍然从海底裂隙中喷出，同时夹杂着大量白色矿物和菌席。

加拿大NEPTUNE观测网的Endeavour观测节点水深2200~2400m，位于胡安·德富卡和太平洋板块交界的洋中脊。海底热液活动十分活跃，温度梯度变化剧烈。同时，热液喷口附近生长着特殊的物种，其中的微生物主要依靠化能合成作用获取营养。喷口群落的分布和组成受地质、物理和化学过程的影响很大，是观测化学、生物学、地质学过程及其生态环境演化的一个理想节点。研究人员在Endeavour中心喷口、南部Mothra喷口，以及北部High Rise和Salty Dawg喷口布放了大量观测设备和传感器，同时围绕热液场的西北方、东北方、南西方和东南方共布放四套锚系设备，组成一个矩形的锚系阵列，重点观测热液热通量动力学、溶解的矿物、潮流、微生物和大型生物的行为与数量，以及地震活动等。此外，Endeavour节点还布放有喷口声呐成像有缆观测系统（the cabled observatory vent imaging sonar，COVIS）。自2010年至今，COVIS一直与NEPTUNE观测系统连接，由NEPTUNE供电，并可实时传输数据。研究人员对Main Endeavour段的热液羽状流进行了长达26个月的热通量观测，结果显示热通量的时间序列平均值为18.10MW，标准偏差为6.44MW。热通量的时间序列变化不明显，表明源自热液的热量在观测期间保持相对稳定。热液热量来源的稳定与2011~2013年布放在此区域的海底地震仪观测到的海底地震减少相吻合。此外，热液喷口附近布放的海底电阻率传感器观测结果，也证实热液热通量来源稳定。这些长期高时间分辨率的观测，为研究热液系统的演化以及热液与地质事件之间的关系打开了一扇窗，同时也为了解热液系统及其洋壳以下的水文结构和循环机制提供了科学支撑。基于Morton等（1956）创立的经典羽状流模型，通过分析COVIS获得的声学信号可计算出热通量。根据2011~2013年26个月的观测结果，运用流体力学的原理和公式，研究人员建立了热液系统热通量演化模型，基于该模型，反演了1987~2015年的该区域热通量的变化，并根据历史时间发生的地质事件（如海底地震），揭示了热通量与地质事件的关系。

欧洲海洋观测网EMSO中的亚速尔海洋观测网设施布放在北大西洋中部亚速尔群岛附近大洋中脊的热液场Lucky Strike，又称MoMAR主基站（monitoring the Mid-Atlantic Ridge），最大水深1700m。Lucky Strike热液喷口是全球海底最大的活跃热液喷口之一。该观测网在2010年7月29日布放，目前由SEAMON East和SEAMON West两个主基站组成：SEAMON East主要是对位于Lucky Strike热液场的一个大型熔岩湖中心进行大尺度地球物理观测；SEAMON West则布设在Eiffel Tower活动建造的底部。两个主机站都是通过声学连接海面中继浮标，确保与IFREMER设在法国Brest的岸基站进行卫星通信（Person et al.，2015）。其主要科学目标包括：①研究在离散板块边界，与地震、火山活动和海底变形有关的热液热通量和化学通量；②研究地球、气候和人为变化对深海海底生态系统及热液群落的影响；③研究与陡峭的轴向山谷地形有关的水团动力特征及其对热液排放物扩散的影响。研究人员通过对2009~2012年在Lucky Strike热液场不同区域监测到的温度、潮汐压力和潮流数据行分析（图5-10），初步确定了三种不同的热液排放特征：①高温地

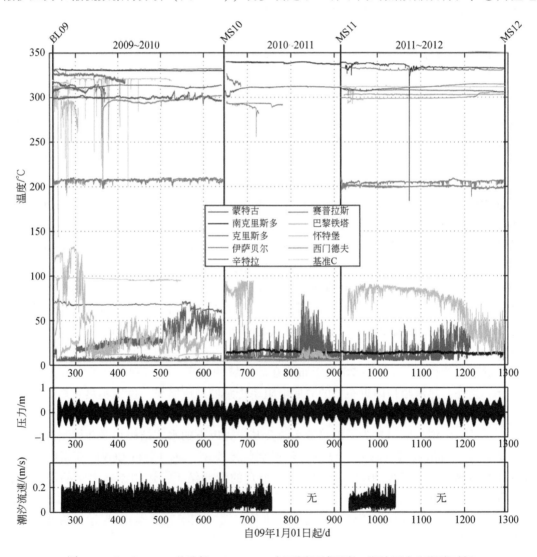

图5-10　Lucky Strike热液场2009~2012年不同区域温度、潮汐压力和潮流时间
序列变化（Barreyre et al.，2014）
监测到的压力数据单位由dbars转换为m

带（>190℃），代表通烟囱的基本未混合的热液流体；②中温地带（10～100℃），代表较浅的地壳内热液流体与渗透的冷海水不同比例混合；③低温地带（<10℃），表示海底由温暖的流体扩散层与冷水相互作用在海底所形成的热边界层。高温排放与潮汐压力有关，低温排放与潮流有关，中温排放则呈现了过渡性质，在观测的周期里热液场的平均温度表现出一定的稳定性（Barreyre et al.，2014）。

利用海底观测网可以对热液区样品实现长时间尺度的重复采集。Seyfried 等（2022）开发了一种远程操作的热液采样器（图 5-11），可以重复采集高温喷口流体。该采样器于 2019 年 9 月至 2020 年 6 月布设在胡安·德富卡山脊 Main Endeavour 南部的热液喷口区域，并在 9 个月的时间里采集了 9 个喷口流体样本。连续远程采集来自单个喷口的高温喷口流体样本，可以从全新的角度研究传热和传质过程的时间演变。观测结果显示，早期到中期样品（1～6）温度变化不大，但最后三个样品（7～9）温度从 302～304℃ 突然下降到 281～282℃。这种温度变化未对主要溶解离子产生显著影响，这表明地壳深处流体源的成分或环境变化较小。然而，流体 Fe 浓度明显低于 1～6 样品的平均值，Fe/H_2S 比值同样也显著下降。其他过渡金属（如 Cu 和 Zn）浓度也发生大幅度下降。这证实了该采样器温度传感器数据变化反映了喷口流体温度的真实下降。

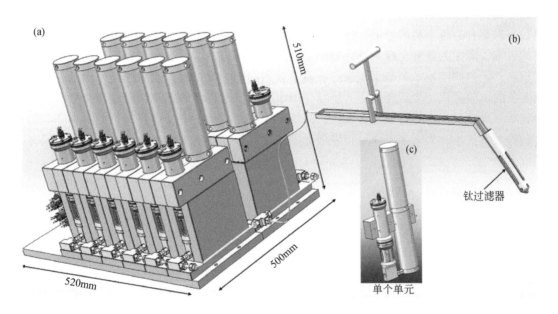

图 5-11 热液喷口流体采样器的三维模型示意图（Seyfried Jr et al.，2022）

（a）取样器通气管可深入烟囱孔口，外部钛过滤器可有效过滤固体碎屑。（b）在布设时，实时温度数据允许通气管在高温排气口流体中进行优化定位。（c）取样器单个核心单元流体储液容器和相关阀门

5.4 本章小结

深海中存在着众多阵发性和突发性的地质事件，如海底火山、地震、海啸和海底滑坡等，这些现象难以使用短期断续的船基调查方式观测到，只有使用海底观测网才能实现长期、原位、实时和准确观测，获取有价值的数据。经过 50 余年的发展，海底观测网的总体架构已基本形成，主要由控制系统、电力系统、通信系统、传感器系统组成。根据观测网覆盖范围大、使用线缆长等特点，为最大限度保证观测网的稳定性、降低可能出现的风险，科研人员研发出各类技术来保证海底观测网的长期平稳运行，包括负高压直流输配电技术、水下远程电力监控技术、海底远距离信息传输与精确时间同步技术、水下防生物附着技术和海底高可靠组网装备机电集成技术等，这些技术能够满足极端环境下布设长期观测网的要求。

海底观测已经由单一的观测站发展到可以覆盖区域性海域的观测网络，主要研究目标也由最初的地震检测发展到对多学科科学研究及全球气候、海洋灾害监测与预警。随着各国在资金投入和关注程度上的增长，越来越多的新技术应用于海底观测网络，实现了从海面到海底，从浅海到深海，从小范围到百公里级，从短期到长期的系统观测，促进了多学科数据采集和边缘学科的发展。随着国际合作的加强，各国的海底观测网络已经不再是独立的系统，而成为各种全球观测计划的子系统或一部分。国内有缆海底观测网发展起步虽然较晚，但目前已基本突破了缆系海底科学观测网的关键技术，研制成功了大部分核心组网装备的试验样机。今后还需进一步结合国家重大需求，以海底观测网建设为平台，联合研究所、高校及企业等行业优势单位，系统解决观测网建设中关键仪器、信息感知和数据传输等关键技术，为未来海洋科技发展提供重要支撑，推动中国海洋装备、技术及服务走向世界。

第 6 章 深海极端环境探测技术应用典型案例

6.1 冲绳海槽中段热液活动探测典型案例

现代海底热液活动是连接岩石圈和水圈的重要桥梁，对地壳-海水之间的物质、能量交换及全球化学元素平衡具有重要意义（Elderfield and Schultz, 1996；Rouxel et al., 2008）。热液硫化物是热液活动过程中的直接产物，富含 Fe、Cu、Pb、Zn 等多种金属元素，且常伴随 Au、Ag 等多种贵金属元素的富集，具有重要的经济价值。近年来，有证据表明，现代海底低温热液活动可能与大陆条带状铁矿的形成密切相关，为揭示条带状铁矿的成因提供了新的视角（Dong et al., 2022）。此外，海底热液活动区附近发育了大量热液生物群，其能量获取方式与海水表层生物群存在显著差异，为生命起源研究带来了新的启示。重要的经济前景及独特的科学意义使得现代海底热液活动成为了科学界研究的热点问题。自 1977 年在太平洋中脊加拉帕戈斯洋脊段首次发现海底热液活动以来，科学家已经在全球范围内不同地质背景下探测到了 700 多处热液活动喷口，并进行了系统的研究，取得了丰硕的成果（Hannington et al., 2011；Falkenberg et al., 2021）。

冲绳海槽位于中国东海大陆架边缘，是菲律宾板块向欧亚板块之下俯冲而形成的弧后盆地，目前尚处于弧后扩张的早期阶段（Halbach et al., 1993）。根据水深地形及地质构造，可将冲绳海槽分为北、中、南三段，各段岩浆作用存在显著差异。冲绳海槽内部具有异常高的热流值，自 1984 年以来，科学家已经陆续在冲绳海槽发现了多处海底热液活动。这些热液活动主要分布在冲绳海槽的中部和南部，比较著名的热液活动区包括 Izena 热液区、Iheya 热液区、Minami-Ensei 热液区、Yonaguni IV 热液区及 Tangyin 热液区等。此外，东海冲绳海槽的一大特点就是冷泉和热液在同一区域内共生，是研究热液和冷泉相互作用的理想区域。西侧陆坡坡底的冷泉同弧后扩张中心的热液区的直线距离不超过 50km，而且很多区域中间不存在任何地理屏障，相隔 ~50km 的热液和冷泉系统在生物生态组成上有很多相似之处。一系列研究表明，现代海底的热液和冷泉两个极端系统可能并不是像以前认为的那样是彼此孤立的，而是在空间、物质、生物以及构造上存在彼此耦合或相互作用，共同组成岩石圈和外部圈层之间能量与物质交换的重要渠道，深刻影响着海洋的物质循环。

为获取冲绳海槽的热液活动规律和冷泉-热液相互作用机理，中国地质调查局青岛海洋地质研究所孙治雷等（2018）和吴能友等（2020）分别采用"张謇号"和"海洋地质九号"海洋科学综合调查船对冲绳海槽中段开展了综合的地质地球物理调查。调查区域主要集中在 Iheya 热液区和 Minami-Ensei 热液区，以及冷泉-热液相互作用区域。航次采用

"三位一体"的调查方法（图6-1），包括：①地球物理扫面调查，即通过船载多波束测深和水体声学羽状流扫描，浅地层剖面测量；②地球化学采样调查，即通过重力柱岩芯取样、箱式表层沉积物取样、地质拖网和CTD分别取得沉积物和海水样品；③通过ROV进行可视化精确探测和取样。

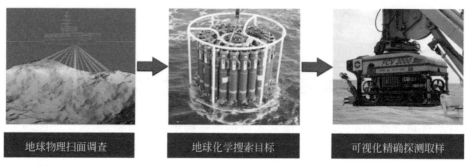

| 地球物理扫面调查 | 地球化学搜索目标 | 可视化精确探测取样 |

图6-1　冲绳海槽热液和临近冷泉区调查航次采用的"三位一体"技术方法

6.1.1　地球物理调查案例

冲绳海槽中段热液调查采用的船载多波束系统为挪威Kongsberg公司生产的EM302多波束系统，工作频率为30kHz，波束角度为1°×1°，条幅扫宽为5.5倍水深。在多波束测量作业实施前，对多波束系统进行横摇、纵摇、艏向和时间延迟的校准测试。每次作业前后均精确测量了探头的吃水变化，并现场进行了海水声速剖面测量。连续作业时，相邻两个声速剖面测量时间间隔不大于72h。通过多波束地形和后散射强度扫描，获得了冲绳海槽Iheya热液区和Minami-Ensei热液区的海底地形图（图6-2）。结果显示，Minami-Ensei热液发育于新生代海底火山顶部，圆锥形火山地形陡峭，水深500～1000m，且顶部发育三个火山口。Iheya North热液区水深约1000m，位于一个火山复合体的东侧。该热液活动区位于海洼中心张裂位置，内部有沉积物覆盖。结合地震探测结果，发现半深海沉积层在

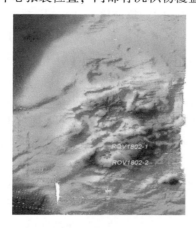
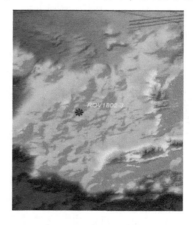

图6-2　冲绳海槽Iheya热液区和Minami-Ensei热液区的海底地形图及ROV精细探测站位

海底下沉积层较连续，但在 400~500m 的层位，较嘈杂的反射特征指示为浮岩火山碎屑流（Ishibashi et al.，2015）。

探测到冲绳海槽 Minami-Ensei 热液区及冷泉-热液交互区水体声学羽状流 34 处。其中，冷泉羽状流反射强度较强，主要分布于小型正断裂、气烟囱、泥火山、逆冲背斜脊部。热液羽状流反射强度较弱，位于火山顶部的三个火山口（图 6-3）（Wu et al.，2022）。

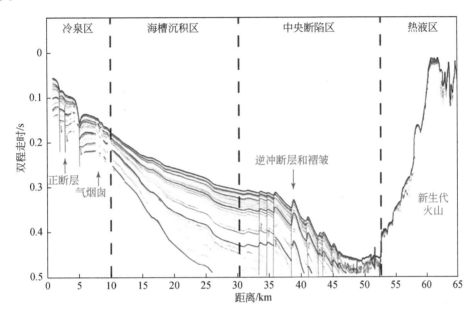

图 6-3　冲绳海槽 Minami-Ensei 热液-冷泉交互区声学羽状流浅层剖面特征（Wu et al.，2022）

浅地层采用 ParaSound P70 浅地层剖面测量系统测量，该系统为参量阵浅地层剖面系统，由德国 Teledyne Reson Gmbh 公司生产。整套系统包括模拟电子单元，数字电子单元，内部连接单元，浅剖换能器阵、浅剖采集处理工作站、光纤三维运动传感器和表层声速仪等。根据研究区现场实际情况，浅地层剖面作业在工区中部测量实验。实验不同采集参数的选择，包括发射频率（高频 18kHz、24kHz，低频 2kHz、3.5kHz、5kHz）、工作船速（6kn、8kn、10kn）以及滤波等，以能穿透浅部地层具有较高分辨率和良好的记录面貌为原则。对比实验结果，选取高频 18kHz、低频 3.5kHz，工作船速在 6kn 左右作为研究区的最佳工作参数。浅地层剖面测量数据处理后分析表明，冷泉区存在大量的、规模不等的空白反射或杂乱反射区，判断为流体运移通道（气烟囱）。冷泉-热液中间地区地势逐渐降低，地形平坦但逐步向槽底走低，沉积层连续性、成层性好，且自西北向东南呈逐渐加厚的趋势没有流体运移通道的地震响应。槽底段，地形较为平坦，垂向表现为三套地层：其顶部为一套薄层海底沉积物，与测线西北的海底沉积物有较好的连续性和可对比性；中间为一套孤立存在的空白反射区，内部几乎未见连续的地层响应，与测线西北、东南均无连续性，鉴于参量阵浅剖数据无负相位信息，猜测可能与特殊的沉积物有关，如密度较低且多孔的沉积岩或沉积物；底部则为一套明显的杂乱反射层，类似火成岩地震响应特征，但由于浅剖探测深度有限，无法进一步确定，推断可能与海槽拉张过程中的岩浆上侵有关。热液区则地形变化较大，呈波状分布，有明显的断裂，角度近垂直，呈空白反射，为新生代浮岩火山岩体（图6-3）。

6.1.2 地质取样和矿物地球化学调查案例

对于沉积物和岩石取样，重力活塞取样器采用中国地质调查局青岛海洋地质研究所与湖南科技大学共同研发的大型重力活塞取样器进行样品采集，取样长度3~6.5m，直径11cm。箱式取样器型号为XCYQ-1.0，取样深度35cm。底质岩石拖网采用GZYLI-1.0设备，单次容量可达400L。沉积物岩芯取上甲板后，立即进行沉积物孔隙水提取和甲烷浓度测试。甲烷浓度测试由气相色谱仪完成。测试结果表明，冲绳海槽热液附近沉积物无明显甲烷浓度异常，而在冷泉区岩芯下部，甲烷浓度异常升高至150μmol/L（图6-4）。

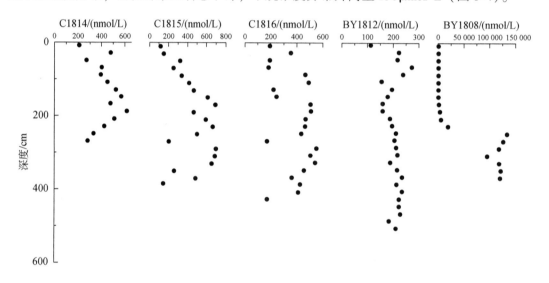

图6-4 冲绳海槽热液-冷泉交互区沉积物甲烷浓度剖面

从对 Iheya 热液区和 Minami-Ensei 热液区附近大面积沉积物元素含量的系统调查中我们清晰地发现，冲绳海槽冷泉区位于热液物质输送的必经之地，典型热液物质（Fe、Mn、Cu 和 Zn 等）对于冷泉区的影响非常明显，达到背景值的数倍之多，其中 Fe 含量为背景值的 3 倍，Mn 含量为背景值的 10 倍，Cu 含量甚至达到了数十倍之多（图6-5），这些活性的金属物质通过热液羽状流输送源源不断地进入冷泉泄漏区后，作为高活性的电子受体和高活性的电子供体甲烷发生一系列氧化还原反应，从而使热液物质和冷泉物质的输送发生耦合，改变了彼此的元素循环。在冷泉碳酸盐岩内发现了大量的针铁矿，同时该碳酸盐岩又缺乏理论上应该普遍存在的黄铁矿，表明在活性铁大量进入后，硫酸盐的还原作用在一定程度上被抑制了，而主要发生铁还原驱动的甲烷厌氧氧化反应。

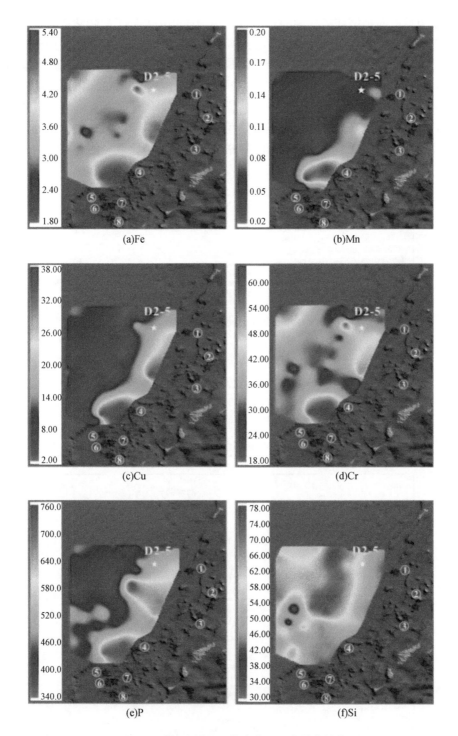

图 6-5　冲绳海槽沉积物中典型元素分布特征

白色五角星为已经发现的冷泉位置，红色五角星为热液喷口位置（Sun et al., 2019）

　　航次结束后，对拖网获得的 Minami-Ensei 热液硫化物开展了矿物学特征、黄铁矿微区地球化学组成及 Sr-Pb-Fe 同位素体系系统分析测试，在此基础上，对该区热液成矿作用过程及成矿机理进行了探讨，取得了如下认识：Minami-Ensei 热液烟囱体呈明显的分层现象，黄铁矿层与重晶石富集层交替出现，反映了成矿作用过程中的多期次热液成矿事件，这一结果被黄铁矿微区微量元素及原位 S 同位素分析结果所证实。该区热液成矿流体温度 <200℃，这使得微生物硫酸盐还原作用成为可能，导致黄铁矿 S 同位素组成的负漂。稳定的热液流体通道及海底之下岩浆作用强度的非周期性变化是导致多期次硫化物成矿事件被记录在同一个烟囱体中的直接原因（图 6-6）。

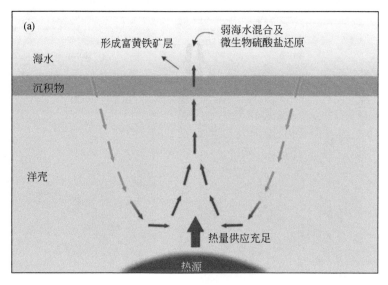

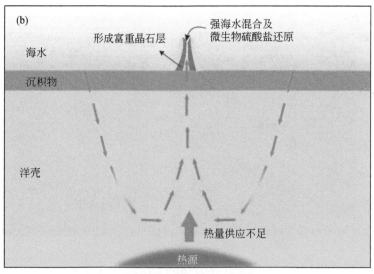

图 6-6　南奄西热液区烟囱体多期次成矿事件模式（Zhang et al.，2022）

南奄西热液区硫化物成矿作用过程中，热液流体与上覆沉积物发生反应，导致该区硫化物中高放射性成因 Sr、Pb 同位素组成的出现。值得注意的是，与冲绳海槽其他热液区相比，南奄西热液区硫化物具有明显偏低的 Sr、Pb 同位素比值，这主要反映了该区相对较低的流体/沉积物反应温度条件下，热液流体对沉积物较弱的淋滤作用。该区硫化物 Fe 同位素组成相对于热液流体明显偏轻，揭示了黄铁矿结晶过程中强烈的 Fe 同位素动力分馏作用（图6-7）。尽管微生物还原作用在该区成矿作用过程中发挥了重要作用，其对黄铁矿 Fe 同位素的影响却十分有限，这主要是由于该区微生物成因 H_2S 的产率较低，不能有效影响黄铁矿的结晶速率，进而对其 Fe 同位素分馏造成影响。

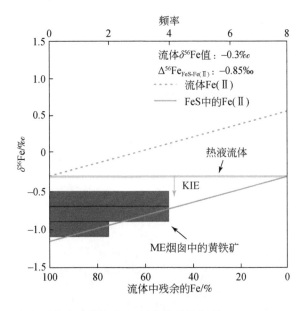

图 6-7　南奄西热液区黄铁矿 Fe 同位素分馏机制（Zhang et al.，2023）

6.1.3　热液区近底精细调查案例

冲绳海槽中段 Iheya 热液区和 Minami-Ensei 热液区的精细调查使用辉固公司 FCV3000C 型 ROV 系统（图6-8）。该 ROV 是第五代工作型 ROV，也是当今世界上最先进的 ROV 系统之一，相比之前的 ROV，有着非常明显的优越性。配备各种先进的仪器工具，能满足作业中的各种高技术要求。FCV3000C 型 ROV 系统主要的优越性能表现在如下几点。200hp[①] 使其在工作中游刃有余，可轻松应对各种海况。特殊结构的推进器，有着非常强大的自我保护能力不会因为少量渔网鱼线等杂物缠绕而失去工作能力更或让 ROV 失去动力，发生更严重的后果，造成不必要的损失。传统的 ROV 液压系统是一个整体，即推进器和机械手等所有与液压有关的设备都是由同一个油路系统控制。FCV3000C 有两个独立

---

① 　1hp＝745.7W。

的液压系统,即动力液压系统和工具液压系统。它们相互分开,互不影响。这样的结构优点在于日常作业中如果其中一个系统进水或者损坏,不会影响到另外一个,从而减少损失和检修时间。FCV3000C 配备两个先进的智能机械手臂,分别为美国 Schilling 公司制造的 Titan 4 和 Rigmaster。FCV3000C 配备 1 个外部电罗经。另可额外选用安装在 MCP 上的内部电罗经,该罗经可与航空飞行器使用的罗经相媲美,可消除磁罗经误差大的弊端,精度高达 0.01°,为水下作业提供更为精准的服务。FCV3000C 配备先进的多普勒声速仪(DVL),能够实现将 ROV 悬停于任意一点,从而进行长时间细致精确的观察或从事其他工作。FCV3000C 将过去使用的 RS485 信号传输改为先进的光纤传输,这是 ROV 能进行深水作业的关键。另外使用光纤传输,还可获得更优质的视频录像画面,以满足更高的作业要求。FCV3000C 配有 TMS,TMS 配备的柔性缆缆最长可达 600m,这种结构使 ROV 在作业中更灵活更方便,更适合于深水作业。

图 6-8   FCV3000C ROV 系统实物

作业期间,在接近海底 50m 时应停止下放过程,绞车控制进入作业流程。这时,副操手启动声呐、灯、摄像机,准备录像设备。ROV 姿态稳定后,主操手启动 ROV 光纤罗经,控制 ROV 慢速下潜,确认 ROV 初始姿态的关键参数,并做记录。然后按照规划线路航行,接近预定目标。发现目标后,降低 ROV 航速,调整声呐扫描半径,锁定目标,记录事件,完成图像记录准备,并通知作业组长和相关人员。核对规划线路,确定作业起点坐标,控制 ROV 逆流缓慢接近目标,直至目标进入可视范围,并在接近过程中录像。确定目标位置坐标,记录录像资料。声呐扫描半径设为 10m,以便于发现作业过程中可能出现的近距离目标,观察附近情况后 ROV 进入作业状态。在需要触及目标时,由主操手控制

ROV运动，副操手控制两舷机械手，并听从作业监督指挥，进行沉积物、岩石、生物或海水取样工作，全过程录像。

通过以上操作，中国地质调查局青岛海洋地质所孙治雷等在热液站位发现了正在喷发的热液烟囱，海水中有明显的热液沉积物羽状流（图6-9）。探测到热液喷口可高达20余米，并发育高品位热液硫化物，具有可观的金属资源潜力。调查中还发现海水中有明显的热液沉积物羽状流，流体温度达到300℃以上。烟囱周围也分布着大量热液生物，如贻贝、鱼、虾、毛瓷蟹等大型生物，以及片状薄层的白色菌席，生物种类似乎要少于冷泉站位，并且有大量热液沉积物和岩石分布。视频和生物取样调查发现，热液区贻贝数量较多，但存在大量的潜铠虾及其他甲壳类动物，这与冷泉潜铠虾仅零星出现的特征完全不同。但是已有研究表明，潜铠虾是冲绳海槽热液区三个优势甲壳动物种类之一，在大多数热液口都有发现，但是其数量存在浅水热液口较少，深水热液口较多的分布特征（Watanabe and Kojima，2015）。总体上本次调查与该区域内已有报道结果基本一致，种类组成、优势类群等群落特征都符合该海域的普遍特征。

图6-9　利用ROV系统探测到的热液活动喷口和拍摄的热液活动喷口生物群

ROV调查作业期间，利用机械手和宏生物取样器获取了大量岩石、生物、沉积物和海水样品。共获取7个点位的岩石样品，各个点位样品具体情况如下：①大块的热液金属硫化物结壳，附着较大的贻贝活体，主要是黄铁矿，闪锌矿。②热液金属硫化物块体，附着白色的疑似生物菌席，主要是黄铁矿，闪锌矿。③小块的热液金属硫化物块体，较为松散，易碎，可见明显的黄铁矿，闪锌矿颗粒，此外还有小块的重晶石，结晶度好取自弥散流附近。④大块的热液金属硫化物烟囱体，表层覆盖有黑色的金属软泥，以及小的贻贝，顶部有一烟囱通道，直径大约5cm，通道处较软，主要是自然硫、重晶石，局部孔隙内可见晶体颗粒较大透明矿物，疑似方解石。底座为高温金属硫化物主要是闪锌矿、黄铜矿，底部可见透明矿物脉以及晶体颗粒，疑似方解石，晶体颗粒较大。⑤取自热液烟囱口的低温矿物，纯度很好的蛋白石为主，其次是重晶石。小块的硫化物，硫化物氧化物。⑥硫化物玄武岩胶结物，可见疑似碳酸岩夹层，硫化物表层被氧化为深褐色。⑦白色或灰白色的冷泉碳酸盐岩结壳，中等硬度，附着活的贻贝以及管虫，表层有大小不等（约1cm）的钻孔，主要为文石，下层夹杂少量泥质碎屑，内部胶结生物碎屑。部分样品如图6-10所示。

图 6-10　在热液喷口附近采获的岩石、生物样品和热液金属硫化物样品

　　ROV 调查作业期间，利用手持激光拉曼探测仪实时探测流体、岩石和生物的物质组成。例如，机械手夹持拉曼光谱测量海底贝壳及周围沉积物，获得清晰的碳酸根以及类胡萝卜素信号（图 6-11 左）；拉曼光谱对白色地表物进行测量，有强烈荧光，判断为菌席，与冷泉菌席相比，荧光峰更强，且荧光峰位更趋于短波长。另外，有明显硫单质信号，从峰位判断为 S_8，表明菌席中正在进行甲烷厌氧氧化反应驱动的硫酸盐还原作用（图 6-11中）；将拉曼光谱系统插入热液喷口测量，从拉曼峰来看，插入喷口有疑似多环芳烃的物质存在（图 6-11）。

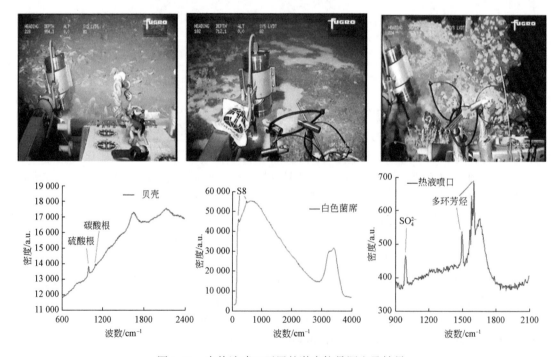

图 6-11　在热液喷口开展的激光拉曼调查及结果

总之，基于以上探测技术和结果，Sun 等（2019）和 Wu 等（2022）综合研究了多波束扫描、地震探测、生物地球化学研究和冷泉碳酸盐岩记录研究，创新性提出冲绳海槽冷泉-热液相互作用的模式，该模式如图 6-12 所示：冲绳海槽弧后拉张产生的断裂构成了冷泉、热液共生的基础，共生区甲烷通量高，热液物质（Fe）通过羽状流扩散进入冷泉区；热液来源的铁在冷泉区与甲烷相遇后，通过与 Fe 氧化物还原伴随的甲烷厌氧氧化作用驱动沉积物固碳，关键微生物为 ANME-1a；热液铁供给导致冷泉沉积物古菌的丰度和多样性均较高，且两种生境的生物具有相似的特定功能基因，表明存在基因交流；冲绳海槽独特的 Fe-C 耦合模式在全球并非个例，与硫酸盐驱动的甲烷厌氧氧化作用共同组成甲烷消耗屏障，并富集重要矿产资源，是海洋碳循环的重要分支。

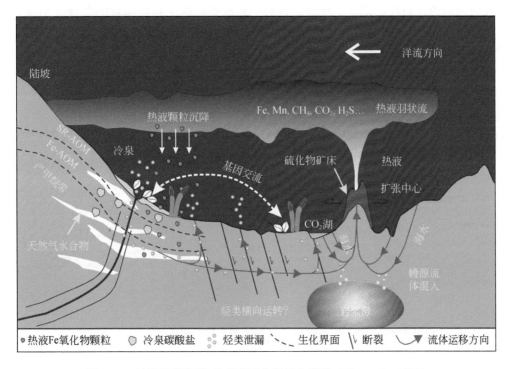

图 6-12　冲绳海槽热液-冷泉相互作用概念模型（Wu et al.，2022）

6.2　冷泉活动探测典型案例

冷泉是硫化氢、甲烷和其他富烃流体沿运移通道渗出海底的区域（Joseph，2017），多发生在主动和被动大陆边缘。在碳氢化合物渗漏点处碳酸盐岩是甲烷以及其他碳氢化合物厌氧氧化的结果，海水-沉积物界面处的碳氢化合物支撑沉积物微生物群落，以及复杂的化学共生群落（Fang et al.，1993），这些微生物过程的代谢副产物既促进了自生碳酸盐岩的产生，又支撑着化学合成生态系统，包括大型贻贝、蛤蜊、腹足动物、海百合、海葵、虾和多毛类动物，以及章鱼、海参、螃蟹、蛇形海星和底栖鱼类（Raineault and Flanders，2019）。

发现和了解冷泉渗漏非常重要，因为它们对将长期储存在海底沉积物中的甲烷转移到海洋和大气中具有全球意义。释放到水中的甲烷通常被氧化成二氧化碳，导致海洋酸化（Suess，2014），甲烷气体释放到大气中会增加温室效应。探测和分析碳氢化合物渗漏已在全球范围内开展，这有助于量化深海甲烷对全球碳循环的贡献（MacDonald et al.，2015）。

6.2.1 东海冷泉

冲绳海槽沉积物主要来源于长江和黄河的陆源物质（Katayama and Watanabe，2003），冲绳海槽北部具有非常厚的沉积盖层（厚达 8km），而冲绳海槽南部仅有 2km 的沉积盖层，冲绳海槽西部斜坡沉积速率较高，有利于有机质的保存和烃源岩的发育（Xing et al.，2016）。由于该海域的地质构造活动期次认识不清，甲烷流体泄漏结构的空间分布以及地质控制因素理解不到位，流体在沉积物和海水中的消耗和归宿以及不同尺度下甲烷流体喷发、泄漏的时空变化无法准确把握等，导致了东海冲绳海槽冷泉的认识存在盲区。

"海大号"科考船利用 12kHz 多波束回声测深仪 Kongsberg EM 122、电火花震源和小道距结合的多道地震（垂向分辨率 2m）等手段对东海冲绳海槽中部西坡开展了调查（图 6-13 和图 6-14）（Li et al.，2021）。地震剖面显示，冲绳海槽普遍发育底辟构造、背

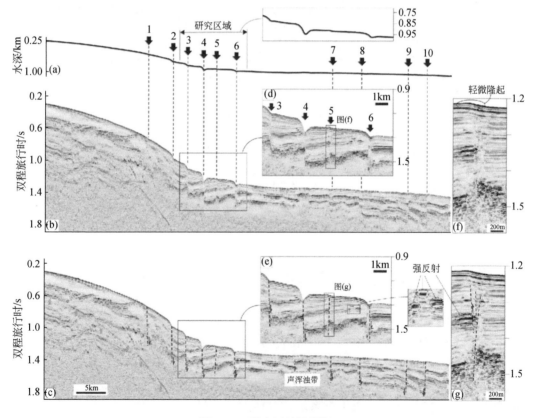

图 6-13 研究区地震勘探

（a，b）地震剖面及测深剖面，（c）地震剖面解释，（d~g）放大显示断层（Li et al.，2021）

斜构造、断层控制的地堑和活动断层，断层和裂缝构成了该区域的高渗透性通道，这有利于气体和流体的运移（Luan et al., 2008；Xing et al., 2016）。一些受走滑影响的断层在海床上表现为隆起特征，地震剖面中与游离气相关的特征有声浑浊带和局部强反射（图 6-13）。

作者团队利用多波束资料在研究区域发现了 5 个束状声波异常簇，羽状流（以 Pb 命名）的后向散射强度高于背景海水 [图 6-14（a）]。相对较高的后向散射强度出现在羽状流的中、下部，气柱的高度为 163 ~ 355m。羽状流 Pb5 和 Pb49 发育位置显示正起伏特征，而 Pb1-3 则聚集在一个断层区域 [图 6-14（a）]。图 6-14（b）中海床后向散射有一些中等到高的黑色斑块后向散射区域，它们的强度比背景海洋沉积物的平均值高 5 ~ 10dB。

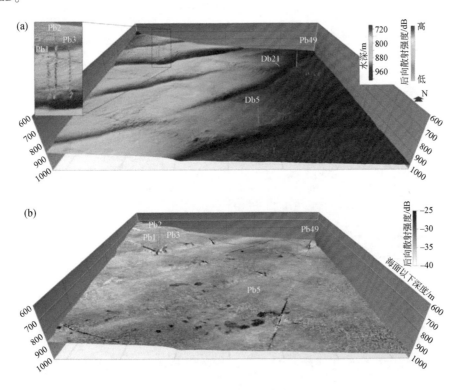

图 6-14　研究区多波束探测

（a）研究区羽状流多波束 3D 视图，（b）研究区后向散射 3D 视图（Li et al., 2021）

虽然船载多波束系统的探测效率很高，但定位精度存在一定误差，而且不是所有的火焰状反射都有冷泉，因此，在初步锁定冷泉位置后需要进一步确认。鉴于此，笔者团队自主研发了以声学深拖系统和 ROV 水下移动平台为核心的"三合一"探测技术（图 6-15）。该技术综合利用船载地球物理调查设备、水下移动观测平台和海底多参数原位监测设备等三种不同类型和功能的设备装置获得东海冲绳海槽冷泉区的多种类型探测与多参数原位监测数据，具体内容包括：①大尺度地球物理面扫调查。主要利用船载多道地震、浅地层剖面和多波束后散射调查，寻找地形地貌和地层剖面上的冷泉活动地球物理异常，圈定重点

大范围面扫：大尺度

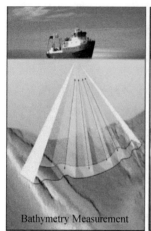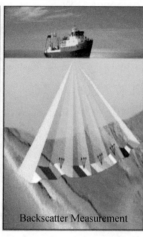

精细化探测：中尺度

可视化探测：位置锁定

图6-15　海底水合物富集区甲烷排放"三合一"探测技术方法示意图

探测区域；②中小尺度水下移动平台调查。在圈定的调查区域内，实施依托水下移动观测平台的调查，包括多传感器技术、可视化探测技术和激光线扫描技术等，进一步锁定极端环境流体活动重点区域。③原位多参数实时观测。根据研究目标的需要，在已经锁定的极端环境重点目标区投放锚系潜标、海底着陆器或者其他类型的固定观测设备，开展原位、实时、持续监测，获取多种环境参数，研究深海极端环境的变化规律。该技术首次将该声学深拖系统应用于海底冷泉探测，通过分析该系统获取的高分辨率侧扫反射图、海底地形图和浅地层剖面图，迅速判定是否存在冷泉，进而确定海底冷泉的准确位置，确定冷泉的准确位置后，通过 ROV 完成冷泉区碳泄漏流体的海底摄像、原位取样和原位测试。

利用"三合一"探测技术，在我国东海冷泉区进行了甲烷流体排放活动及环境效应调查，共探测到 220 个甲烷排放点，并对典型甲烷排放形成的冷泉区进行了精细探测和连续、实时观测。海底冷泉系统均发育巨量的冷泉宏生物，如贻贝、巨蛤 [图 6-16（a）]、鱼、虾、毛瓷蟹、管状蠕虫 [图 6-16（b）] 等生物，以及片状薄层的白色菌席，并且有大量冷泉碳酸盐岩分布 [图 6-16（c）]。探测到正在喷发的高通量气泡羽流 [图 6-16（d）]，并获取了大量流体、生物和岩石样品。明确了冷泉的组成、通量、气源、生物生态特征（Sun et al.，2019；Cao et al.，2020），较好地约束了该区的海底流体泄漏现状。

图 6-16　海底冷泉系统探测，（a）冷泉区巨蛤床，（b）管状蠕虫，（c）直径超过 1m 的冷泉碳酸盐，（d）喷发的冷泉流体

在对活动冷泉探测过程中，利用 ROV FCV 3000 搭载自研的实验装置在活动冷泉喷口原位合成了天然气水合物 [图 6-17（a）]，并利用自研的水下激光拉曼仪进行了现场精细测试 [图 6-17（b）]，对于流体在海水中的运移通量、气体组成、活动规律以及所带来的环境效应进行了充分的观测。在 ROV 作业过程中，通过气体流量计进行流量测量，结果显示，在泄漏点，100ml 体积的反应仓罩，在 ~22s 就可集满甲烷气体，因此，单个气泡羽流的流量约为 5ml/s。搜集的气体在 <40s 的时间内就形成了冰晶状天然气水合物，但这些新形成的天然气水合物不够密实，空隙中混入了大量海水。通过水下激光拉曼测试，反应舱罩内形成的天然气水合物主要成分是 I 型水合物，此外还检测到了硫化氢、硫酸根等成分。

通过水下原位实验，实测到两个喷口的羽状流通量分别为 990 个/min 和 660 个/min，经换算，该冷泉区内每个喷口的通量在 70~100ml/min。该水下原位试验结果对于我国东海甲烷泄漏造成的环境效应以及碳循环的研究具有非常重要的科学价值和实际意义。

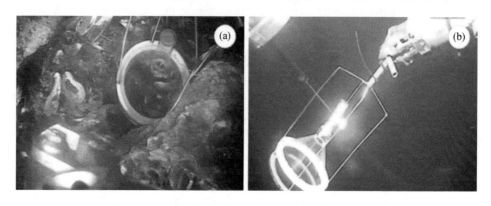

图 6-17　东海冲绳海槽海底冷泉探测及原位实验场景
（a）活动冷泉气泡合成天然气水合物，（b）合成天然气水合物的激光拉曼原位测试

6.2.2　南海冷泉

　　南海是西太平洋和东南亚的新生代边缘海，位于欧亚板块、太平洋板块和印澳板块的交界处。南海北坡被划分为三个地质区域：琼东南盆地在内的西部被动大陆边缘；中部的准被动大陆边缘，包括珠江口盆地；东部活动大陆边缘，包括珠江口盆地东部。琼东南盆地是一个大型的北东向新生代沉积盆地，构造演化可分为始新世—渐新世的裂谷期和新近纪裂谷后热沉降两个阶段。琼东南盆地在古近纪，特别是中新世以来的沉降和沉积速率非常高，在古近纪和中新世地层的中部和南部凹陷带中沉积了非常厚的大型沉积单元（Zhao et al.，2015）。由于陆相沉积物的快速沉积和生烃的增压，盆地中超压现象普遍（Wan et al.，2020）。快速沉积、欠压实的厚页岩为琼东南盆地中泥底辟和气烟囱的形成提供了条件。珠江口盆地经历了从下白垩世末到渐新世—早中新世的两次显著拉伸阶段，在第三次拉伸期间（中新世—上新世），海床沉降广泛发生，南海东北部斜坡覆盖厚的海洋沉积物（Zhu et al.，2009）。自更新世以来，陆架边缘向下至下斜坡发育了多个西北—东南走向的峡谷，峡谷将大量沉积物从大陆架输送到斜坡（Sha et al.，2015）。

　　在南海北部陆坡进行了大量的二维和三维地震（Wang et al.，2015；Geng et al.，2021）、浅剖（尚久靖等，2014；Zhang et al.，2021）、多波束调查（Sun et al.，2012；Liu et al.，2021），以及深潜观测、采样（Suess，2005；Zhang et al.，2014）及天然气水合物钻探和取芯（Sha et al.，2015；Zhong et al.，2017）。自 2004 年在南海北部发现第一个冷泉系统以来，又在琼东南盆地、西沙、神狐、东沙和台西南盆地发现了 40 多个活动冷泉和古冷泉。

6.2.2.1 九龙甲烷礁

2004年，广州海洋地质调查局和德国基尔大学莱布尼茨海洋科学研究所开展了"南海北部陆坡甲烷和天然气水合物分布、形成及其对环境的影响研究"项目，SO-177航次利用德国"太阳"号科考船在南海东北部海域进行了水合物资源调查。"太阳"号搭载的海底观测系统（图6-18），沿预定轨道以小于1kn的速度在海底上方1~2m处拖曳，对研究区的地貌、地质、沉积以及生物进行可视化作业。此航次对研究区进行了多波束测量、浅剖调查、水体地球化学调查、电视监视抓斗取样、多管取样、重力取样、沉积物保压取样等。首次在南海东北部被动边缘473~785m水深处的两个山脊发现了三处天然气水合物气体"冷泉"喷溢形成的巨型碳酸盐岩（约430km^2），这是世界上发现的最大的自生碳酸盐岩区之一，这也是第一次在中国海域发现（Suess，2005）。

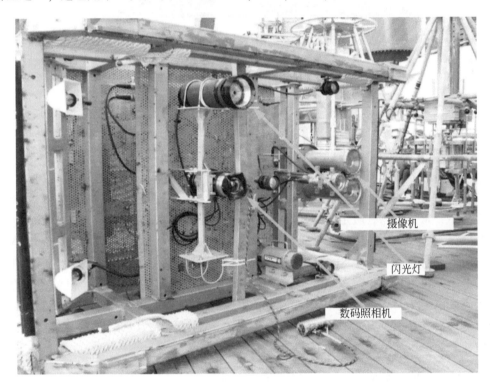

摄像机

闪光灯

数码照相机

图6-18　"太阳"号搭载的海底观测系统（Suess，2005）

在站位1处的海底（473~498m）发现了大量的管状、面包圈状、板状和块状的自生碳酸盐岩［图6-19（a）（b）］。在站位2处的海底（550m）山脊发现了烟囱、碳酸盐岩［图6-19（c）］。在站位3处的海底（762~768m）山脊发现了巨大的碳酸盐岩块和直立的烟囱状结构，并将其中最典型的高度达30m的一个构造体命名为"九龙甲烷礁"［图6-19（d）］，同时，还在"九龙甲烷礁"碳酸盐结壳裂隙中发现了天然气水合物甲烷气体喷溢形成的菌席［图6-19（d）（e）］和双壳类生物、麻坑地貌、碳酸盐岩烟囱［图6-19（f）］，证明了此处冷泉处在弱活跃阶段，而其他站位冷泉已经停止了活动。

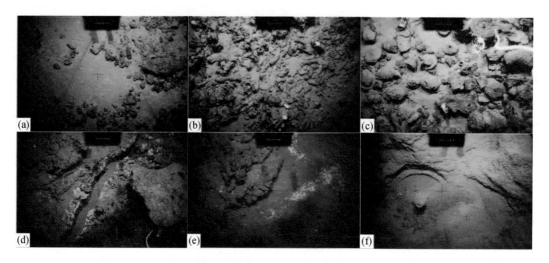

图 6-19　海底观测系统拍摄的图像（Suess，2005；Han et al.，2008）

（a）碳酸盐岩，含碳碎石，（b）管状碳酸盐岩，（c）碳酸盐岩烟囱，（d）碳酸盐岩和白色、黄色菌席，
（e）碳酸盐岩和白色菌席，（f）突出的碳酸盐岩烟囱

在 3 个站位共布设了 11 个电视监视抓斗取样站位，从九龙甲烷礁区域采集了数百个碳酸盐岩样本，根据形态和结构，将碳酸盐岩样品分为 4 种类型：化学热碳酸盐岩［图 6-20（a）］、渗流伴生碳酸盐岩［图 6-20（b）］、天然气水合物伴生碳酸盐岩［图 6-20（c）］、碳酸盐烟囱［图 6-20（d）］、管状碳酸盐［图 6-20（e）］、板状碳酸盐［图 6-20（f）］和块状碳酸盐岩［图 6-20（g）］。九龙甲烷礁区域的生物组合多样性丰富，采集的生物样本以蛤蜊为主，常见生物有腹足动物、海绵和珊瑚，偶尔发现腕足动物（Suess，2005）。

海底海水和沉积物孔隙水的现场分析表明，海底 5cm 以下沉积物甲烷气体含量 80μmol/L，水体甲烷含量 1.8nmol/L（海水背景值为 0.8nmol/L），证实了甲烷气体仍在释放。对多个站位沉积物孔隙水硫酸根、氯离子和甲烷含量测试，硫酸根/甲烷还原界面分别位于海底以下 7.5m、5.5m、4.0m、2.0m 和 0.1m，这说明了采样区域浅表层水合物存在的可能。对采集碳酸盐岩样品的碳同位素 $\delta^{13}C_{PDB}$ 测试结果为 −56.5‰ ～ −57.5‰，说明了碳酸盐岩的形成与甲烷气体有关。

6.2.2.2　海马冷泉

2015 年，广州海洋地质调查局"海洋六号"科考船搭载 4500m 级深海作业型潜水器"海马"号 ROV 对琼东南盆地西南进行的一次研究考察中发现了两处渗漏区，两个渗漏区的底水温度均为 3.0℃，被命名为"海马"冷泉（HM-1 和 HM-2），二者距离约 7km（Liang et al.，2017）。

广州海洋地质调查局"奋斗四号"调查船对该区进行了二维和伪三维地震勘探（Wei et al.，2020），通过对过 HM-1、HM-2 地震剖面的精细解释，分析了海马冷泉下方的地质构造，发现了许多与气体–流体渗流作用相关的地球物理异常（Liang et al.，2017；Wang et al.，2018）。似海底反射（BSR）作为天然气水合物赋存的最有利指标，普遍存在于琼

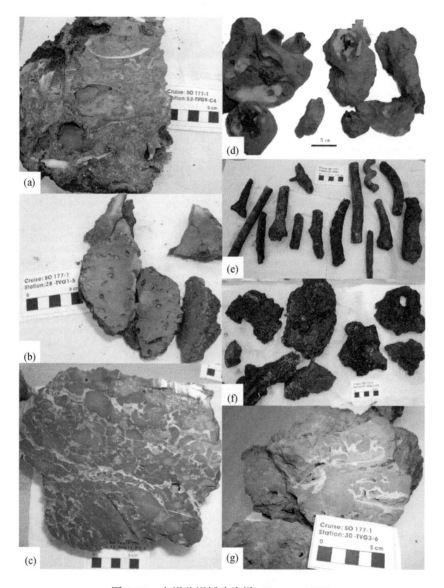

图 6-20　电视监视抓斗取样（Suess，2005）

（a）化学热块状碳酸盐岩，TVG9，（b）渗流相关的块状碳酸盐岩结核，TVG1，（c）碳酸盐角砾岩，TVG11，（d）碳质烟囱，TVG8，（e）管状碳酸盐结核，TVG1，（f）板状碳酸盐结核，TVG13，（g）不规则碳酸盐岩块体，TVG3

东南盆地低隆起和斜坡区的地层，BSR 下方有模糊地震反射带［图 6-21（a）］。过 HM-1 的地震剖面 AA′［图 6-21（b）］和过 HM-2 的地震剖面 BB′［图 6-21（c）］表征了 BSR 至海底的气体–流体的运移通道（Liang et al.，2017），显示了垂向通道两侧地层上拉的特征，这是由于通道中存在天然气水合物和自生碳酸盐岩导致的，从 HM-1 和 HM-2 位置的取样中，发现了天然气水合物和自生碳酸盐岩（Liu et al.，2021）。此外，在地震剖面上发现了大量麻坑、丘体和声学空白带，均表明存在游离气体和天然气水合物（Wang et al.，2018）。

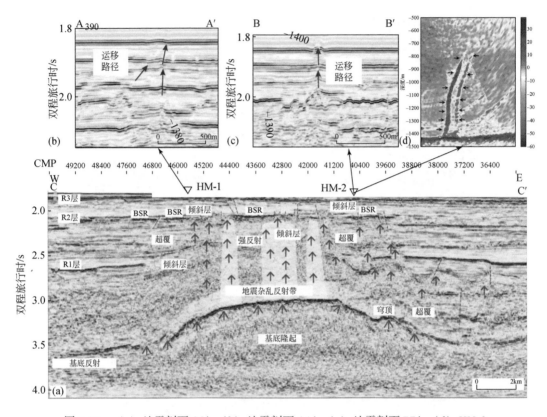

图 6-21 （a）地震剖面 CC′，（b）地震剖面 AA′，（c）地震剖面 BB′，（d）HM-2
附近羽状流（Liang et al., 2017；Wang et al., 2018；Xu et al., 2020）

2018 年 4 月，广州海洋地质调查局"海洋六号"与中国科学院深海科学与工程研究所"探索一号"科考船首次对"海马冷泉"进行联合深潜科学考察。两船分别搭载的"海马"号潜水器和"深海勇士"号载人潜水器。两科考船在作业区会合后，共同实施了 3 次联合深潜作业。"海马"号携带甲烷礁钻机、侧扫及图像声呐、甲烷传感器及生物诱捕器等 10 余项作业工具下潜，开展对海底"冷泉"的综合探查及取样作业；"深海勇士"号对两个已知冷泉（HM-1 和 HM-2）和 4 个疑似冷泉（HM-3 ~ HM-6）进行了十次深潜作业，进一步研究了冷泉系统的分布范围、区域性特征、地形特征，并进行了取样等作业（Wei et al., 2020；Zhang et al., 2021）。安装了 EM 122 多波束系统的"海洋六号"和"探索一号"在冷泉区进行了两次多波束测量，测量频率为 12kHz，在 HM-2 附近的多波束图像中发现了单个宽度 100 ~ 200m，高度 200 ~ 800m 的两个大型羽状流［图 6-21（d）］（Xu et al., 2020）。2016 年发现的羽状流分别位于 HM-3、HM-4 和 HM-4 西侧约 400m 处，2018 年发现数量增至 6 个，表明海马冷渗漏区（特别是 HM-2 和 HM-3）比 2016 年更为活跃。2018 年在 HM-3 附近 60m 和 100m 发现另外两处羽状流，说明 HM-3 的冷泉活动是持续的。两次探测的结果指示羽状流的位置和气流量并不是固定的（Wei et al., 2020）。

　　HM-1 位于海马冷泉区西北部，"海马"号 ROV 在该处海底发现了丰富的贻贝壳 [图 6-22（a）]、大型碳酸盐岩丘 [图 6-22（b）]、死蛤蜊壳 [图 6-22（b）]，这意味着过去存在强烈且持续的冷泉活动。2018 年，在 HM-1 发现了羽状流 [图 6-22（c）]，在喷口附近发现了天然气水合物。此外在 HM-1 还发现了活蛤蜊和海葵 [图 6-22（d）]，并未发现贻贝，推测被沉积掩埋或被浅层气体喷发引起的二次沉积覆盖。HM-2 位于海马冷泉区东北部，与 HM-1 相比，HM-2 冷泉生物群落更丰富，与活跃的羽状流有关 [图 6-23（a）]，在 HM-2 的中心发育块状碳酸盐岩、密集的贻贝、管虫 [图 6-23（b）]，表明存在强烈的冷渗漏活动，在 HM-2 边缘发现了活蛤蜊和蠕虫聚集 [图 6-23（c）]，在 HM-2 的周围发现了细菌垫和蛤蜊壳 [图 6-23（d）]。

图 6-22　HM-1 的图像（Liang et al.，2017；Xu et al.，2020；Wan et al.，2020；Wei et al.，2020）

（a）密集的贻贝，（b）死的双壳类和碳酸盐丘，（c）羽状流，（d）活蛤蜊和海葵

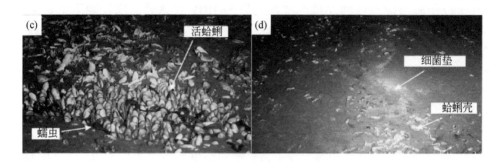

图 6-23　HM-2 的图像（Xu et al.，2020；Wei et al.，2020）

（a）密集的贻贝中的羽状流，（b）碳酸盐岩中的贻贝和管虫，（c）活蛤蜊和蠕虫，（d）细菌席和蛤蜊壳

6.2.3　其他海域冷泉

6.2.3.1　墨西哥湾冷泉

墨西哥湾始于晚三叠世的裂谷作用，一直持续到晚侏罗纪（Buffler and Sawyer，1985），在此期间，大量沉积物被输送到墨西哥湾北部，沉积在早期形成的侏罗纪厚盐层上（McBride et al.，1998a）。盐矿床的沉积负荷导致构造变形、局部沉积物变厚以及断裂作用等，这促使了流体的垂向运移（McBride et al.，1998b），导致碳氢化合物渗漏，形成了广泛分布的天然气水合物出露和自生碳酸盐岩（De Beukelaer et al.，2003），这些硬底质特征与各种化学合成生物群有关，如管状蠕虫和贻贝（MacDonald，2004）。

1984 年在墨西哥湾路易斯安那上坡首次发现了与盐水和碳氢化合物渗漏相关的冷泉群落（Paull et al.，1984；Kennicutt et al.，1985），这是世界范围研究最深入的冷泉。2005～2009 年为期 4 年的"墨西哥湾下大陆坡化学合成群落调查"探测范围扩展到大陆坡的中、下段。为了确定墨西哥湾北部陆坡化学合成生物群落和地质环境的变化，2006 年 5 月 7 日至 6 月 2 日，R/V Ronald H. Brown 搭载 DSV Alvin 载人潜水器在水深小于 1km 的 10 个站位开展了 24 次深潜作业。根据此航次获得的三维地震数据、地质调查数据以及 AUV 数据（包括高分辨率多波束测深、线性调频声呐浅剖、侧扫声呐），优选典型站位，并于 2007 年 6 月 4 日至 7 月 6 日利用 R/V Ronald H. Brown 搭载的 ROV Jason II 深潜器进行了详细调查。

2006 年和 2007 年航次期间，DSV Alvin 和 ROV Jason II 深潜的多个站点发现了自生碳酸盐岩和化学共生生物群落（图 6-24）。在 GC852（水深 1410m）站位南部山脊顶部发现了大型冷泉碳酸盐岩和广泛分布的珊瑚群落，表明该区存在长期的甲烷渗漏［图 6-24（a）右侧是石珊瑚，左侧是柳珊瑚］。此外，该区还发现了海绵、海葵、管状蠕虫、深海贻贝等生物，与南部山脊的活跃渗漏和相关的化能自养生物群落相比，山脊北部尽管存在大量冷泉碳酸盐岩，也常见柳珊瑚、海葵、竹珊瑚和其他固着生物，但没有发现活跃甲烷渗漏的证据。GC600（水深 1250m）站位山脊下方断裂发育，为深部流体-气体提供了良好的运移通道，DSV Alvin 进行了两次深潜，在地震剖面强反射位置发现了大量冷泉碳酸

盐岩（Roberts et al.，2010a），在碳酸盐岩的裂缝中发现了气泡、贻贝和管状蠕虫
［图6-24（b）］。AC645（水深2240m）站位区域是一个直径150～200m的丘体，高约
20m，由含有大量贻贝壳的冷泉碳酸盐岩组成，3D地震显示强振幅异常，声空白带指示了
运移通道中的气体存在，此处进行了两次DSV Alvin和一次ROV Jason II深潜作业，观察
到了活的深海贻贝和气泡，在碳酸盐岩裂缝中发现了大量残留的管状蠕虫聚集体［图6-24
（c）］。在AC818（水深2740m）站位发现的少量碳酸盐岩［图6-24（d）］中有残留管状
蠕虫、深海贻贝和蛤蜊等化能自养生物群落出现，3D地震振幅没有表现强异常特征，地
震剖面上可以清楚地观察到碳氢化合物的运移通道（Roberts et al.，2010a）。

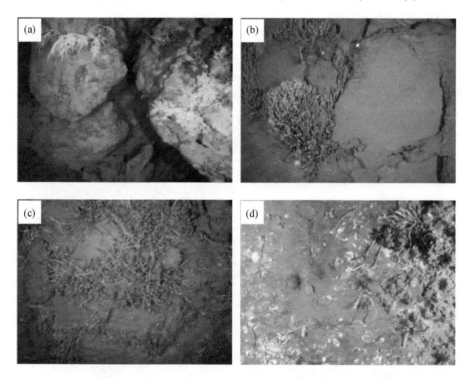

图6-24　DSV Alvin 载人潜水器拍摄的不同深潜位置的自生碳酸盐照片（Roberts et al.，2010b）
（a）GC852 山脊顶部大型冷泉碳酸盐岩中的石珊瑚（右）和柳珊瑚（左），（b）GC600 自生碳酸盐板边缘的管状
蠕虫，（c）AC645 丘体底部残余线虫菌落分隔的自生碳酸盐岩块，（d）AC818 明显的自生碳酸盐露头

2012 年，R/V Falkor 对 GC600 进行了详细的探测（Diercks et al.，2018）。GC600 探测
区的中心是地堑构造，Birthday Candles（BC）位于盐脊东南部，深度约为1215m，Mega
Plume（MP）位于 BC 西北 1km 处，深度约为1222m。BC 和 MP 是该区最显著的渗漏区
（Garcia-Pineda et al.，2014）。为提高成像分辨率，使用了 AUV Eagle Ray（ER）和 Mola
Mola（MM）。ER 需要恒定的前进速度，配有 Kongsberg EM 2000 MBES 和 Kongsberg 浅层
剖面仪。MM 是一种改进的海底级 AUV，额定深度为2000m，使用多个推进器进行移动，
可在靠近海底的地方缓慢移动，它配备了一个向下的数码静态相机，由前后 LED 阵列提
供照明。图6-25（a）是由 ER 多波束数据获得的分辨率为0.5m 的 GC 600 海底特征后向
散射图像，展示了断层的平面分布，主要有西北—东南向（MF1 和 MF8）和南—北向

（MF2—MF7）的两组断层。三个丘体 M1、M2 ［图 6-25（b）］ 和 M3 ［图 6-25（c）］ 高出海底约 40m。共发现了 43 个微丘体和 424 个不同形状、大小的麻坑，麻坑主要在 M1 和 M3 的顶部，而 M2 呈锥形，表面光滑 ［图 6-25（b）（c）］。丘体周围沿断层分布 5 个大型海底麻坑区 P1 ~ P5。Kongsberg 浅层剖面仪工作频率为 5k ~ 10kHz，测得的丘体浅剖剖面如图 6-26 所示，MP 和 BC 的声空白区以及海底麻坑分布表明该区的地层中存在游离气 （Johansen et al.，2020）。

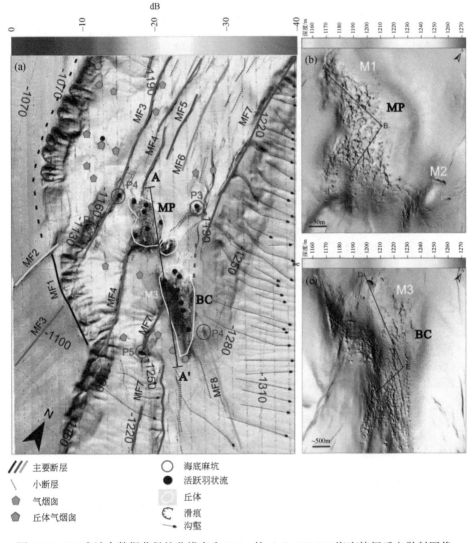

图 6-25　ER 多波束数据获得的分辨率为 0.5m 的（a）GC 600 海底特征后向散射图像，（b）M1 和 M2 的高分辨率海底测深，（c）M3 的高分辨率海底测深（Diercks et al.，2018）

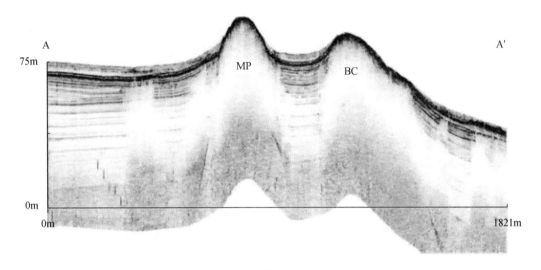

图 6-26 过 GC600 MP 和 BC 丘体浅剖剖面（Johansen et al., 2020）

探测甲烷气体渗漏并确定其位置是进一步了解墨西哥湾深水区复杂地质和生物过程的关键。在 MP 和 BC 区域，气泡通过裂隙逸出海底（Johansen et al., 2017），图 6-27（a）是通过 AUV ER 配备的 Kongsberg EM 2000 获得的高分辨率 3D 海底后向散射图像，显示了羽状流位置，AUV MM 在海底上方 3m 处获得了高清海底图像［图 6-27（b）］，碳氢化合物渗漏的声学响应取决于 MBES 频率（Orange et al., 2010），船载 30kHz EM 302 获得了海底后向扫描图像［图 6-27（c）］分辨率低于 Kongsberg EM 2000 获得的分辨率。从 AUV MM 拍摄的高清海底图像中可识别出海底出露的自生碳酸盐岩、水合物、白色细菌席、甲壳类动物以及贻贝壳。此外，还观察到了碳酸盐岩裂缝中的气泡流（图 6-28），结合 AUV ER 多波束后向散射数据，可对海底底质类型进行分类。

6.2.3.2 黑海冷泉

黑海是一个白垩纪—古近纪形成的弧后盆地，水深 2~2.2km。自二叠纪以来，黑海盆地经历了多个拉伸和压缩阶段（Robertson et al., 2004），构造沉降导致两个盆地分离（Nikishin et al., 2003）。克里米亚和高加索地区陆上应力场和 GPS 观测数据表明，黑海盆地目前仍经历挤压变形（Nikishin et al., 2003）。黑海中部的安德鲁索夫山脊将黑海分为东、西两个深海盆地（Reitz et al., 2011），山脊沉积物厚度为 5~6km，盆地沉积物盖层厚度为 10~19km。在黑海发现了浅海冷泉、深海冷泉以及水合物稳定带的渗漏三种冷泉类型。浅海冷泉气源来自 60~720m 水深水合物稳定带上方的微生物成因气，渗漏位置通常出现在麻坑、山脊以及峡谷侧翼，与明显的后向散射异常无关（Klaucke et al., 2006；Römer et al., 2012）。深海冷泉位于 1000~2000m 水深的黑海盆地，由晚渐新世—中新世地层中热流作用导致（Klaucke et al., 2006；Papenberg et al., 2013）。水深 720m 以下水合物稳定带渗漏既有微生物成因，也有热成因（Reitz et al., 2011；Römer et al., 2012），这些渗漏大多位于大陆架边缘（Egorov et al., 2003）。

Kerch 渗漏区位于黑海 DonKuban 深海扇的西部边缘，沿天然气水合物稳定带底部的气

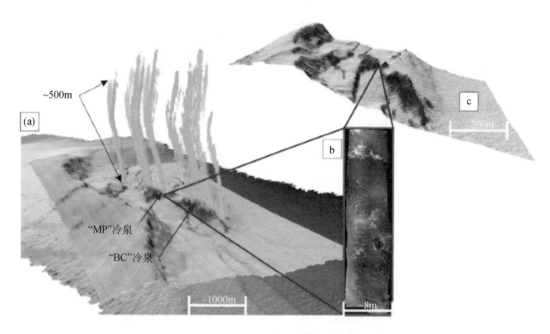

图 6-27　GC600 海底探测，3D 海底后向散射图像（a），海底图像（b），海底后向散射
图像（c）（Mitchell et al.，2018）

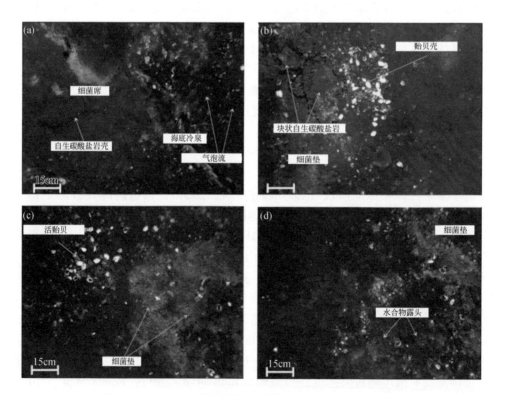

图 6-28　MM AUV 拍摄的海底图像（Diercks et al.，2018）

体运移和热流作用导致了该区域的渗漏现象（Römer et al., 2012）。该区已进行了详细的调查，包括 2011 年 M84/2 航次的重力、岩芯孔隙水地球化学、多波束等调查，2012 年 POS 427 航次的高分辨率 2D/3D 地震、深水侧扫声呐、多波束以及深拖多道拖缆勘探，MSM 15/2 航次的高分辨率多波束探测和 ROV 的深潜探测（Römer et al., 2012），热流和地热梯度研究（Kutas and Poort, 2008；Zander et al., 2017）。

根据多波束测深和侧扫声呐数据分析，Kerch 渗漏区发育在河道堤坝系统中，由三个独立的丘体组成［图 6-29（a）］，水深 890~940m，海拔 1~10m，横向范围 150~700m，覆盖面积 0.03~0.2km^2。渗漏 A 位于堤坝顶部，渗漏 B 位于堤坝侧翼，渗漏 C 位于河道沉积。堤坝在侧扫声呐图像中产生均匀的弱后向散射，而河道沉积有非常强的后向散射且分布不均匀［图 6-29（b）］。渗漏 B 的中部区域具有弱后向散射特征，类似于周围堤坝的后向散射，其北部、西部和西南则以均匀后向散射为标志；渗漏 C 在侧扫声呐图像中成像模糊，特别是在河道沉积中心西侧，侧扫声呐图像中可识别出两个后向散射异常特征［图 6-29（b）中黄色箭头］，这是由水体中的羽状流导致的。

虽然在地震剖面中没有发现 BSR［图 6-29（c）（d）］，但在重力岩芯取样中发现了块状、薄层状天然气水合物和自生碳酸盐岩（Römer et al., 2012）。地震剖面中三个亮点区指示了气体的聚集，分别位于堤坝顶部、河道沉积以及堤坝侧翼［图 6-29（c）（d）］，厚度在 20~30ms TWT 范围内，亮点没有延伸至海底，相互之间也没有关联，说明每个渗漏都有独立的运移系统。渗漏 A 显示了清晰的运移路径，气体沿几乎沿垂直的断层运移至海底［图 6-29（c）］，渗漏 B 下方也存在声学异常［图 6-29（d）］，浅剖显示了渗漏下方 10m 处的声空白带［图 6-29（e）］。

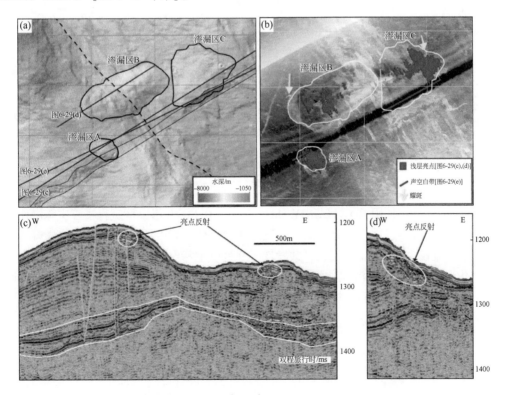

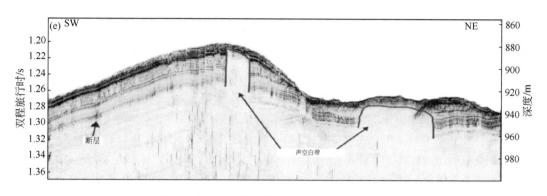

图 6-29　Kerch 渗漏区的（a）多波束测深，（b）侧扫声呐图像，（c）穿过
渗漏区 A 和 C 的地震剖面，（d）穿过渗漏区 B 的地震剖面，（e）穿过渗漏区 A 和 C 的浅剖图像
（Zander et al.，2020；Römer et al.，2012）

　　Kerch 渗漏区位于天然气水合物稳定带内，2011 年 M84/2 航次使用 Parasound 回声测深仪和船载多波束系统 EM 122、EM 710 发现了 8 个水声异常 [图 6-30（a）]，位置多分布在丘体侧翼 [图 6-30（b）]，其中 1、6 和 7 的羽状流强度相对较弱，在海面以下 690 ~ 700m 处消失，2 和 8 的羽状流较强，高度分别为 540m 和 450m，在海面以下 350 ~ 460m 消失。

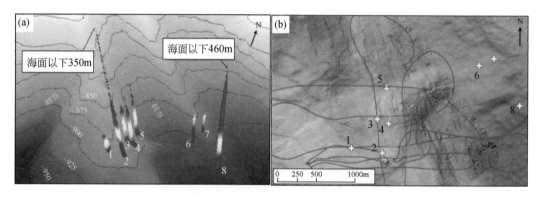

图 6-30　（a）船载多波束系统识别的 Kerch 渗漏区的 8 个羽状流，（b）羽状流在 AUV 测深图像的投影（Römer et al.，2012）

　　MSM 15/2 航次使用 ROV MARUM Quest 4000m 在 Kerch 渗漏区进行了三次深潜作业（深潜 164、165 和 171），进行了海底摄像、气泡通量评估、温度测量以及气体取样等工作。海底分布很多直径为 1 ~ 4cm 的气孔，共发现了 9 处气泡渗漏位置 [图 6-31（a）]。在气泡排放的气孔直接测量了浅层沉积物温度 [图 6-31（b）]，浅层沉积物中的温度梯度普遍超过 0.05℃/m。对气泡进行捕获过程中形成了天然气水合物，证实了该区位于天然气水合物稳定带内 [图 6-31（c）]。此外，还定量分析了该区的气体流量 [图 6-31（d）]。

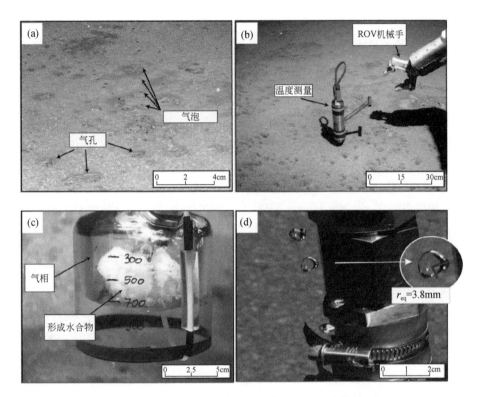

图 6-31 （a）气泡逸出，（b）沉积物温度测量，（c）天然气水合物形成，（d）气泡计数和
测量（Römer et al.，2012）

6.3 深渊探测典型案例

深渊海沟往往是指深度超过 6000m 以下的海沟区域（Jamieson et al.，2010）。深渊海沟作为深海极端环境的重要组成部分，具有高压、高/低温、黑暗、构造复杂、生物含量和地质矿产资源丰富等特点，同时受海洋动力和地质构造运动等外动力作用影响，深渊海沟存在着大量的物质和能量交换（León-Zayas et al.，2017），以及地球化学元素迁移和碳循环等区别于陆壳和海洋的独特演化过程。这种复杂的深渊海沟极端环境使得深渊海沟比开阔大洋具备更加深远的研究意义且更具挑战性。探测该区域演化出的独特生物和构造环境可进一步填补人类对地球深海系统认知的空白，对深海资源开发和全球气候及环境保护具有积极推动作用。但是深渊海沟的研究高度依赖于深渊探测技术，上万米深度的深渊环境往往比普通深海环境更难探测，其所要求的技术条件更高，探测技术所要达到的精确度和准确度更为苛刻。本节以马里亚纳海沟挑战者深渊探测和千岛海沟探测为例，详细阐述深渊探测技术在这两种典型深渊中的应用。

6.3.1 马里亚纳海沟挑战者深渊探测

马里亚纳海沟位于西太平洋，菲律宾东北部，是由太平洋板块自东向西俯冲于菲律宾板块之下而形成的一条近南北走向的海沟（Fryer et al.，2003）。其最深处超过 10 000m，近东西走向，被称为"挑战者深渊"（Stewart and Jamieson，2019）。其得天独厚的地理优势和深海资源成为各国进行深渊海沟探测试验和研究的有利场所。

6.3.1.1 无人潜水器典型案例

2016~2017 年，我国"海斗"号 ARV 先后两次搭乘"探索一号"科考船在马里亚纳海沟挑战者深渊海域进行海底探测试验工作（图6-32），完成有效下潜 12 次，其中 7 次下潜深度超过万米。在此次深渊探测试验中，科研人员从操纵性能、覆盖性能、应急性能、续航性能和负载性能五个方面对"海斗"号水下机器人的深渊探测性能进行了评测。性能评测结果显示，"海斗"号浮潜速度快，垂直面偏差较小，相比于自主水下机器人和遥控水下机器人，自主遥控水下机器人在深渊海沟具备更高的运动性能和探测效率。"海斗"号探测器能够进行至少 4h 的近海底巡航探测和较远距离的水平移动探测，使其在深渊探测中具备显著高于另两种水下机器人的续航能力和全海深覆盖能力（唐元贵等，2019）。作为一款深渊探测水下机器人，"海斗"号搭载了温盐深仪、摄像机和光纤通信系统，除了可以准确收集深渊海沟地形、温度等变化曲线外，还可以直观地观测深渊海底画面（图6-33）。配备齐全的搭载设备进一步完善了"海斗"号深渊探测器的负载性能。除此之外，"海斗"号深渊探测器被预先设置了多层应急处理程序，在万米海底可以根据遇到的危机触发不同等级的反应机制。"海斗"号深渊探测器以最小化时间成本完成万米深渊的浮潜探测为目标，综合了当前自主水下机器人和遥控水下机器人的性能和优点。该类深

图 6-32 "海斗"号自主遥控水下机器人（唐元贵等，2019）

渊探测器高效的全海深探测和运动能力为万米海底科考工作奠定了基础。

图 6-33 "海斗"号万米水下挑战者深渊处拍摄画面（唐元贵等，2019）

2018 年 9 月和 10 月，为了探明马里亚纳海沟挑战者深渊的最深点方位及深度，"探索一号"科考船搭载"海斗"号自主遥控水下机器人再次前往该深渊海域进行海试（王健等，2020）。这次海试利用了多波束声呐系统绘制挑战者深渊海域的地形图，根据地形图计算出的地形高程标准差和地形信息熵以确定适合地形匹配定位的区域，精确科学地探明了探测器发射点位置的定位信息。在"海斗"号下潜期间，根据原位传感器进行高精度海底深度计算，通过其水面以下的深度测量和海底以上的高度测量整合出"海斗"号航行期间所处位置的海底深度。此次海试数据结果表明挑战者深渊最深点位于 142°12.852′E，11°20.282′N，最深点深度为 10 905m（王健等，2020）。新匹配的地理方位和深度为探索深渊海沟提供了全新的视野和参考依据。

2021 年 10 月 4 日，青岛海洋科学与技术试点国家实验室搭载"东方红 3"号科考船执行西太平洋地球系统多圈层相互作用重大研究计划 NORC2021-582 航次，在马里亚纳海沟挑战者深渊西南方位处对自主研制的全海深无人自主潜水器（AUV）进行超过万米级的海底探测试验工作（图 6-34），最深处可达 10 878m（汪明星等，2022）。深海探测试验期间，AUV 搭载了万米高精度温盐深仪对挑战者深渊进行温盐数据测试。潜水器按照指定程序下潜至最大深度，按照预设程序完成全部动作，成功获取了挑战者深渊温盐深数据及万米深渊海沟的影像资料。在此次挑战者深渊探测试验中，AUV 搭载的万米级高精度温盐深仪（CTD）记录并分析了万米深度的温盐数据，同时对其自身性能进行校准检验，提高了数据的精准度，为精确估算深渊探测器下潜深度提供了数据保障。在对潜水器实际下潜深度估算研究中，科研人员采用新老两种下潜深度计算方法：1980 年发布的海水热力学方程（EOS-80）和 2010 年发布的海水热力学方程（TEOS-10）。科研人员依据此次深渊探测数据和这两种计算方法对潜水器在挑战者深渊下潜深度进行估算研究，为万米无人深潜器下潜深度科学测算提供了依据（汪明星等，2022）。但两种计算方法各有优劣，经过对比，EOS-80 传统计算方法往往适用于计算下潜深度较浅的潜水器深度，这种传统的计算方法可以提高计算效率，但同时也会大大降低计算精度。TEOS-10 静压近似计算方法更加适用于计算潜水器在万米深渊探测时的下潜深度，因为下潜深度越深，海水密度、重力加速度等因素对仪器影响越大，TEOS-10 静压近似计算方法可以将重力加速度、海水密度和仪器误差等影响因素均考虑在内，进而使得计算结果更为精确。利用 TEOS-10 静压近似计算方法得出本次海试中万米 AUV 样机的最大下潜深度为 9919.0m，置信范围为 9908.9 ~ 9929.0m（汪明星等，2022），这个数据的精准度高于利用 EOS-80 传统方法经过多次近似得出的 AUV 样机下潜深度数值。因此在未来的深渊探测技术发展中，TEOS-10 计算方法可被作为潜水器下潜深度估算研究的基础方法，并在此基础上继续探索和研究准确度更高、可信度更强的下潜深度估算方法。

图6-34　全海深无人自主潜水器（AUV）在挑战者深渊海试现场（汪明星等，2022）

6.3.1.2　载人潜水器典型案例

相比于无人潜水器，载人潜水器的研发和应用具备更加苛刻的条件。我国自主研发的"蛟龙"号载人潜水器是我国海洋技术领域的一个里程碑式的事件，尽管其超过了深渊探测的基本深度，创造了 7062m 作业型载人潜水器最大潜深纪录（崔维成等，2019），但对于万米深渊的挑战者深渊海沟探测能力仍远远不足。在此基础上，针对万米深渊的第三代载人潜水器"奋斗者"号研究项目应运而生。2020 年 11 月，"奋斗者"号载人潜水器在马里亚纳海沟成功下潜到 10 909m，成为了中国历史上第一艘下潜到挑战者深渊的载人潜水器。在马里亚纳海沟海试期间，"奋斗者"号成功完成了 13 次下潜，其中 8 次突破了万米纪录，运载 11 人到达万米海底开展试验和科考工作，创下了世界上下潜万米深渊海底人数最多的国家纪录。

在此次海试中，科研人员对"奋斗者"号搭载的声学系统进行了试验研究，测试了其水下声学通信系统、水下声学电话、超短基线定位系统、多普勒速度测井、避障声呐、多波束前视成像声呐等功能，进一步验证并完善了第三代载人潜水器所搭载的先进声学系统设备性能（Liu et al.，2021）。海试期间，"奋斗者"号的水下声学通信系统可在万米以下的深渊连续工作 44h 以上，同时稳定有效的传输数据；超短基线定位系统可以准确跟踪潜水器，提供持续的数据，保证较高的精准度，与"蛟龙"号载人潜水器的超短基线定位系统相比,"奋斗者"号潜水器的定位工作距离更长,精度略低。2020 年 11 月 16 日,"奋斗者"号载人潜水器进行了最大作业深度 10 909m 的下潜任务以测试多普勒速度测井系统的性能,试验得出多普勒速度测井系统到海底底部的最大运动距离在下潜过程中为 140m,在浮动过程中为 150m,在此期间"奋斗者"号可实时输出潜水器相对于海底的速度和高度,下潜科研人员可获得连续稳定的实时数据。除此之外,"奋斗者"号的避障声呐完美地完成了万米以下深渊海域的试验,最大的工作距离超过了 100m,8 次下潜试验数据表明,"奋斗者"号所搭载的避障声呐系统在潜水器距海底 140m 时发出预警,为潜水员预测着陆时间和执行着陆动作提供了充足的时间。"奋斗者"号所搭载的先进声学系统集多种声呐和传感器于一身,为新型载人潜水器提供了科学、有效、精准的探测手段,挑战者深渊的海试数据也验证了其功能的全面性、运行的稳定性和卓越的性能。

6.3.1.3 其他探测技术典型案例

除了无人潜水器和载人潜水器的快速发展,研究者也一直在探索成本低效率高的海洋探测及采样方法。2015 年,美国国家海洋和大气管理局(NOAA)及合作科学家在马里亚纳海沟挑战者深渊布设了一个深度约为 10 971m 的水听器以探测挑战者深渊中的自然声源和深海生物所产生的声音(图 6-35)。该水听器挂在一个长达 45m 的"挑战者深渊系泊"上以便用于下潜和地面回收工作。在长达 24 天的探测期间,水听器收集到了大量的挑战者深渊的环境声音记录,其中包括深渊海底地震声信号、鲸鱼的声音、船舶螺旋桨的声音以及台风的喧嚣声等(Dziak et al., 2017)。由此可见,超过万米的深渊海底并不完全安静隔音,从深海获得的深渊声音记录可以表明,地震、船舶噪声以及鲸鱼的叫声是挑战者深渊环境声音的常见组成部分,同时,海平面的台风和波浪声仍可以渗透到万米以下的海底深渊中,也就是说,深渊海底的海洋生物仍会被人类产生的噪声所干扰。持续的深海环境声音监测可以使科研人员进一步了解深渊海底的噪声水平及深海动物受到的噪声影响。这

图 6-35 布设在挑战者深渊海域的水听器(Dziak et al., 2017)

种深海系泊系统的成功应用证明了采用相对低成本的海洋采样方法对于从一些无法到达的深海区域恢复数据具有较高的研究价值，弥补了载人潜水器和无人潜水器在研究深海探测领域的空白。

6.3.2 千岛-堪察加海沟探测

千岛-堪察加海沟（Kuril Kamchatka Trench，KKT）位于大西洋西北部，沿千岛群岛向西南延伸至日本海沟，沿堪察加半岛向东北延伸至阿留申海沟，海沟狭窄且呈 V 字形。KKT 地区水文地理条件复杂，海沟长约 2200km，上缘宽 20～50km。最新探测结果表明，千岛海沟的深度约为 10 542m，是目前世界上的第三大深渊海沟。丰富的深渊海沟资源和独特的海底环境使得千岛-堪察加海沟同样具有高度的探索研究价值。

到目前为止，德国-俄罗斯联合团队已对千岛-堪察加海沟及其附近海域进行了三次科学探测：KuramBio I（千岛-堪察加生物多样性研究 I）借助 R/V Sonne 于 2012 年在 KKT 的深海平原开展；SokhoBio（鄂霍次克海生物多样性研究）于 2015 年在布索尔海峡和 KKT 之间的太平洋斜坡开展；KuramBio II（千岛-堪察加生物多样性研究 II）借助 R/V Sonne 于 2016 年在 KKT 海域开展（Fukumori et al.，2019）。

其中，KuramBio II 的采样地点位于千岛-堪察加深渊海沟区域，属于典型的深渊探测案例。随着深海探索新时代的到来，遥控水下潜水器和自主水下潜水器等新一代深渊探测设备已广泛应用，但由于设备和人员的昂贵费用，在千岛海沟海域所使用的潜水器仍是以传统的箱式取芯器（BC）和底表橇网（EBS）为主（Lins and Brandt，2020），且广泛地应用于深渊海底松软沉积物的取样研究工作（图 6-36）。2016 年 8～9 月，KuramBio II 计划科研人员乘坐 R/V Sonne 科考船在 KKT 海域进行了 11 次采样，其中超过 6500m 的深海样品共有 7 个，5 个样品处于深渊海域。在所使用的探测器中，BC 所采集到的样本生物数量较少，但可以定量使用。此次千岛海沟深渊探测所使用的箱式取芯器重约 1000kg，长宽高分别为 50cm、50cm 和 60cm。相对于箱式取芯器，底表橇网则更适用于生物分类和系统地理学分析，便于深渊海底动物密度评估和丰富度的定性数据研究。此次的底表橇网由坚固的钢金属构成，避免了深海恶劣环境对仪器所造成的损伤，同时还配备了摄像头的底表橇网，可以实时对海底景象进行直播和观测（Lins and Brandt，2020）。传统的深渊探测器应用广泛但收集到的深渊数据精准度低，新型的深渊探测器可靠性高、操作方便但却花费昂贵，如何将两代深渊探测器的性能融合到一起是下一步深渊探测技术研究的重点。

相比于 2012 年第一次的生物多样性研究计划，2016 年 KuramBio II 计划探测器下潜及采样深度创下了新高，在千岛-堪察加深海海沟所探明的深海底栖生物种类数量也远远多于前几次深渊探测所探明的物种数量，这增加了 KKT 海域的物种清单，也为该深渊海域的生物地理学和生物多样性研究提供了坚实的分类基础。在此基础上，千岛-堪察加海沟的底栖动物群落得以探明，并依次验证出 KKT 和千岛群岛是否将某些深海生物物种隔离开来。此次研究证明了多毛类动物和䗁形目甲壳类动物在半深海和深海区域占据主导地位，而双壳类动物和海参类动物在超过水面以下 6000m 的深渊区域占据主导地位（Brandt et al.，2019）。除此之外，KKT 的深渊海域动物群中的某些物种与邻近的西北太平洋深海

图 6-36　底表橇网（a 和 b）和箱式取芯器（c）（Lins and Brandt，2020）

动物群以及日本海和鄂霍次克海的深海动物群的物种存在差异，因此可以证明 KKT 将鄂霍次克海千岛盆地的物种从西北太平洋深海动物群中分离出来，但同样存在部分动物群表明 KKT 并不是鄂霍次克海和西北太平洋深海动物群的生物地理屏障（Brandt et al.，2019）。也就是说，KKT 和千岛群岛的确将一些深海动物群隔离开来，但并未形成严格意义上的生物地理屏障。总而言之，KKT 地区海洋物种丰富度随深度的增加而减少，生物多样性和生物地理学的研究仍是千岛-堪察加海沟地区的研究重点。

　　除了生物多样性和生物地理学的研究，KKT 地区的微塑料研究已成为全球学者研究深渊海域环境污染的典型案例。由于是超过万米并具有独特水动力条件的深海深渊，千岛-堪察加海沟极易成为北太平洋及周边环境中微塑料运移的终点站。在 KuramBio I 计划期间，德国和俄罗斯联合科学家已对 KKT 地区水下 4869～5766m 的微塑料进行了记录研究（Abel et al.，2021），但深渊海域的微塑料研究直到 2016 年的 KuramBio Ⅱ 计划探测后才得以开展。在深度 5143～8250m 所采集的 8 个沉积物样本中，科研人员检测到每公斤的沉积物样本分别存在 14～209 个微塑料颗粒（微塑料），这远远超过了研究人员的预期。通过样品采集、制备和分析过程，研究人员证实了 KKT 深海海域存在大量的微塑料污染，并且样本深度越深，检测到的微塑料含量越多，表明微塑料更易在较深的海底聚集。除此之外，在相近位置采集到的沉积物样品中，微塑料的类型也会出现明显差异，证明了深海环境的动态特征，水动力条件使 KKT 深渊海底发生大量的物质交换和元素迁移。在采集到的微塑料类型中，聚乙烯的含量最高（33.2%）（Abel et al.，2021），间接证明了人类生产活动所产生的塑料对深海环境所造成的巨大影响。

6.4　本　章　小　结

深海极端环境孕育着丰富的生物和矿产资源，也是地球上重要的碳汇，深海极端环境探测是当今地球科学最前沿的研究领域之一。通过地质-地球物理-地球化学等手段揭示热液、冷泉、深渊发生的独特地质、生命与环境现象及过程，对于地球构造演化研究、海洋生物多样性研究、深海资源开发以及全球气候变化研究等具有重要意义。

深海极端环境探测离不开先进的技术装备支撑，笔者团队研制了水下甲烷和二氧化碳监测传感器、深海多光谱联合探测系统、海底多点立体原位监测系统等具有自主知识产权的关键核心装备，创建了"多学科、多尺度、一体化"的甲烷流体探测与原位测试技术成功应用于东海热液、冷泉区的探测，建立了不同地质环境中的流体生化反应模式，揭示了海底甲烷在沉积物内的生产、运移和消耗机理，明确该过程中的构造、地球化学，以及沉积地质体的重要控制作用。

深海极端环境的探测和研究是一个长期而艰巨的任务，需要不断的创新和突破，如何做好探测装备的研发和应用，是当前深海极端环境探测的重中之重。

第7章 深海极端环境生化地质过程数值模拟技术

深海极端环境生化地质过程数值模拟是通过设定温度、压力、盐度及有机碳等参数，模拟深海极端环境下温压场、生物活动性及地球化学反应等对地质现象的影响。相对传统的地球化学测试和定性描述方法，数值模型可以突破时间和空间的限制，定量描述海底冷泉、热液及深渊等极端环境中碳元素的循环过程，评估海底极端环境对全球变化的影响。本章主要介绍数值模型在模拟海底冷泉各生物地球化学过程中和热液系统多相态金属离子元素运移成矿过程中的应用。

7.1 海底冷泉系统中数值模型的应用

海底冷泉系统中主要考虑的地球化学过程包括：有机质的降解、有机质降解相关的还原反应（如硝酸根还原、硫酸根还原、产甲烷过程）、甲烷的厌氧氧化过程（anaerobic oxidation of methane，AOM）、自生碳酸盐的形成、冷泉区水体中甲烷的运移与消耗过程，以及冷泉区甲烷向大气的释放过程。本节主要介绍数值模型在模拟述冷泉区中主要的地球化学过程的应用。

7.1.1 有机质降解模型

海洋沉积物有机质（organic matter，OM）降解过程直接或间接参与了几乎所有的沉积地球化学过程，是驱动海洋冷泉系统中碳、氮、硫循环的关键因素（Arndt et al.，2013）。有机质降解的快慢与其活性密切相关，即有机质活性越高，有机质的降解速率越快。不同组分的有机质，由于化学键强弱不同、环境对分解产物需求量存在差异等原因，在相应沉积环境中表现为不同的反应活性。例如，某些脂肪族（如角质）和芳香族（如木质素）细胞壁生物聚合物，一般比多糖、蛋白质更难降解。当环境处于需 NH_4^+ 条件时，有机质降解产氨的过程则更容易发生（Larowe and van Cappellen，2011）。冷泉区沉积物中有机质的降解过程受到众多生物、化学和物理等因素的影响。

1）环境中电子受体的获得。依据吉布斯自由能的分布，沉积物中自上而下，有机质会依次发生氧还原、硝酸根还原、锰还原、铁还原、硫酸根还原和产甲烷过程。一般认为，海洋底层水硫酸根浓度（约28mmol/L）要远高出 O_2、NO_3^- 等氧化剂，其所消耗的有机碳占沉积物总有机碳矿化量的50%~90%，故硫酸盐还原被看作沉积物早期成岩作用最为关键的过程。

2）温度。一般来说，温度升高，有机质降解速率加快。实际上，多重酶促反应构成的矿化过程要复杂得多。从时间尺度来看，短时间内，温度升高，在一定程度上会导致矿化过程加速和埋藏效率变低。但若长期升温（如大于 1 年），初期有机质降解速率加快，之后颗粒有机碳转化为溶解有机碳（dissolved organic carbon，DOC）速率依旧很高，但 DOC 分解为 DIC 的速度有限，最终矿化速率会减慢 1~2 个数量级（Arndt et al.，2013）。

3）有机质外层的物理保护。有机质与矿物的相互作用会改变有机质自身保存状态与埋藏效率。研究认为，有机物作为黏合剂将矿物碎屑黏结起来形成耐降解有机-黏土聚合物，其表面耐降解有机质和矿物可以隔离外界微生物，从而减缓有机质降解过程（Kennedy et al.，2002）。

4）生物扰动。海底分布有大量原生动物，大小从几个微米到几个分米。一方面，这些生物会吸收、转化和生产有机质，对有机质埋藏效率产生直接影响；另一方面，大型动物活动（如捕食、挖掘）会增加电子受体的供应，阻止代谢抑制剂的积累，从而间接促进有机质尤其是耐降解物质降解，使得埋藏效率变低（Aller R C and Aller J Y，1998）。

5）氧气的接触时间。溶解氧是影响矿化的重要参数，一般认为上覆水氧含量对于海洋沉积物埋藏效率有重要影响，若上覆水中氧含量低，氧化过程受限，分解速率就会比沉降速率低，从而有利于碳的埋藏；与之相反，洋流扰动、大型生物活动等使得溶解氧再循环，则会导致埋藏效率大大降低（Huguet et al.，2008）。

6）激发效应。相对新鲜和易降解的有机碳的输入可能会刺激原本相对较老和惰性有机质活化与再矿化（van Nugteren et al.，2009）。此外，还有一些因素也会影响沉积物中有机质的活性。例如，有机质的年龄（Ausín et al.，2021）、特定代谢物对微生物的抑制作用（Aller R C and Aller J Y，1998）、沉积物表层的物理扰动（Arndt et al.，2013）。

有机质的降解过程受上述诸多因素共同控制，但是目前的模型工作还无法将这些因素全部统筹到模型当中（Arndt et al.，2013）。海洋沉积物有机质降解模型的研究自 1964 年 Berner 首次提出 1-G 有机质降解模型开始，而后 Jørgensen（1978）对 1-G 模型进行了拓展，建立了多-G 模型（Jørgensen，1978）。在此基础上，Middelburg（1989）和 Boudreau 等（1991）先后提出了 Power 有机质降解模型和基于 Gamma 分布函数的连续性有机质降解模型（Middelburg，1989；Boudreau and Ruddick，1991）。

现阶段有机质降解模型的理论基础为衰退方程（Berner，1964）

$$\frac{\mathrm{d}G}{\mathrm{d}t} = -k \cdot G \qquad (7\text{-}1)$$

式中，$G(t)$ 为有机质降解过程中 t 时刻有机质的含量；k 为一阶动力学降解系数；$G(0)$ 为沉积物-海水界面处（sediment-water interface，SWI）有机质的含量。动力学常数 k 直接反映了有机质的活性。有机质活性越高，k 的数值越大，有机质降解越快，沉积物有机质含量剖面下降梯度越陡。通过有机质活性不同的描述方式，衍生出了三类主要的有机质降解模型。

1）离散型有机质降解模型（G model）。离散型有机质降解模型即将有机质活性划分成有限个组分，每个组分按照不同的一阶动力学降解系数进行有机质的降解过程（Berner，1964；Jørgensen，1978）。1964 年，Berner 首次提出了 1-G 海洋沉积物有机质降解模型，其中 G（group）代表有机质活性划分的组分（类别），1 代表类别的个数。

Berner 认为，沉降到沉积物表层的有机质具有相同的活性，并按相同的一阶动力学常数 k_1 进行降解，求解可得到 1-G 模型中海洋沉积物中有机质降解的数学表达式

$$G(t) = G(0) \cdot e^{-k_1 t} \tag{7-2}$$

但是，考虑到有机质组成的差异，以及影响有机质活性的众多因素，后续模拟工作发现，单一的有机质活性组分划分并不能很好地模拟沉积物中有机质的降解过程。1978 年 Jørgensen 在 1-G 模型的基础之上进行了拓展，将有机质活性划分为更多的类别，衍生出了多-G 模型（mutli-G），其降解模式如图 7-1 所示。

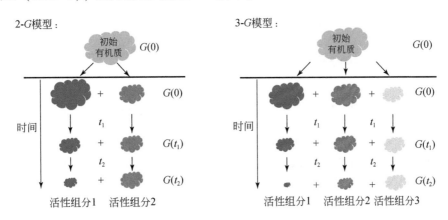

图 7-1　多-G 模型中有机质降解过程示意图

多-G 模型的数学表达如下

$$G(t) = f_1 \cdot G(0) \cdot e^{-k_1 t} + f_2 \cdot G(0) \cdot e^{-k_2 t} \tag{7-3}$$

$$G(t) = f_1 \cdot G(0) \cdot e^{-k_1 t} + f_2 \cdot G(0) \cdot e^{-k_2 t} + f_3 \cdot G(0) \cdot e^{-k_3 t} \tag{7-4}$$

$$G(t) = \sum_{i=1}^{N} f_i \cdot G(0) \cdot \exp(-k_i \cdot t) \tag{7-5}$$

式中，f_i 为各活性所占整体的比例（所有 f_i 的和为 1）；k_i 为各活性组分对应的降解常数。最常用的多-G 模型为 2-G 和 3-G 模型，即当将有机质活性划分为两个类别时，即为 2-G 模型［式（7-3）］，划分为 3 个类别时，即为 3-G 模型［式（7-4）］。

由于 1-G 模型的数学表达形式简单，其不仅是最早的有机质降解模型，同时也是目前最常用的有机质降解模型（Arndt et al.，2013）。自 20 世纪 90 年代开始，得益于电脑计算能力的不断发展和提高，多-G 模型被广泛应用于海洋沉积物中有机质的降解过程。需要指出的是，多-G 模型常常用来模拟稳态条件下（稳态条件：模拟时间内，沉降到模拟站点沉积物表层的有机质含量相同，并且具有相同的活性）表层沉积物中（<1m）有机质的降解过程（Arndt et al.，2013）。

2）连续型有机质降解模型（reactive continuum model，RCM）。在过去的二十多年中，越来越多的海洋沉积物及其孔隙水数据被用来分析时间变化（季节性、年度）或大深度空间尺度（10～100m）内沉积物中的生物地球化学过程，这势必会增加对解决大尺度上有机质降解动态的模型的需求。此外，由于离散型有机质降解模型难以体现出有机质活性在长时间尺度内随时间衰退的特征（Middelburg，1989），故催生了连续型有机质降解模型的

发展，并应用到深层沉积物有机质降解过程的模拟中（Arndt et al.，2013）。

连续型有机质降解模型是在离散型有机质降解模型基础上的拓展（Aris，1968；Ho et al.，1987；Boudreau et al.，1991）。根据离散型有机质降解模型中各活性组分、一阶动力学降解常数的分布可以在坐标轴中作出不同活性组分有机质的分布（图7-2）。

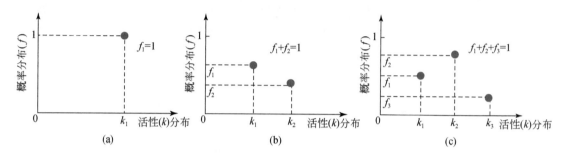

图7-2　多-G模型中有机质活性及其组分的分布示意

图7-2中表征了离散型有机质降解模型中有限个活性组分的分布，若有机质活性划分为无限个组分，其组分的分布可以通过一个连续的分布函数（$g(k,0)$）表示（图7-3），则基于该分布函数构建连续型有机质降解模型

$$\frac{\mathrm{d}G}{\mathrm{d}t} = -\int_0^{+\infty} G(0) \cdot g(k,0) \cdot k\mathrm{d}k \rightarrow G(t) = G(0) \cdot \int_0^{+\infty} g(k,0) \cdot \mathrm{e}^{-k \cdot t}\mathrm{d}k \qquad (7\text{-}6)$$

式中，$g(k, 0)$表示沉积物–海水界面（SWI）处有机质的活性分布。

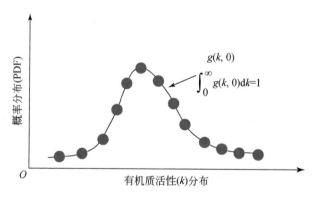

图7-3　连续型有机质降解模型中有机质活性分布的示意

考虑到有机质活性（k）的数值必须大于0，选取的连续型分布函数必须为正半轴分布。因此，一些常见的统计学分布并不适用于构建连续型有机质降解模型，如正态分布、瑞利分布、柯西分布等。1991年，Boudreau用Gamma分布函数代替式（7-6）中的g（k，0），构建了首个连续型有机质降解模型（Boudreau and Ruddick，1991）

$$g(k,0) = \frac{a^v \cdot k^{v-1} \cdot \mathrm{e}^{-ak}}{\Gamma(v)} \rightarrow G(t) = G(0) \cdot \left(\frac{a}{a+t}\right)^v \qquad (7\text{-}7)$$

式中，$\Gamma(v)$为Gamma函数；v为Gamma分布的形状系数；a为表层沉积物中有机质的表观年龄。此外，还有基于Beta分布函数的连续型有机质降解模型（Vähätalo et al.，2010），

但是考虑到 Beta 分数函数复杂的表达方式，该模型并没有在实际中得到广泛应用。

3）Power 有机质降解模型（Power model）。无论是离散型有机质降解模型还是连续型有机质降解模型都是依据衰退方程［式（7-1）］得到的严格的理论数学模型。在海洋地球化学的研究过程中，通过较大数据量的搜集和挖掘，往往可以迅速发现不同研究变量之间的联系，并依此建立相关的经验公式。例如，Egger 搜集了大量分布于全球沉积物中的甲烷与硫酸根的深度剖面浓度数据，发现进入硫酸根–甲烷还原带内（sulfate methane transition zone，SMTZ）的硫酸根和甲烷的通量随 SMTZ 深度变化呈现出指数递减的特征，并依此得出了甲烷通量-SMTZ 深度和硫酸根通量-SMTZ 深度的经验公式（Egger et al.，2018）。

沉积物中有机质的降解与其埋藏过程密切关联。因为活性大的有机质降解速率快，故沉积物有机质的整体活性随埋藏时间的增加而呈现降低的趋势。Middelburg（1989）搜集了大量有机质数据（包括实验室培养条件下新鲜的海洋浮游藻类中有机质的降解数据、分布于全球陆架（水深<200m）、陆坡（水深 200～2000m）和远洋（水深>2000m）沉积物中有机质的剖面数据），并模拟计算出不同时间尺度下的有机质活性变化，研究揭示了沉积物有机质活性明显随时间衰退的演化特征（Middelburg，1989），并且两者在双对数坐标系中体现出良好的线性关系（图 7-4），依此建立了 Power 有机质降解模型

$$k(t) = p \cdot (a_p + t)^{-q} \tag{7-8}$$

式中，p 和 q 分别是有机质活性在双对数坐标系中线性关系的截距和斜率；a_p 是表层沉积物中有机质的表观年龄。将式（7-8）代入式（7-1）中得到

$$G(t) = G(0) \cdot e^{\frac{p}{1-q} \cdot (a_p^{1-q} - (a_p+t)^{1-q})} \tag{7-9}$$

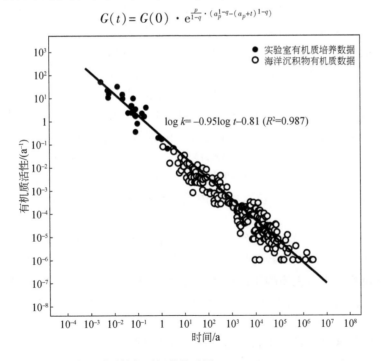

图 7-4　有机质活性与时间的关系图（Middelburg et al.，1989）

从数学的角度出发，Power 模型和 RCM 是等价的。因为在式（7-9）中，选取特定的模型参数时，Power 模型和连续性有机质降解模型的数学表达式是一样的（Arndt et al.，2013）。此外，与 G 模型相比，连续性有机质模型与 Power 模型都可以体现出有机质活性随时间无限衰退的特征。但是，考虑到 G 模型将有机质划分为有限个活性组分，因此 G 模型无法体现出沉积物中有机质活性随埋藏深度递减的特点（Arndt et al.，2013）。

上述三种模型都是通过刻画沉积物–海水界面处活性分布特征来描述有机质的降解过程。由于活性分布的差异性，决定了沉积物有机质总体降解速率的不同。由于不同模型对有机质活性的描述不同，故通过表观活性来体现沉积物中有机质的活性特征。有机质的表观活性（<k>）及综合考虑有机质活性的分布特征，加权不同活性组分对整体降解速率的贡献（Middelburg，1989），其数学表达式如下

$$< k > = \int_0^{+\infty} g(k,0) \cdot k \mathrm{d}k \qquad (7\text{-}10)$$

式（7-10）适用于所有通过活性分布描述有机质降解的模型。当为离散型有机质降解模型时，式（7-10）可写为

$$< k > = \sum_{i=1}^{N} f_i \cdot k_i \qquad (7\text{-}11)$$

当为基于 Gamma 分布的连续型有机质降解模型（γ-RCM）时，式（7-10）可写为

$$<k> = v/a \qquad (7\text{-}12)$$

当为 Power 模型时，式（7-10）可写为

$$<k> = p \cdot a_p^{-q} \qquad (7\text{-}13)$$

上述不同数学模型已经被广泛应用于模拟和量化全球海洋沉积物中有机质的降解过程，表征了不同海区沉积物有机质活性的分布特征。例如，模拟结果显示阿拉伯海（$k_1 = 15 \sim 30/a$，k_1 表示离散型有机质降解模型中活性组分有机质的降解系数）、格陵兰海（$k_1 = 75.68/a$）、南极洲极地前缘（$k_1 = 1.4 \sim 16.4/a$）以及热带太平洋东西沿岸（$k_1 = 2 \sim 43/a$）沉积物有机质具有较高的降解性，即这些区域沉积物中的有机质的活性较高。究其原因，是由于这些区域内有机质输入通量较高（包括表层海水中的沉降，如热带太平洋东西沿岸、南极洲极地前沿海域）以及内陆（近海）强剧烈的侧向输运作用（如阿拉伯海、格陵兰海），并且表层沉积物中的有机质较为新鲜（Arndt et al.，2013）。此外，陆坡区域作为陆架和远洋的连接带，其沉积物有机质来源丰富多样且构成非常复杂，既有表层沉积物中沉降的新鲜藻类有机质，也包含大量内陆河流输送的惰性陆源有机质（Arndt et al.，2013）。

离散型模型和连续型模型都已经被用来模拟全球海洋沉积物中有机质的降解过程，成为量化海洋沉积物中有机质降解通量的重要手段。例如，Jørgensen（1978）通过 G 模型估算了全球海洋沉积物中有机质的年矿化通量约为 2.308PgC/a；Middelburg 等（1997）通过 Power 模型估算全球海洋沉积物中有机质的年矿化通量约为 1.784PgC/a；Larowe 等（2020）通过 γ-RCM 估算了全球海洋沉积物中有机质的年矿化通量约为 1.314PgC/a。这些结果皆表明陆架区（水深<200m）是全球有机质降解的主要海洋区域，大约85%的有机质矿化发生在陆架边缘海区域内的沉积物中。沉积物有机质降解过程决定了生源元素循环及其在沉积环境中保存的主要过程，控制着沉积物有机质保存、再矿化、营养盐再生和自

生矿物形成与溶解等生物地球化学过程，这一过程使得有机质经由再矿化实现了由有机向无机形式的转化，构成了海洋生态系统中能量转化和关键生源元素生物地球化学循环中重要的一环。沉积物有机质降解过程是碳循环的主要驱动力，在物理、化学及生物等过程的共同作用下，将有机碳转化为溶解无机碳（DIC）并释放进入上层水柱，充当海水 DIC 重要的"源"。Krumins 等（2013）利用 G 模型估算了全球海洋沉积物有机质降解过程向水体释放的 DIC 通量约为 117Tmol/a（Krumins et al.，2013）。同时，海洋有机质降解过程中产生的一部分 DIC 并未通过对流扩散的方式释放到水体中，而是在扩散迁移过程中随自生碳酸盐的沉淀而长期保存于沉积物中。可见，建立合适的沉积物有机质降解模型，定量评估有机质矿化过程对海洋系统碳循环的贡献，有助于为深入理解全球海洋沉积物有机质降解过程在全球碳循环收支平衡中的作用及其生态环境效应提供重要的科学依据。

7.1.2 冷泉系统中有机质降解相关反应的模型

通过有机质降解模型可以定量化描述沉积物中有机质的降解速率（R_{OM}）

$$R_{OM}(t) = \left| \frac{\mathrm{d}\, G_{OM}(t)}{\mathrm{d}t} \right| \tag{7-14}$$

沉积物中有机质降解直接参与的地球化学反应通常被称为初级还原反应（primary redox reaction），如表 7-1 中的 R1 ~ R6。初级反应的产物参与的地球化学过程通常称为次级还原反应（secondary redox reaction），如表 7-1 中的 R7 ~ R19。考虑到初级还原反应与有机质的降解直接相关，因此可通过有机质的降解速率 [式（7-14）] 定量化描述沉积物中氧气的消耗速率、硝酸根的消耗速率、锰离子的产生速率、铁离子的产生速率、硫酸根的消耗的速率以及产甲烷速率（Boudreau，1996；van Cappellen and Wang，1996）。次级还原反应的参与元素相对较多，受到沉积物中环境因素的影响较大（Regnier et al.，2005；Reeburgh，2007；Regnier et al.，2011）。因此，现阶段对于次级还原反应的反应速率并没有得到很好的理解，通常通过二阶动力学方程及反应系数（表 7-1 中的 k_i）与反应物浓度或含量的乘积表示（Boudreau，1996；van Cappellen and Wang，1996）。

表 7-1　沉积物中有机质相关的初级与次级反应及反应速率

		地球化学反应	反应速率
初级还原反应	R1	$CH_2O + O_2 \longrightarrow CO_2 + H_2O$	$-R_{OM}$
	R2	$5CH_2O + 4NO_3^- \longrightarrow 2N_2 + 4HCO_3^- + CO_2 + 3H_2O$	$-4 \cdot R_{OM}$
	R3	$CH_2O + 2MnO_2 + 3CO_2 + H_2O \longrightarrow 2Mn^{2+} + 4HCO_3^-$	$2 \cdot R_{OM}$
	R4	$CH_2O + 4Fe(OH)_3 + 7CO_2 \longrightarrow 4Fe^{2+} + 8HCO_3^- + 3H_2O$	$4 \cdot R_{OM}$
	R5	$2CH_2O + SO_4^{2-} \longrightarrow H_2S + 2HCO_3^-$	$0.5 \cdot R_{OM}$
	R6	$2CH_2O + H_2O \longrightarrow CH_4 + HCO_3^- + H^+$	$0.5 \cdot R_{OM}$

地球化学反应			反应速率
次级还原反应	R7	$Fe^{2+}+HS^-+HCO_3^- \longrightarrow FeS+CO_2+H_2O$	$k_{FeH_x} \cdot [Fe^{2+}] \cdot [HS^-]$
	R8	$4Fe^{2+}+O_2+8HCO_3^-+2H_2O \longrightarrow 4Fe(OH)_3+8CO_2$	$k_{FeO_x} \cdot [Fe^{2+}] \cdot [O_2]$
	R9	$2Mn^{2+}+O_2+4HCO_3^- \longrightarrow 2MnO_2+4CO_2+2H_2O$	$k_{MnO_x} \cdot [Mn^{2+}] \cdot [O_2]$
	R10	$H_2S+2O_2+2HCO_3^- \longrightarrow SO_4^{2-}+2CO_2+2H_2O$	$k_{SO_x} \cdot [H_2S] \cdot [O_2]$
	R11	$NH_4^++2O_2+2HCO_3^- \longrightarrow NO_3^-+2CO_2+3H_2O$	$k_{NHO_x} \cdot [NH_4^+] \cdot [O_2]$
	R12	$CH_4+2O_2 \longrightarrow CO_2+2H_2O$	$k_{CHO_x} \cdot [CH_4] \cdot [O_2]$
	R13	$MnO_2+2Fe^{2+}+3HCO_3^-+2H_2O \longrightarrow 2Fe(OH)_3+Mn^{2+}+4CO_2$	$k_{MnFe} \cdot [MnO_2] \cdot [Fe^{2+}]$
	R14	$MnO_2+H_2S+2CO_2 \longrightarrow Mn^{2+}+S+2HCO_3^-$	$k_{MnHS} \cdot [MnO_2] \cdot [H_2S]$
	R15	$H_2S+2Fe(OH)_3+4CO_2 \longrightarrow 2Fe^{2+}+S+4HCO_3^-+2H_2O$	$k_{FeHS} \cdot [Fe(OH)_3] \cdot [H_2S]$
	R16	$FeS+2Fe(OH)_3+6CO_2 \longrightarrow 3Fe^{2+}+S+6HCO_3^-$	$k_{FeSFe} \cdot [Fe(OH)_3] \cdot [FeS]$
	R17	$FeS+4MnO_2+8CO_2+4H_2O \longrightarrow 4Mn^{2+}+Fe^{2+}+SO_4^{2-}+8HCO_3^-$	$k_{FeMnO} \cdot [FeS] \cdot [MnO_2]$
	R18	$FeS+2O_2 \longrightarrow Fe^{2+}+SO_4^{2-}$	$k_{FeSO_x} \cdot [FeS] \cdot [O_2]$
	R19	$CH_4+SO_4^{2-} \longrightarrow HCO_3^-+HS^-+H_2O$	$k_{AOM} \cdot [CH_4] \cdot [SO_4^{2-}]$

注：[ ]表示括号中物质或元素的含量或浓度，k_i表示动力学反应系数。

当考虑冷泉区环境因素对次级反应的影响时，需对表 7-1 中反应速率表达式进行修改，AOM 过程为冷泉区中沉积物中最为重要的地球化学过程，AOM 反应的速率主要与甲烷和硫酸盐的浓度有关，甲烷和硫酸盐的浓度越高，AOM 作用越强烈，消耗甲烷、硫酸盐的速率越快。AOM 过程的反应速率可表示为硫酸根浓度与甲烷浓度的乘积，如表 7-1 中 R19 所示（Regnier et al.，2011）。但是研究表明，孔隙水中硫酸根与甲烷浓度较低时，AOM 的效率得到了明显的抑制（Regnier et al.，2005），因此将 AOM 速率修正为如下形式

$$R_{AOM} = v_{max} \cdot \frac{[CH_4]}{[CH_4]+K_M} \cdot \frac{[SO_4^{2-}]}{[SO_4^{2-}]+K_S} \qquad (7-15)$$

式中，v_{max} 表示 AOM 反应速率的最大值；K_M 和 K_S 表示甲烷和硫酸盐的半饱和浓度系数（Regnier et al.，2005）。随后的研究发现，维持 AOM 进行的最小生物能约为 11kJ/mol（Dale et al.，2006），而 SMTZ 内可用的生物能量是有限的。考虑到生物能的限制，AOM 率可以表示为

$$R_{AOM} = v_{max} \cdot F_K \cdot F_T \qquad (7-16)$$

式中，F_K 和 F_T 表示动力学因素和热力学因素对 AOM 过程的作用，其中 F_K 为式 [（7-15）] 后两项的缩写，F_T 表示如下

$$F_T = 1 - \exp\left(\frac{\Delta G_r + \Delta G_{BQ}}{\chi \cdot R \cdot T}\right) \qquad (7-17)$$

式中，ΔG_r 表示 AOM 反应的吉布斯自由能；ΔG_{BQ} 表示维持 AOM 所需的最小生物能供应；χ 表示反应过程中跨细胞膜转运的质子数；R 表示气体常数；T 表示温度。

此外，硫酸盐驱动的 AOM 广泛存在于全球海洋冷泉沉积物中，但学者们发现，由一些活性金属（如锰和铁）驱动的 AOM 也相当普遍（Beal et al.，2009）。铁、锰离子与甲烷的还原往往被忽视，因为孔隙水中的硫酸盐浓度比其他电子受体的浓度高几个数量级，

而且几乎完全消耗甲烷（Reeburgh，2007）。考虑到全球海洋巨大的锰通量（~19Tg/a）和铁通量（~730Tg/a），即使只有一小部分锰和铁通量用于 AOM，该过程也可能是一个巨大的甲烷汇（Canfield et al.，1993；Beal et al.，2009）。现阶段对铁、锰离子驱动的 AOM 过程进行了一些实验研究，结果表明反应速率与沉积物中甲烷和铁、锰离子浓度相关（Sivan et al.，2011；Egger et al.，2015；Ettwig et al.，2016）。因此，在模拟这些金属离子驱动的 AOM 过程，以及当各次级还原反应考虑环境因素的影响时，即可参考式（7-15）~式（7-17）的处理方法对反应速率进行修正。

冷泉区底部沉积物中通常富含水合物资源（Suess，2018）。因此，除了 AOM 过程外，底部沉积物中的产甲烷过程，即甲烷与水合物之间的相态变化也是模拟冷泉区碳循环的关键过程。深层厌氧海洋沉积物是世界上最大的甲烷储层（~4.55×10^5TgC），产生甲烷的90%储存在大陆边缘，是陆地表生物圈和土壤的 4~8 倍（Reeburgh，2007；Wadham et al.，2012；Chen et al.，2017）。产甲烷过程产生的甲烷是底部沉积物中甲烷的主要来源，其中产甲烷过程主要在孔隙水中硫酸根（SO_4^{2-}）耗尽时发生（Jørgensen and Kasten，2006）。产甲烷过程主要分两种（Megonigal et al.，2004；Fenchel et al.，2012；Komada et al.，2016）：自养途径（二氧化碳还原）和乙酸的分解。后者通常发生在内陆河流中（Blair，1998；Klauda and Sandler，2005）。根据碳同位素数据结合数值模型模拟，海洋沉积物中的主要产甲烷过程是二氧化碳还原（自养途径）（Burdige et al.，2016），其表示如下

$$2\,CH_2O \xrightarrow{+2\,H_2O} 2\,CO_2 + 4\,H_2 \xrightarrow{-2\,H_2O} CO_2 + CH_4 \qquad (7\text{-}18)$$

二氧化碳还原产甲烷过程分为两个步骤。首先，大颗粒有机质分解成更小的分子，之后发酵，产生氢气（H_2）。然后，产生的 H_2 通过二氧化碳还原充当驱动力进行产甲烷过程（Whiticar，1999）。考虑到产甲烷过程主要与有机质的降解相关，因此底部沉积物中产甲烷的速率与有机质降解相关。此外，孔隙水中的硫酸盐浓度是产甲烷过程的重要指标。因此，根据表 7-1 中的 R6，产甲烷效率（R_{ME}）可表示为

$$R_{ME} = \frac{1}{2} \cdot f(SO_4^{2-}) \cdot R_{OM} \qquad (7\text{-}19)$$

式中，$f(SO_4^{2-})$ 为有机质降解过程从硫酸根还原转换到产甲烷过程的转换函数。现阶段主要通过如下两种模型描述沉积物中硫酸根还原与产甲烷过程的转化过程（Boudreau，1996；Martens et al.，1998；Chuang et al.，2019；Dale et al.，2019）

$$f(SO_4^{2-}) = 1 - \frac{[SO_4^{2-}]}{[SO_4^{2-}] + K_S} \qquad (7\text{-}20)$$

$$f(SO_4^{2-}) = 0.5 \cdot \mathrm{erfc}\left(\frac{[SO_4^{2-}] - K_S}{k_{in}}\right) \qquad (7\text{-}21)$$

式中，$[SO_4^{2-}]$ 表示硫酸盐浓度；K_S 表示硫酸盐浓度的阈值；k_{in} 是控制 $f(SO_4^{2-})$ 陡度的参数。考虑到沉积物中硫酸盐浓度随深度而降低，因此，式（7-20）是一个单调递增的函数。有机质的降解速率 [式（7-14）] 是一个单调递减的函数。因此，将式 [（7-20）] 代入等式 [（7-14）] 不能严格保证产甲烷速率随深度单调下降，特别是在有机质降解速率变化极大的表层沉积物中（Middelburg，1989）。与式 [（7-20）] 相比，式 [（7-21）] 可

以解决这个问题，因为互补误差函数的取值要么等于 1 要么等于 0。当 $[SO_4^{2-}] < K_S$ 时，$f(SO_4^{2-}) = 1$；反之，$f(SO_4^{2-}) = 0$。

从产甲烷速率［式（7-19）］的表达来看，沉积物中产甲烷的强度与有机质降解速率直接相关。因此，影响有机质降解的因素也会影响产甲烷过程。有机质的含量及其活性是影响有机质降解的主要因素（Arndt et al.，2013）。SWI 的有机质含量越高，可以在深层沉积物中达到的有机质含量就越高，产甲烷率就越高（Burwicz et al.，2011）。有趣的是，有机质活性越高，沉积物中产甲烷发生率就越低。这是因为在较高的有机质活性下，上部沉积物中消耗了更活跃的有机质，导致传输到深层沉积物中参与产甲烷过程的有机质较少（Meister et al.，2013）。此外，沉降速率也是影响有机质降解及产甲烷发生的重要因素（Buffett and Archer，2004；Burwicz et al.，2011）。沉积速率是反映沉积环境的重要因素，其在大陆架区域的数量级通常大于深海区域（Tromp et al.，1995；Burwicz et al.，2011）。较高的沉降速率与较高的有机质通量通常会促进沉积物中的甲烷的产生（Seiter et al.，2004；Meister et al.，2013）。

底部沉积物中产生的甲烷具有三种相态：气态、液态（溶解在孔隙水中）和固体（甲烷水合物）（Jørgensen and Kasten，2006）。沉积物中甲烷的相态随环境因素而变化，其中主要因素为环境温度、压力和盐度（Buffett and Archer，2004；Regnier et al.，2011）。孔隙水中甲烷（C_{SaMe}）的饱和浓度已被广泛研究，可以用温度、压力和盐度的多项式来表示（Duan and Weare，1992）

$$C_{SaMe} = 1.437 \times 10^{-7} STP - 4.412 \times 10^{-5} TP - 4.6842 \times 10^{-5} SP + 4.129 \times 10^{-9} ST$$
$$+ 1.43465 \times 10^{-2} P - 1.6027 \times 10^{-6} T - 1.2676 \times 10^{-6} S - 4.9581 \times 10^{-4} \qquad (7-22)$$

式中，S、T 和 P 分别表示环境盐度（‰）、温度（K）和压力（atm）。该经验公式适用的 S 范围为 1‰~35‰，T 范围为 273.15~290.15K，P 范围为 1~30atm。当孔隙水中溶解甲烷的浓度大于甲烷饱和度，并且环境压力和温度符合水合物形成的条件时，甲烷水合物会在沉积物中形成。沉积物中可以保持水合物稳定性的区域称为天然气水合物稳定区（gas hydrate stabilizty zone，GHSZ）（Kvenvolden，1993）。当海底温度和压力达到一定条件时，冷泉区泄漏的甲烷会在海床上直接形成水合物。因此，水合物的稳定边界可能在水体的某个深度，而不一定在沉积物中。墨西哥湾（Brooks et al.，1994，Boswell，2009）、日本上越盆地和中国南海均已在海底发现了水合物露头或浅层水合物（Barnes and Goldberg，1976；Hiruta et al.，2009）。

孔隙水中游离甲烷的饱和度是沉积物中甲烷状态的关键参数（Tishchenko et al.，2005；Burwicz et al.，2011）。GHSZ 中甲烷相的转变涉及四个主要过程：甲烷水合物形成［气态→固态，式（7-23）］，甲烷水合物溶解［固态→气态，式（7-24）］，游离甲烷气体形成［溶解态→气态，式（7-25）］和游离甲烷气体溶解［气态→溶解态，式（7-26）］。上述转变过程通过线性公式描述（Wallmann et al.，2006；Burwicz et al.，2011；Regnier et al.，2011），表述如下

$$R_{GH} = k_{GH} \cdot \left(\frac{[CH_4]}{C_S^{diss}} - 1 \right), \text{当} [CH_4] \geqslant C_S^{diss} \qquad (7-23)$$

$$R_{\text{DGH}} = k_{\text{DGH}} \cdot \left(1 - \frac{[\text{CH}_4]}{C_S^{\text{diss}}}\right), \text{当}[\text{CH}_4] < C_S^{\text{diss}} \tag{7-24}$$

$$R_{\text{FG}} = k_{\text{FG}} \cdot \left(\frac{[\text{CH}_4]}{C_S^{\text{free}}} - 1\right), \text{当}[\text{CH}_4] \geqslant C_S^{\text{free}} \tag{7-25}$$

$$R_{\text{DFG}} = k_{\text{DFG}} \cdot \left(1 - \frac{[\text{CH}_4]}{C_S^{\text{free}}}\right), \text{当}[\text{CH}_4] < C_S^{\text{free}} \tag{7-26}$$

式中，$[\text{CH}_4]$ 表示甲烷浓度；C_S^{diss} 表示溶解甲烷的溶解度；C_S^{free} 表示气态甲烷的溶解度；k_{GH}、k_{DGH}、k_{FG} 和 k_{DFG} 分别表示天然气水合物形成、游离甲烷气形成、天然气水合物溶解和游离甲烷气体溶出的动力学常数。

GHSZ 的厚度是评估水合物资源的重要参数（Burwicz et al., 2011）。此外，沉积物底部充足的甲烷来源，低温和高压是甲烷水合物储层形成的关键（Buffett and Archer, 2004）。研究表明，甲烷水合物形成的表面有机质的最小含量约为 1wt. %（Buffett and Archer, 2004）。由于沉积物中的环境温度高，在 600m 水深范围内的地区很难形成甲烷水合物，甲烷水合物通常在 1000~3000m 的水深发现，海底水温约为 2℃（Kvenvolden, 1993）。甲烷水合物形成区域可以分为被动和主动大陆边缘（Dale et al., 2008）。主动大陆边缘区域沉积物中有足够的上覆富含甲烷的流体（来自较深水合物储层的甲烷），GHSZ 内甲烷水合物的丰度达到 30%~50%。相比之下，扩散过程在被动边缘的甲烷运输中占主导地位，并且这些区域的水合物丰度较小（Dale et al., 2008）。海洋沉积物中的甲烷水合物储量在 500~57 000Gt C（Dickens, 2001；Buffett and Archer, 2004；Klauda and Sandler, 2005；Burwicz et al., 2011；Pinero et al., 2013；Kretschmer et al., 2015）。Buffett 和 Archer（2004）首次使用 2-G 有机质降解模型结合硫酸盐还原过程、产甲烷过程和 AOM 过程估计全球海洋沉积物中的甲烷水合物储层。他们发现，颗粒有机质的沉降速率是全球甲烷水合物储量的关键因素。此外，他们估计甲烷水合物的总储量约为 3000GtC，但是参数敏感性分析发现，当忽略上覆流体中的甲烷时，甲烷水合物的总储量下降到 600GtC。Klauda 和 Sandler（2005）稍微修改了 Buffett 和 Archer（2004）的模型，并估算全球沉积物中水合物的储量约为 57 000GtC，这比 Buffett 和 Archer（2004）高出近两个数量级。该误差较大的主要原因是，Klauda 和 Sandler（2005）通过 1-G 有机质降解模型模拟了沉积物中有机质的降解过程，该模型假设整个颗粒有机碳（POC）库具有单一降解速率常数（4.7×10^{-7}/a）。考虑到有机质的活性随着沉积物深度的降低而降低，但是 G 模型无法反映这一特征（Middelburg, 1989；Arndt et al., 2013）。此外，孔隙水中与甲烷消耗相关的生物地球化学反应被忽略（例如，硫酸盐还原和 AOM），导致 Klauda 和 Sandler（2005）模型的估算结果过高。Burwicz 等（2011）估计全球甲烷水合物库在 4.18~995GtC，其中较小值是通过相对较低的全新世沉积速率计算得到的，而较高值基于较高的第四纪沉积速率计算而来。Burwicz 等（2011）使用 γ-RCM 描述了沉积物中有机质的降解过程。同时，模型中还考虑了硫酸盐还原和 AOM。上述这些模拟研究发现，影响沉积物中水合物储量的主要因素是环境温度、氧含量、沉降速率和向上的流体。尤其是环境温度，如果沉积物温度上升 3℃，全球甲烷储存量可能会减少 85%（Buffett and Archer, 2004）。

冷泉区底部沉积物中较高的甲烷通量使得甲烷可以作为气泡存在于过饱和孔隙水中

（Martens and Klump，1984），该现象广泛存在于全球发现的冷泉区域中（Chanton et al.，1989；Anderson et al.，1998；Veloso-Alarcón et al.，2019）。冷泉区沉积物中甲烷气泡的增长速度由一阶模型描述（Davie and Buffett，2001）

$$\Phi = R_b \cdot ([CH_4] - C_{Sa\_Me}) \tag{7-27}$$

式中，R_b表示速率常数；$[CH_4]$表示甲烷浓度；C_{Sa_Me}表示孔隙水中甲烷的饱和浓度。三相系统（固体水合物，液体孔隙水和气体气泡）用于描述沉积物中的气态甲烷运输。该方法已广泛应用于基于达西渗流理论的含水层石油和天然气开采过程（Schowalter，1979；Molins and Mayer，2007；Reagan and Moridis，2008；Molins et al.，2010）。与孔隙水中溶解的甲烷不同，气泡上升的过程受到涡流扩散的影响，其可以描述为（Haeckel et al.，2007）

$$K_{eddy} \approx 0.928 \cdot \sqrt{g \cdot r_{bubble}^3} \tag{7-28}$$

式中，K_{eddy}表示一阶涡流扩散率常数；g为重力加速度；r_{bubble}表示气泡半径。涡流扩散的速度（$K_{eddy} > 1 \times 10^5 cm^2/a$）比分子扩散的速度高出几个数量级，导致沉积物中甲烷气泡可以释放到上覆水柱中（Haeckel et al.，2007）。

此外，各元素或物质在沉积物中的转换过程不仅涉及反应项，对流与扩散作用也是不可忽视的一部分。溶解态元素［式（7-29）］和固态物质［式（7-30）］的守恒方程如下所示（Boudreau，1997；Berner，2020）

$$\frac{\partial(\varphi \cdot C_i(x,t))}{\partial t} = \frac{\partial\left(\varphi \cdot \frac{D_S(x)}{\tau^2} \cdot \frac{\partial C_i(x,t)}{\partial x}\right)}{\partial x} - \frac{\partial(\varphi \cdot v \cdot C_i(x,t))}{\partial x} + \varphi \cdot \sum R(x,t) \tag{7-29}$$

$$\frac{\partial((1-\varphi) \cdot C_i(x,t))}{\partial t} = \frac{D_b \cdot (1-\varphi) \cdot \partial^2 C_i(x,t)}{\partial x^2} - \frac{w \cdot (1-\varphi) \cdot \partial C_i(x,t)}{\partial x} + (1-\varphi) \cdot \sum R(x,t) \tag{7-30}$$

上述模型通常称之为反应传输模型（reaction-transport model，RTM）。式中，x表示沉积物内的模拟深度（主要与研究的样品长度相关）；t为模拟时间；φ是沉积物的孔隙度；D_S为溶解态元素i的分子扩散系数（Boudreau，1997）；τ为孔隙的迁曲度，其大小与孔隙度相关，具体计算方式为$\tau^2 = 1 - \ln(\varphi^2)$；$v$为溶解态元素的对流速率；$w$为环境沉降速率；$C_i$为溶解态元素的浓度或者为固体物质的含量；$D_b$为生物扰动系数；$\sum R$为所有与研究元素相关的反应速率，如表7-1所示。结合式（7-14）到式（7-28），表7-1中各元素或固态物质的反应、生成速率，以及式（7-29）～式（7-30）即可模拟冷泉沉积物中各元素与物质的反应传输过程。

7.1.3　冷泉区沉积物中自生碳酸盐形成的模型

沉积物碳库包括有机碳（organic carbon，OC）、生物碳酸盐（biogenic carbonate，BC）以及自生碳酸盐（authigenic carbonate，AC），三者构成了地球表面最主要的碳汇（Mitnick et al.，2018）。生物碳酸盐是底栖和浮游生物通过生物化学及物理作用直接建造钙质骨骼，如深海软泥中的钙颗粒就是由颗石藻死亡后形成的（Bayon et al.，2007）。

在陆架边缘海区域，由于大量陆源风化产物的输入和强烈的有机碳矿化分解作用，通常会加速自生碳酸盐的生成（Michalopoulos and Aller，1995）。自生碳酸盐在形成与埋藏过程中，移除沉积物孔隙水中的 DIC 的同时能够释放 CO_2 ［式（7-31）］，故对海洋系统碳循环产生重要的影响。由于其在陆架边缘海的生产量占海洋中总生产量的比例较小，因此它的形成过程长期被忽略（Bin et al.，2018）。然而，近期的研究表明，边缘海沉积物中存在快速的自生碳酸盐矿物的形成，其在边缘海沉积物碳迁移与转化过程中的作用需重新审视（Schrag et al.，2013；Sun and Turchyn，2014；Mitnick et al.，2018）。

$$Ca^{2+}+2HCO_3^-\Leftrightarrow CaCO_3+CO_2+H_2O \tag{7-31}$$

沉积物中的自生碳酸盐包括方解石、白云石等（Bayon et al.，2007；Nöthen and Kasten，2011），既可由生物碳酸盐溶解后再结晶形成，也可因有机质矿化分解或 CH_4 氧化生成的 DIC 导致碳酸盐过饱和而沉淀形成。因此，自生碳酸盐的形成广泛发现于 AOM 过程强烈的全球冷泉区域（Bayon et al.，2007；Nöthen and Kasten，2011；Feng et al.，2018；Suess，2018）。当前，学术界对现代海洋自生碳酸盐形成与埋藏的定量化研究十分有限，其在全球海洋碳储库中的相对贡献尚不明晰。

沉积物中自生碳酸盐矿物形成过程十分复杂，涉及许多影响因素。除了沉积物孔隙水 Ca^{2+} 和 DIC 浓度外，孔隙水 H_2S 含量以及 pH 大小是制约该过程最为重要的因素（Castanier et al.，2000）。由于海洋底层水硫酸根浓度（约28mmol/L）要远高出其他电子受体，故硫酸盐还原被看作沉积物有机质降解最为关键的过程。硫酸盐还原作用产生 H_2S，在浅海厌氧环境下，由于 H_2S 气体通常会发生逸失，导致孔隙水的 pH 升高，从而易于自生碳酸盐的形成。同理，如果产生的 H_2S 被厌氧硫营养细菌利用，将 H_2S 转化为 S，形成胞内或胞外沉淀，也会造成 pH 上升且利于自生碳酸盐沉淀。据估算，海洋沉积物中每年大约有 1×10^{12} mol 的钙离子参与自生碳酸盐的形成，约占全球总碳酸盐的 10%（Sun and Turchyn，2014）。

由于有机质或者甲烷本身碳同位素相对大气 CO_2 明显偏负，相应地，沉积物矿化分解过程形成的自生碳酸盐的碳稳定同位素组成亦较轻，故自生碳酸盐在一定程度上会影响沉积物碳酸盐碳同位素组成（Schrag et al.，2013；Mitnick et al.，2018）。这给我们带来的启示是：在利用碳酸盐碳稳定同位素追溯地史时期的古海洋学问题时，需充分考虑海洋沉积物有机质矿化分解及自生碳酸盐的影响与贡献。地质记录中沉积物的碳同位素（$\delta^{13}C_{in}$）变化可以用来重建地质时期中大气中氧气的变化，并且有机碳（$\delta^{13}C_{org}$）和碳酸盐（$\delta^{13}C_{car}$）的埋藏过程调节着输入海洋沉积物的碳（$\delta^{13}C_{in}$）（Schrag et al.，2013）

$$\delta^{13}C_{in}=\delta^{13}C_{org}\cdot f_{org}+\delta^{13}C_{car}\cdot(1-f_{org}) \tag{7-32}$$

考虑到 $\delta^{13}C_{in}$ 的值在大部分地质时期都在-3‰左右，因此 $\delta^{13}C_{car}$ 和有机碳（f_{org}）两者的比例呈正相关关系。沉积物碳同位素的平衡可以用来解释诸多古气候事件，如古生代晚期沉积物中较高的 $\delta^{13}C_{car}$ 被认为是该地质时期大气中氧含量较高，促进了陆地上植物的增殖，导致沉积物中较高的有机碳埋藏（Schrag et al.，2013）。然而，仍有一些 $\delta^{13}C_{in}$ 地质记录不能很好地得到解释。例如，在新元古代沉积物中发现了较高的 $\delta^{13}C_{car}$ 数值，但是该时期内大气氧含量很低。

考虑到海洋沉积物自生碳酸盐的影响，Mitnick 等（2018）和 Schrag 等（2013）建立了新的碳同位素平衡模式［式（7-33）］，提高了对地质记录中 $\delta^{13}C_{car}$ 追溯古环境演化的准确性

$$\delta^{13}C_{car} = \delta^{13}C_{BC} \cdot f_{BC} + \delta^{13}C_{AC} \cdot (1-f_{BC}) \tag{7-33}$$

式中，$\delta^{13}C_{BC}$ 表示生物碳酸盐的碳同位素；f_{BC} 表示碳酸盐中生物碳酸盐的占比；$\delta^{13}C_{AC}$ 表示自生碳酸盐的同位素。

综上所述，加强对冷泉区域中自生碳酸盐形成的地球化学过程模拟研究，不仅可以定量化估算自生碳酸盐埋藏通量及其对海洋系统碳循环的影响，而且有助于提高我们阅读古代沉积物地质记录的能力，同时增强对全球变暖和人类活动向海洋输入营养物质的生物地球化学反馈效应的预测能力。

相比于有机质降解模型的研究，有关海洋沉积物中自生碳酸盐形成与埋藏的定量化数学模型的研究则十分有限。海洋沉积物孔隙水中钙离子净沉淀产生的自生碳酸盐与孔隙水中钙离子的饱和度相关（Zeebe and Wolf-Gladrow, 2001）

$$\Omega = \frac{[C_{calcium}] \cdot [C_{carbonate}]}{K_{SP}^*} \tag{7-34}$$

式中，$[C_{calcium}]$ 为孔隙水中钙离子（Ca^{2+}）的浓度；$[C_{carbonate}]$ 为孔隙水中碳酸根离子（CO_3^{2-}）的浓度；K_{SP}^* 为固体碳酸盐的可溶性常数。当孔隙水中的碳酸钙过饱和时，会促进自生碳酸盐的形成。因此，影响沉积物中自生碳酸盐形成的主要因素为孔隙水中钙离子浓度与碳酸根浓度，其中进入到沉积物孔隙水中的钙离子浓度主要与钙离子向下扩散通量大小相关，而碳酸根浓度则受沉积物中复杂多样的地球化学反应所制约。

碳酸根是沉积物孔隙水碳酸盐平衡体系的三个重要变量之一（Zeebe and Wolf-Gladrow, 2001; Middelburg et al., 2020）。根据式（7-34），孔隙水中碳酸根浓度越高，越有利于自生碳酸盐的形成。孔隙水 pH 是调控孔隙水碳酸盐体系和酸碱平衡的关键参数。考虑到全球范围内沉积物孔隙水 pH 集中在 6~9，根据酸碱平衡理论，该范围内碳酸根浓度随 pH 增大而升高，因此自生碳酸盐的形成往往发生在高 pH 的沉积物环境中，同时自生碳酸盐形成过程中释放的二氧化碳又会导致孔隙水 pH 的降低，从而抑制沉积物中自生碳酸盐的形成（Luff et al., 2001）。

实验研究表明，自生碳酸盐的形成速率（R_{AC}）与钙离子饱和呈现较好的线性关系（Luff et al., 2001），其数学表达为

$$R_{AC} = k_{Ca} \cdot (\Omega-1) \tag{7-35}$$

式中，k_{Ca} 为钙离子沉淀的一阶动力学常数。结合式（7-34）和式（7-35），合理地模拟孔隙水中碳酸盐平衡体系，计算孔隙水中碳酸根浓度是量化自生碳酸盐过程的关键。孔隙水碳酸盐体系中有三个重要的参数：溶解无机碳（DIC）、总碱度（TA）和 pH

$$[DIC] = [CO_2] + [HCO_3^-] + [CO_3^{2-}] \tag{7-36}$$

$$[TA] = [HCO_3^-] + 2 \cdot [CO_3^{2-}] + [HS^-] - [H^+] + minor \tag{7-37}$$

$$pH = lg([H^+]) \tag{7-38}$$

式中，括号代表各自离子的浓度。碱度（TA）中 minor 表示次要的组分，包括硼酸根、磷酸根、硅酸根等，由于它们在孔隙水中的浓度远远低于碳酸氢根和碳酸根浓度几个量级，

常常会被忽视（Middelburg et al., 2020）。知道 DIC、TA 和 pH 中任意两个即可求解另一个的值（Zeebe and Wolf-Gladrow, 2001），进而可以进一步求解碳酸根的浓度。根据不同地球化学反应的化学计量学关系，可以通过 RTM［式（7-29）］模拟孔隙水中 DIC 与 TA 的剖面。根据模拟得到的 DIC 和 TA 剖面，即可求解 pH 剖面，进而求解碳酸根的浓度，计算自生碳酸盐的沉淀速率。

现阶段海洋沉积物自生碳酸盐形成的模拟研究表明，自生碳酸盐的形成主要集中在陆架边缘海区域。陆架边缘海沉积物中发生的 AOM 过程对自生碳酸盐的形成有着明显的促进作用（Luff and Wallmann, 2003；Luff et al., 2005；Meister et al., 2013；Sun and Turchyn, 2014）。因此，海底富含甲烷水合物的冷泉区域中，广泛发现有自生碳酸盐的分布。例如，中国南海神狐海域、哥斯达黎加附近的陆架区域、刚果陆架（Charlou et al., 2004；Naehr et al., 2007；Nöthen and Kasten, 2011；Feng et al., 2018；Bradbury and Turchyn, 2019）。Sun 等（2014）搜集了综合大洋钻探计划（IODP）中 672 个站点内孔隙水中钙离子的数据，通过简单多项式拟合方法模拟了这些站点内的钙离子剖面，估算全球每年沉积物中自生碳酸盐沉淀的通量约为 1.0 Tmol/a。在此研究基础之上，Bradbury 等（2019）利用机器学习的方法对上述 672 个站点进行了深度处理，绘制了全球海洋中可能发生自生碳酸盐沉淀的区域，并估算全球海洋沉积物中自生碳酸盐形成的通量为 0.14Tmol/a。同时研究表明，硫酸根还原和 AOM 过程是诱发沉积物自生碳酸盐沉淀的主要原因，其中在富含甲烷的陆架边缘海区域 AOM 作用主导着沉积物中的自生碳酸盐形成，而在陆坡区域，硫酸根还原则是自生碳酸盐形成的主控因素。通过对比全球海底沉积物中水合物的分布（Kretschmer et al., 2015），Bradbury 等（2019）的研究结果很好地验证了水合物区域中大量自生碳酸盐形成的现象。此外，Akam 等（2020）通过简单的化学计量学关系［式（7-31）］，（即消耗一个单位的甲烷产生一个单位的碳酸氢根，进而形成一个单位的自生碳酸盐）估算了全球海洋沉积物中与 AOM 过程相关的自生碳酸盐沉淀通量为 0.6~3.6 Tmol/a（Akam et al., 2020）。

虽然自生碳酸盐被视为海洋沉积物中的第三碳库，但其在海洋沉积物总碳酸盐中的占比仍然很小，不同站点内自生碳酸盐的占比存在差异（0~2%），其主要影响因素是沉积速率和硫酸根还原速率不同（Schrag et al., 2013；Mitnick et al., 2018）。此外，研究表明，当沉积物形成的自生碳酸盐的同位素与沉降的生物碳酸盐同位素值相差大于3‰，且自生碳酸盐与生物碳酸盐的比例（AC/BC）大于 0.1 时，沉积物中形成的自生碳酸盐对碳酸盐碳稳定同位素组成有显著的影响（Mitnick et al., 2018）。Bradbury 等（2019）的模拟计算表明，全球边缘海沉积物产生的自生碳酸盐的碳同位素为–20.5‰±3.5‰，远远小于生物碳酸盐的碳同位素数值。尽管目前估算出的海洋沉积物中自生碳酸盐的占比很低，但是考虑到陆架边缘海区域 AOM 是自生碳酸盐形成的主导因素，且来源于海洋沉积物底部的甲烷具有相对偏轻的碳同位素组成（–60‰），故其对沉积物碳同位素组成有着不可忽视的影响（Yoshinaga et al., 2014）。

7.1.4　水体中甲烷的运移模型

虽然海洋沉积物中的 AOM 过程消耗了几乎所有上覆流体中的甲烷，但在冷泉渗漏区域中大量甲烷以羽状流的形态泄漏到海水当中（Schulz and Zabel，2006）。冷泉通常被称为"通往深层地圈的窗户"（Boetius and Wenzhöfer，2013），它们形成了岩石圈与水圈之间物质和能量交换的中心环节以及热液喷口系统。从高纬度到低纬度的大陆斜坡的整个测深范围内，全球都发现了水合物分解泄漏形成的冷渗漏。例如，在巴伦支海的 Hornsund 断层带检测到 1200 多个冷泉渗漏点（Waage et al.，2019），在极北大西洋（Bjørnøyrenna 北部）发现了 600 多个冷泉渗漏点（Andreassen et al.，2017），在墨西哥湾北部水深 > 200m 处发现了大约 5000 个冷泉渗漏（Solomon et al.，2009），在西伯利亚东部的浅水区发现了 27 000 个冷泉渗漏点（Shagapov et al.，2017）。初步估计表明，由于水合物渗漏，全球可能有数十万个冷泉渗漏点同时喷发。海底的大规模甲烷泄漏通常是由位于浅水深处或埋藏在浅水深处并与裂缝相连的水合物储层的不稳定引起的（Freire et al.，2011）。以下主要因素会影响海底冷泉区域的渗漏过程。

1）异常超压。当碳氢化合物积聚在海洋沉积物的孔隙中并且压力达到足够高的水平时，这些碳氢化合物将通过 GHSZ 向上迁移（Tréhu et al.，2004）。此外，分解的甲烷水合物也可以在其上部形成相当数量的水力裂缝，成为气体迁移的理想通道（Xu and Germanovich，2006）。

2）区域地质环境的波动。海底的地震活动（Fischer et al.，2013）、海水表层冰川融化（Andreassen et al.，2017）和底部水温波动（Ferré et al.，2020）也会影响冷泉区中水合物的稳态条件，进而导致底部甲烷的泄漏。

3）地质体的侵蚀。海底峡谷的侵蚀和峡谷侧壁沉积物的不稳定导致含水合物储层被侵蚀，促进冷泉区中水合物分解，释放大量甲烷（Paull et al.，2005）。

4）全球环境的巨大变化。在地质历史期间，全球海平面剧烈波动和气候快速变暖可能通过解体引发水合物的灾难性释放。例如，在古新世/始新世热最大值（PETM）期间分解并逃逸到大气中的甲烷水合物的量估计为 ~2100GtC（Dickens et al.，1997）。

在冷泉渗漏区域中，甲烷通常以气泡形式渗入到海水当中，通常称为气泡羽状流（Boetius and Wenzhöfer，2013）。现阶段主要通过结合少数集合 ROV 的实时观测来计算从沉积物到水圈的甲烷通量（$F_{methane}$）（Blomberg et al.，2016；Lohrberg et al.，2020；Mau et al.，2020）

$$F_{methane} = N \cdot n_{methanebubble} \cdot M_{methane} \cdot f_{methane} \tag{7-39}$$

式中，N 表示渗漏位置的数量；$n_{methanebubble}$ 表示每个气泡的甲烷量；$M_{methane}$ 表示甲烷的摩尔质量；$f_{methane}$ 表示气泡泄漏的频率（通过 ROV 观测获得）。估计冷泉区甲烷泄漏量的另一种方法是箱式模型（Mau et al.，2020）

$$F_{methane} = \frac{I \cdot u(z)/l_{path}}{A} \tag{7-40}$$

式中，I 表示模拟箱体内甲烷的储量；$u(z)$ 表示当前流速；l_{path} 表示模拟箱式偏离其原始位置的迁移；A 表示网格的表面积。此外，根据孔隙水甲烷分布，SWI 处的甲烷通量可以通过 Ficker 第一定律计算（Haese et al.，2003；Chen et al.，2017）

$$F_{methane} = \varphi \cdot D_m \cdot \frac{d[CH_4]}{dz} \tag{7-41}$$

式中，φ 表示孔隙度；D_m 表示甲烷的分子扩散系数；最后一项表示 SWI 处甲烷浓度的梯度。

现阶段已通过上述方法［式（7-39）~式（7-41）］估算了全球范围内大量冷泉区域中甲烷的泄漏通量（Xu et al., 2022）。甲烷泄漏通量最大的冷泉区域位于西非边缘处［1169 ~ 1175mmol/（m²·d）］，水深为 3160m（Pop Ristova et al., 2012；Boetius and Wenzhöfer，2013）。冷泉区域中总的甲烷泄漏通量可以根据在海底观测到的泄漏点数量和每个渗漏点的甲烷泄漏通量估算。在墨西哥湾地区（6041.25km²）发现了 2.5 ~ 169.9 Mg/a 的甲烷通量，其中 90% 以上被墨西哥湾北部占据（Weber et al., 2012；Weber et al., 2014；Römer et al., 2019）。

甲烷羽状流在海水运移是一个极其复杂的过程，其中气泡羽状流被迅速溶解，随后通过与上覆的海水混合来稀释，然后被洋流分散（Graves et al., 2015）。Navier Stokes 方程通常用于描述海水中的热液羽状流，其中考虑了动量、质量、热量、甲烷饱和度和微生物介导的化学反应（Yamazaki et al., 2006；Jiang and Breier, 2014）。甲烷气泡的半径（R_{bubble}）通常在 0.001 ~ 0.015cm（Shakhova et al., 2014；Higgs et al., 2019），直径小于 10mm 的气泡大多在到达表面混合层之前溶解（Gentz et al., 2014）。气泡溶解速率主要取决于初始气泡大小、水温、盐度、压力和气泡上升速率（Leifer and Patro, 2002；Rehder et al., 2009；Shagapov et al., 2017）。气泡溶解速率如下所示（Fu et al., 2021）

$$\frac{dM}{dz} = \frac{-(4\pi R_{bubble}^2) \cdot K \cdot (C_s - C_o)}{V_{bubble}} \tag{7-42}$$

式中，dM/dz 表示气泡甲烷含量（M）在上升距离 dz 内的变化；V_{bubble} 表示气泡上升速度；K 表示溶解速率；C_s 表示孔隙水中甲烷的饱和度；C_o 表示气泡中甲烷浓度。

基于 ROV 对甲烷气泡半径（R_{bubble}）和气泡上升速度（V_{bubble}）的观测，总结出如下经验公式，来描述气泡上升速度（Clift et al., 2005；Leifer et al., 2006；Leifer and Judd, 2015）

$$V_{bubble} = 276 R_{bubble} - 1648 R_{bubble}^2 + 4882 R_{bubble}^3 - 7429 R_{bubble}^4 + 5618 R_{bubble}^5 \tag{7-43}$$

甲烷羽状流的上升高度通过 Morton-Taylor-Turner 模型（MTT 模型）来估算（Morton et al., 1956），其中甲烷羽状流上升的最大高度（Z_{max}）估算如下

$$Z_{max} = C_e \cdot \left(\frac{B_{exit}}{N^3}\right)^{\frac{1}{4}} \tag{7-44}$$

式中，B_{exit} 表示源通量；N 表示甲烷气泡泄漏频率；C_e 表示缩放系数［通过实验室羽状流实验表明，其大小约为 3.76（Briggs, 1969）］。

与缺氧沉积物环境中 AOM 反应相比，大陆架边缘的底层海水中氧含量通常是过饱和的，其中氧浓度范围为 250 ~ 350μmol/L（Boetius and Wenzhöfer, 2013）。海水中的甲烷主要通过甲烷的好氧氧化（AeOM）过程消耗

$$CH_4 + O_2 \longrightarrow CO_2 + H_2O \tag{7-45}$$

AeOM 速率可通过如下一阶模型计算（Reeburgh et al., 1991；Valentine et al., 2010；Mau et al., 2020）

$$R_{AeOM} = k \cdot [CH_4] \tag{7-46}$$

式中，k 表示一阶速率常数；$[CH_4]$ 表示甲烷浓度。许多因素影响 AeOM，例如，水深、流体释放通量的时空分布、气泡特性（Veloso-Alarcón et al.，2019）、海洋富光层、海水的溶解氧浓度、温度和盐度（Crespo Medina et al.，2014）、洋流（Steinle et al.，2015）。根据 Boetius 和 Wenzhöfer（2013）总结的数据，AeOM 对渗漏区甲烷消耗的贡献可能超过 AOM 的贡献，特别是在微生物丰度较低的渗漏处。在甲烷通量低的地区，AOM 消耗了上覆流体中 90% 的甲烷（Reeburgh，2007），而在渗流区域运输到海底的大部分甲烷被 AeOM 消耗（Boetius and Wenzhöfer，2013）。

7.1.5 甲烷大气通量模型

冷泉区作为海洋岩石圈与水圈的"窗口"（Anderson et al.，2016；Boetius and Wenzhöfer，2013），甲烷可以直接从冷泉沉积物中泄漏到海洋水体甚至冷泉区附近海域的大气中。因此，评估海气界面处甲烷通量是评估海洋冷泉碳泄漏过程对大气温室效应影响的关键（Larcombe et al.，1995；Sommer et al.，2009）。

从海水释放到大气中的甲烷通量主要通过数字模拟和遥感技术进行估算（Bovensmann et al.，2010）。例如，在 2012 年北海埃尔金井喷事故期间，遥感技术被用来评估甲烷排放到大气中的通量（Gerilowski et al.，2015）。考虑到这项技术相对笨拙且不灵活，被动遥感技术被用来收集研究区域周围的大气甲烷浓度，例如通过无线遥感技术收集研究区域周围的大气甲烷浓度（Somov et al.，2013；van Kessel et al.，2018）。但是，当使用短波红外辐射的遥感仪器进行调查时，水的弱反射率会影响甲烷数据的搜集（Seelig et al.，2008）。

计算海水与大气界面间甲烷通量主要是基于海水和大气之间甲烷化学势的差异（Seelig et al.，2008）。当甲烷在海水中过饱和时，海水中的甲烷可以在化学势的驱动下排放到大气中。因此，可通过扩散交换方程计算到大气中的甲烷通量（Solomon et al.，2009；Michel et al.，2021）

$$Flu\,x_{Methane} = k_{avg} \cdot (C_{plume} - C_{eq}) \tag{7-47}$$

式中，k_{avg} 表示平均风速下的气体转移系数；C_{eq} 表示环境条件下与空气平衡的海水甲烷浓度（Yamamoto et al.，1976）。气体转移系数使用经验公式计算（Wanninkhof，1992）

$$k_{avg} = 0.31 \cdot u_{avg} \cdot \left(\frac{S_C}{600}\right)^{-0.5} \tag{7-48}$$

式中，u_{avg} 表示海面以上 10m 处的平均风速；S_C 表示施密特数（盐度和温度的函数）。

鉴于低速率甲烷泄漏几乎完全被 AOM 消耗，甲烷的气候影响可能被忽视。然而，高速率泄漏使甲烷能够直接进入海水和大气，从而导致全球变暖（Buffett and Archer，2004）。虽然没有确凿的证据表明水合物衍生的甲烷目前进入大气层，但更多的观测数据和改进的数值模型将有助于更好地描述未来的气候–水合物协同作用（Ruppel and Kessler，2017）。

7.2 海底热液系统中数值模型的应用

高温热液（~400℃）与海水（~2℃）混合后进行的热液相分离控制着热液区中金

属元素的运移和成矿过程 (Hannington et al., 1991; Hedenquist et al., 1994; Douville et al., 2002; Rona, 2003; Weis et al., 2012)。因此，合理地模拟海底热液系统对于深入了解热液循环系统内部的运行机理和成矿过程等具有重要的科学意义。

7.2.1 热液系统循环模型

热液系统中热液相分离主要通过建立多相流模型来模拟热液分离过程中各相态中元素、物质的演变过程 (von Damm, 1990; Douville et al., 2002)。考虑到热液系统中盐度梯度很大，因此需要引用一个相对复杂的、多相形式的达西定律 (Ingebritsen et al., 2010)

$$q_v = -\frac{k_{rv}k}{\mu_v}\left(\frac{\partial P}{\partial z}+\rho_v g\right) \tag{7-49}$$

$$q_1 = -\frac{k_{rl}k}{\mu_1}\left(\frac{\partial P}{\partial z}+\rho_1 g\right) \tag{7-50}$$

式中，体积流量等于流体流动性乘以驱动力梯度，分别用于一维（垂直）流动的变密度水蒸气（下标v）和液态水（下标l）；k 为内在的渗透率；k_r 为相对渗透率；μ 为动态黏度；P 为压强。

海底热液体系的盐度和温度变化较大，其中盐度和温度的范围分别为 0.1%~7% NaCl，8~400℃ (Ingebritsen et al., 2010)。这些规定了数值模型在模拟热液多相流时必须考虑温度、压力与盐度的变化，其中还包括热传输、溶质传输和液、气和盐之间的所有相关系。此外，海底热液与海水交接触的过程是高度瞬态的，因为异常高的热量排出率只能解释为大量岩浆快速结晶和冷却的结果 (Lister, 1974, 1983)。这意味着热源的强度和空间分布必须随时间而变化。此外，矿物的沉淀和溶解会导致孔隙度与渗透率的连续变化，因为流体成分和温度的极端变化会形成一个高度反应性的化学环境。随着渗透率、流速和温度的起伏，介质的状态产生实质性的变化 (Germanovich and Lowell, 1992)。海底热液体系在构造上也很活跃，断裂和压裂会引起渗透率的突然变化，通过裂缝形成和活化，流体压力和区域应力场之间可能存在相互反馈。

关于多孔介质中热液流动的最早数值模拟研究是在 1960 年左右进行的，其目的是确定热对流开始的条件 (Donaldson, 1962; Wooding, 1963)。通过使用有限差分方法来求解流体流动和热传输方程，发现这些方程是在一个具有不渗透边界的二维区域中用无量纲参数提出的。这些数值模拟工作最早的研究还引用了 "Boussinesq 近似"（假设流体密度是恒定的）(Gray and Giorgini, 1976; Rajagopal et al., 1996)。因此，质量平衡和体积平衡是相同的，速度场是无散度的

$$\Delta \cdot q = 0 \tag{7-51}$$

式中，q 为单位面积的体积流量。这种特殊的简化至今仍被广泛使用，尽管它在某些特定情况下可能会有显著的错误，但是其通过流函数方便地描述了热对流的数学方程 (Hanson, 1992; Evans and Raffensperger, 1992; Furlong et al., 2018)。Elder (1967) 在经典模拟中采用了稳态方法和流函数/Boussinesq 近似，其将数值解与多孔介质中自由对流

模拟的 Hele-Shaw 实验进行了比较，然后修改了模拟，加入了温度相关参数随时间变化的瞬态效应。

尽管许多开创性的研究都涉及高温流动，但它们通常假定流体为单组分（H_2O）、单相流体。20 世纪 70 年代的石油危机导致人们对地热资源的兴趣激增，同时开发了一些多相地热模拟工具。这类模拟器可以求解气-水两相流的控制方程，包括沸腾和冷凝。后续的研究使用多相模拟器，包括热增压等效应、岩浆流体产量、渗透率的时空变化和地形驱动流（Pruess et al., 1979；Zyvoloski and O'Sullivan, 1980；Michael and Sullivan, 2001）。广泛使用的多相模拟器同时包括热和流体输送、多组分模型、非饱和地下水和热输送（TOUGH）模型（Pruess, 2004）。

大多数多相地热储层模拟器都局限于亚临界温度（约<350℃），部分原因是模拟临界点附近的流动和运移存在固有的困难（纯水374℃，22.06MPa；海水400℃和30MPa）。压力-温度公式加剧了这一困难，但如果热量传输的控制方程是根据单位质量的能量而不是温度提出的，则可以将这一困难降至最低（Polyanskii et al., 2002；Lu and Kieffer, 2009）。同时包含两相流和超临界流的数值模拟研究仍然相对较少。

7.2.2　热液系统控制模型

多相流体、变密度流体及其与热输运、溶质输运和变形耦合的基本控制方程有很多种表述方法。对于多相、单组分流体流动和热传输，其控制方程如下（Ingebritsen et al., 2010）

$$\frac{\partial\left[\varphi\left(S_l\rho_l+S_v\rho_v\right)\right]}{\partial t}-\nabla\cdot\left[\frac{\rho_l k_{rl}k}{\mu_l}\left(\nabla P+\rho_l g\,\nabla z\right)\right]-\nabla\cdot\left[\frac{\rho_v k_{rv}k}{\mu_v}\left(\nabla P+\rho_v g\,\nabla z\right)\right]-R_m=0$$

$$(7\text{-}52)$$

考虑到模拟系统中储存的热量变化减去液体吸入的热量、减去蒸汽吸入的热量、减去传导的热量、减去热源等于0，对于流体流动（Ingebritsen et al., 2010）

$$\frac{\partial\left[\varphi\left(S_l\rho_l h_l+S_v\rho_v h_v\right)+(1-\varphi)\rho_r h_r\right]}{\partial t}-\nabla\cdot\left[\frac{\rho_l k_{rl}k h_l}{\mu_l}\left(\nabla P+\rho_l g\,\nabla z\right)\right]$$
$$-\nabla\cdot\left[\frac{\rho_v k_{rv}k h_v}{\mu_v}\left(\nabla P+\rho_v g\,\nabla z\right)\right]-\nabla\cdot K_m\nabla T-R_h=0 \qquad (7\text{-}53)$$

式中，φ 为孔隙度；S 代表了饱和体积；∇表示变量的梯度；R 表示流体质量或热量的源；P 表示压力；h 表示焓（Charles, 1979）。虽然渗透率 k 是一个二阶变量，但在实际数值模拟应用中，常常将其视为一个标量。需要注意的是，式（7-53）中使用的是比热焓（J/kg）而不是总热焓（J）。由于热传递方程［式（7-53）］中出现了压力（P）与焓的耦合（h），并且两者是非线性的，因此式（7-52）与式（7-53）是非线性耦合方程（Lu and Kieffer, 2009）。有效耦合这样的方程对于描述多相、多组分溶质运输和变形是合理模拟热液多相流的关键。

根据系统中储存的溶质质量的变化减去扩散的溶质运输、减去溶质的来源等于0，单一化学成分 i 在气相或液相（j）中的溶质传输的一般方程可以写成（Ingebritsen et al.,

2010）

$$\frac{\partial(\varphi\rho_j S_j C_i)}{\partial t} - \nabla \cdot (\rho_j v_j C_i) - \nabla \cdot (S_j \rho_j D \nabla C_i) - R_i = 0 \qquad (7\text{-}54)$$

式中，C 为水溶液浓度；D 为流体动力弥散（也是二阶张量）；v 为平均孔隙流速；R 为化学成分的源（正）或汇（负）。虽然该方程不足以表示多相、多组分、变密度流体系统中反应溶质运移的复杂性，但它通过孔隙度、密度和平均孔隙流速反映了式（7-52）与式（7-53）之间的耦合关系。

7.2.3 热液系统模型优化方法

假设是数值模型结果中不确定性的一个关键来源，因此值得仔细检查。合理地简化、优化假设是求解模型的重要手段。考虑到海洋热液系统中复杂的成矿环境，准确地模拟金属离子相态的转换过程显得极其困难。现阶段常用的优化、假设包括如下。

（1）代表性体积单元

在空间离散域上数值求解式（7-48）到式（7-50），基本假设是存在一个最小空间尺度，称为代表性基本体积（REV）（Faust and Mercer，1979）。在这个尺度内渗透率、热导率或孔隙度等属性可以被视为常数。模型离散化的规模必须相对于远大于微观非均质性的规模（例如，颗粒多孔介质中的晶粒尺寸），但相对于整个研究领域较小。在某些特殊类型的多孔介质中，如裂缝网络连接不良的裂缝岩石或网络没有裂缝尺寸的特征限制，则可以忽略这些尺度行为（Berkowitz，2002）。

（2）达西流

达西流通常认为地下水流动是层流的，因此动量平衡用多相版本的达西定律〔式（7-49）和式（7-50）〕来描述。但是，如果系统中流量超过一定的阈值，层流就会变成湍流，这种情况下达西定律会高估特定压力梯度下的流量。达西定律的上限通常由无量纲雷诺数 Re 估计

$$Re = (\rho q L)/\mu \qquad (7\text{-}55)$$

式中，L 是特征长度；ρ 和 μ 是流体密度和动态黏度，在式（7-55）中假定为常数。雷诺数是在模拟管道流动中发展出来的，其中 L 是管道直径（Vennard and Street，1975）。它在多孔或裂缝介质中的应用存在一些问题，特别是在变密度、多相体系的情况下。对于粒状多孔介质中的单相流动，L 可以与中位晶粒尺寸有关，从层流到湍流的转变发生在 Re 为 $1 \sim 10$ 处（Ward，1964）。对于裂缝介质，L 与裂缝孔径有关，式（7-55）中的 q 可用平均线速度 v 代替，从层流到湍流的转变发生在 Re 约为 1000（Ingebritsen，2006）。违反达西定律的流量在地下并不常见，但在海底热液喷口附近，复杂的环境变化可能会导致出现违反达西定律的情况（Ingebritsen et al.，2010）。

（3）局部热平衡和热扩散

在热液模拟中，通常假定流体和岩石处于局部热平衡状态，热分散的影响可以忽略不计，即在式（7-53）中，允许蒸汽和液态水具有不同的比热焓。但蒸汽、液体和岩石在代表性基本体积（REV）尺度上具有相同的温度。此外，式（7-53）中没有提供热分散的过

程，但溶质分散在溶质传输方程 [式 (7-54)，左边第三项] 中明确表示。地下流体普遍较低的流动速率和介质中的热传导过程使局部温度场均质化，证明了局部热平衡和热扩散不显著的假设是正确的。通过传导的 "扩散" 传热 [式 (7-53) 左边的第四项] 比溶质扩散 [式 (7-54) 左边的第三项] 要有效得多，这使得热扩散相对不重要。然而当有足够高的瞬态流速时，热平衡假设可能不适用于孔隙尺度，也不适用于高度破碎的介质 (Wu and Hwang, 1998)。

（4）热传导和热辐射

热能的传导通常用傅里叶导热定律描述

$$q_H = -K_m \nabla T \tag{7-56}$$

式中，q_H 为矢量；K_m 为介质的热导率。大多数普通岩石的热导率随温度升高呈现出非线性下降。实验结果表明，室温条件下，电导率为 2.4 W/(m·K)，但在 500℃ 时将下降到 1.6W/(m·K) (Vosteen and Schellschmidt, 2003)。在 600℃ 以上，辐射传热变得显著，可以用辐射热导率来近似 (Clauser, 1988; Hofmeister et al., 2007)。

在水热模拟中，热导率和辐射热输运的温度依赖性通常被忽略。相反，"介质" 热导率 [式 (7-49) K_m] 通常用流体和岩石的单个体导率来近似，或通过流体和岩石的孔隙度加权 (几何平均) 电导率近似。这种近似在传导为主的系统中可能很重要，而在平流为主的系统中则不那么重要 (Raffensperger, 1997)。

（5）相对渗透率

在多相流动问题中使用相对渗透率的概念 [式 (7-49)、式 (7-50)、式 (7-52) 和式 (7-53) 中的 k_r] 来表示由于一种或多种其他相的干扰存在而使一种流体阶段的流动性降低。相对渗透率被视为体积流体饱和度从 0 到 1 的标量函数。Scheidegger (2020) 认为相对渗透率本质上是 "蒙混因素"，它允许达西定律应用于多相流动的各种经验数据。虽然相对渗透率是一个经验构造，但很少有实验室数据可以得到液态水–水蒸气的相对渗透率曲线。

在多孔岩石中，水蒸气–液态水的相对渗透率，就像油–水或气–水流动的相对渗透率一样，可以用非线性 Corey-type 关系来描述 (Piquemal, 1994; Horne et al., 2000)。然而，裂缝主导介质的蒸汽–水函数可能是线性的。此外，来自地热储层井测试的焓数据表明，液态水的 Corey 型相对渗透率很小，但相位干扰很小。对于蒸汽–水流动 (相对于不相混溶的流体) 中较少相干扰的一种可能的物理解释是，蒸汽可以通过在一侧冷凝而在另一侧沸腾的方式在充满水的孔隙中流动。不管相对渗透率曲线的函数形式如何，实验数据表明蒸气相的剩余饱和度接近于零，水相的剩余饱和度为 20%~30% (Verma, 1986)。

真实的相对渗透率函数应该随着孔隙和裂缝的几何形状而变化，因此应该包括一些滞后 (Helmig, 1997)。滞后就是当气体进入饱和水介质 (气体吸胀) 和气体离开饱和水介质 (气体排水) 之间流动行为的差异。然而，在非等温多相流的模拟中，滞后往往被忽略，为了建模，通常会调用单一的全局相对渗透率函数 (Li and Horne, 2007)。相对渗透率函数的选择对模拟结果有很大的影响。相对渗透率曲线也是式 (7-52) 和式 (7-53) 中最大的潜在非线性来源，极大地复杂化了任何涉及广泛多相流动问题的数值解。

（6）毛细管压力

与相对渗透率一样，毛细管压力 (液体之间的压力差) 通常使用经验关系作为饱和度的函数来计算，而不考虑迟滞等动态效应。在热液流动的模拟中，毛细压力效应经常被忽略 [例如，式 (7-52) 和式 (7-53) 中假定压力 P 对两相都适用一个值]。水的表面张力随着温度的下降而下降，并在临界点消失，此时蒸汽和液态水的性质合并（Li and Horne，2007）。然而，毛细压力的模拟研究表明，毛细力可以通过回流增加传热效率。在具有多孔基质和裂缝网络（双孔隙）的岩石中，毛细压力倾向于保持裂缝中的蒸汽相和基质中的液体。在低渗透率的地热储层中，毛细管力可以根据介质的润湿性延长或收缩两个相带（Udell，1985）。

（7）Boussinesq 近似

Boussinesq 近似假设流体密度的瞬变变化是可忽略的（$\partial\rho/\partial t=0$），密度只作用于浮力项 [式 (7-52) 和式 (7-53) 中的 ρgz]。这意味着体积而不是流体质量是守恒的 [式 (7-51)]，并且这种近似允许使用流函数方法直接求解，对于解决对流热液系统的边界层特别有用。然而，即使使用基于质量的流函数，在一般的热液情况下也是不合适的（Evans and Raffensperger，1992）。因为式 (7-49) 中由于加热而导致的流体膨胀和加压的影响被忽略了，式 (7-50) 中多相热液的可压缩性可能非常高，式 (7-51) 流函数方法不能描述相分离和两相流动的流体动力学。在一些使用流函数方法的模拟中，假设计算单元完全由蒸汽或液态水填充，可以粗略地近似为两相流，平均液相和汽相的性质，或为液体和蒸汽分配相同的流体性质（除密度外）（Cathles，1977；Fehn et al.，1983）。所有这些方法都可能产生重大错误。Boussinesq 近似/流函数方法的另一个缺陷是因为它假设 $\partial\rho/\partial t=0$，所以它对瞬态流模拟不是严格有效的（Evans and Raffensperger，1992）。

（8）液体成分

海底热液系统中盐（主要是 NaCl）和气（主要是 CO_2）的存在影响了流体阶段关系、密度和混相。这些影响通常不能在高温多相模型中表现出来。最先进的建模研究通常采用纯水的真实性质（Ingebritsen and Hayba，1994），结合二元 $H_2O\text{-}CO_2$ 或 $H_2O\text{-}NaCl$ 体系的研究直到最近才开始出现（Todaka et al.，2004；Geiger et al.，2005）。这些最初的二元系统研究表明，相分离的压力–温度范围的扩大可以对系统的行为产生很大的影响。然而，即使是二元系统的研究也没有捕捉到地壳流体的全部复杂性，通常用三种主要成分 $H_2O\text{-}NaCl\text{-}CO_2$ 来更好地表示（Bowers and Helgeson，1983；Brown and Lamb，1989）。三元的状态方程公式只涵盖了热液系统中遇到的压力–温度范围的有限部分，并且在相图的几个区域被证明精度有限。因此，某种程度的近似仍然是不可避免的。然而，考虑单组终端系统可能会导致在定性和定量上排除重要现象的结论（Lu and Kieffer，2009）。

（9）不反应流体的流动

热液地球化学的动态现实不能完全用式 (7-53) 所示的溶质运移方程来表示，其中化学反应仅用 "R" 项来表示（Seyfried，1987；Foustoukos and Seyfried，2007）。实验室的观测和热力学计算表明，循环热液流体具有高度活性，热液反应对流体流场具有强烈的反馈效应，因为它们显著地改变了岩石和流体的性质。然而，许多实验室研究涉及强烈的化学不平衡，这可能不能代表自然系统。此外，目前还不清楚流体压力和岩石力学之间的反馈在多大程度上可以通过产生新裂缝或重新打开现有裂缝来抵消对渗透率的化学反应效应。

（10）渗透率的简化

固有渗透率［式（7-49）、式（7-50）、式（7-52）和式（7-53）中的 k］可能是影响岩浆热液系统流体流动的最重要、约束最少、最易变化的参数。在典型的热液系统的结晶岩石中，流体流动集中在裂缝中，因此在不同的长度尺度上进行研究时，可能会有不同的数量级（Nehlig，1994）。裂隙岩石中的流体流动与多孔介质流动有本质区别，是水文地质学的一个重要研究领域。为了实际应用，热液流动的数值模拟通常假设存在一个 REV，该 REV 可以用等效多孔介质近似描述裂缝的渗透率（Neuman，2005）。虽然在常见的地质介质中渗透率的变化幅度约为 17 个数量级，但各种全球或地壳尺度的研究表明了某些系统性的变化。基于地热和变质资料的全球渗透率-深度关系表明，平均地壳尺度的渗透率近似为（Ingebritsen et al.，2010，Manning and Ingebritsen，1999）

$$\lg k \approx -3.2 \lg_z - 14 \tag{7-57}$$

式中，k 的单位为 m^2；z 的单位为 km。这种关系表明，在 $10 \sim 15$km 以下的有效渗透性是恒定的，这是地壳构造活动中脆性-韧性转变的近似深度，并且不存在渗透性不连续或屏障，这意味着岩浆作用和变质作用产生的流体可以传递到脆性地壳，并与大气流体混合。在与活跃岩浆活动有关的薄热地壳中，脆性-韧性转变可能比 $10 \sim 15$km 要浅得多（Ingebritsen and Manning，1999）。

事实上，在许多地质环境中，渗透率各向异性很大，这通常被定义为水平渗透率和垂直渗透率的比值，但也可能代表构造特征，如海底热液系统的轴向裂谷/深海丘陵地形（Shmonov et al.，2003）。结晶岩石中压力、温度和化学梯度下热液流动的实验表明渗透率在天至年的时间尺度上按量级下降（Morrow et al.，2001；Yasuhara et al.，2006）。对不同时间尺度的连续、循环的热液流动的现场观测也表明渗透率的瞬态变化。尽管有这些经验观察，只有少数模型研究引用了温度、压力，或时间相关的渗透率或反应性输运对渗透率的影响。活跃的、寿命长（$10^3 \sim 10^6$a）的热液系统的广泛出现，尽管渗透率有随时间下降的趋势，也意味着其他过程，如水力压裂和地震，经常会产生新的流动路径（Rojstaczer et al.，1995，2008）。

7.3 本章小结

模型在海洋冷泉区域以及热液系统中的应用总结如图 7-5 所示，包括冷泉区有机质的降解，有机质降解相关的反应，尤其是甲烷生成、甲烷在沉积物和海水中的运输和反应以及甲烷从海水到大气的通量，以及海底热液释放过程中相态分离的过程。然而，在描述海底冷泉泄漏以及热液过程方面，许多环境因素的影响还没有被模型很好地描述。例如，目前用于模拟冷泉区甲烷循环和碳循环数学模型的边界条件、初始条件和参数都过于理想（Boudreau，1997；Keppler et al.，2009；Chuang et al.，2019）。人类评估过去以及现在冷泉释放以及热液循环对全球生态环境的影响在很大程度上取决于模型构建和计算的准确性（Jørgensen and Kasten，2006；Dale et al.，2008；Ingebritsen et al.，2010；Regnier et al.，2011）。未来的进展将在很大程度上依赖于来自全球对海洋极端生态环境的观测数据，以及将模型与观测到的复杂情况联系起来。因此，冷泉、热液区中探测技术应用需与数值模拟紧密结合，以提高对极端海底环境的模拟、预测能力，有助于人类进一步评估对极端海洋环境变化对人类生存环境的影响，以及对自然灾害的预警能力。

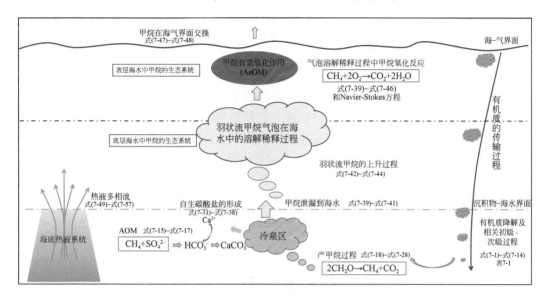

图 7-5　数值模型在深海极端环境中的应用

第8章 深海极端环境资源开发利用技术

随着社会经济的迅猛发展，人类对矿产资源需求急剧增加，又由于陆地矿产资源日渐枯竭，对海底矿产资源的探测及开发已经成为必然趋势。深海极端环境通常是海底重要经济矿产资源的聚集区，如冷泉活动往往伴随着浅表层水合物的赋存，而热液活动的主要产物为多金属硫化物，它们均是当前深海矿产资源开发的重要目标，蕴含着重大的经济利益。开发深海资源具有重要的意义，不仅可以保障国家战略性矿产供应安全，还能促进深海探测和开发技术的发展，加深我们对深海资源与环境的认识，从而更好地维护国家的战略利益。但是面向深海尤其是极端环境的资源探测与开发需要先进的技术和装备，目前该领域仍处于理论研究和不断探索阶段。

8.1 浅表层天然气水合物

8.1.1 概况

天然气水合物主要分布在水深超过300m的海洋和陆地常年冻土带，其中海洋天然气水合物资源量超过陆地冻土带的100倍，全球天然气水合物的资源总量换算成甲烷为$1.8 \times 10^{16} \sim 2.1 \times 10^{16} \mathrm{m}^3$，碳储量约相当于世界已知煤炭、石油和天然气等能源总储量的两倍（Makogon et al.，1981；Englezos，1993），是继页岩气、煤层气之后又一储量巨大的接替能源。海洋中的天然气水合物按气体运聚方式、埋藏深度以及成因模式等综合因素划分，可分为扩散型、渗漏型以及两者兼有的混合型三类（孙治雷等，2023）（图8-1）。其中，渗漏型水合物是地层深处的烃类气体沿着断裂、滑塌及褶皱等孔隙结构向上渗透过程中，在适宜的温度压力条件下聚集生成的，其成藏气体主要来源于底层的气体渗漏现象，也就是我们所说的海底"冷泉"（cold seep）活动，这种水合物的聚集区通常位于海底之上及海底附近较浅的沉积物内（通常分布于海底100m以浅），故通常又称为"浅表层天然气水合物"或"浅表层渗漏型天然气水合物"。

与冷泉相关的浅表层天然气水合物具有分布集中、埋藏浅、饱和度高（40%~100%）等特点（蔡峰等，2020；孙运宝等，2020），由于受流体活动的影响，其分布区域通常并不集中，往往与泥火山、麻坑、泥底辟等特殊地质体伴生（陈强等，2020），充填于断裂地质构造活动相关的裂缝中，以块状、结核状、层状或者脉络状等多种产状赋存（欧芬兰等，2022）。

近年来，随着全球天然气水合物调查进程的加快和调查区域的拓展，与冷泉相关的浅表层水合物的发现也越来越多，其资源占比也正在大幅提升。例如，墨西哥湾是最早发现

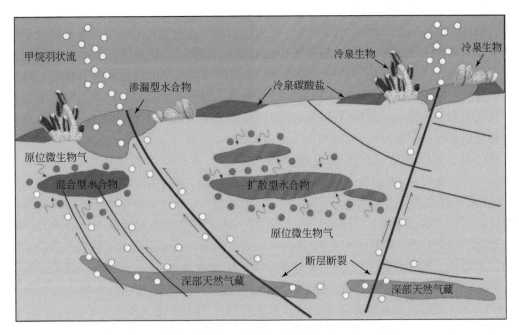

图 8-1　海洋天然气水合物成藏类型划分示意图（孙治雷等，2023）

浅表层水合物的区域之一，该地区的浅表层水合物饱和度高，有些水合物丘的直径可达 5～6m（Boswell，2009；Brooks et al.，2010）；在安哥拉近海区域，Serie 等（2012）发现该地单个水合物丘的水合物储量高达 $1.1\times10^{6}\,\mathrm{m}^{3}$，相当于 $2.0\times10^{8}\,\mathrm{m}^{3}$ 的甲烷；2017 年以来，日本海东侧也发现大量厚层状浅表层水合物，有研究显示该区域单个气烟囱中的浅表层天然气水合物甲烷含量可达到 $6\times10^{8}\,\mathrm{m}^{3}$，并且此类气烟囱和麻坑等特殊地质体在日本海周围有将近 2000 个（Matsumoto et al.，2017）；2007 年和 2010 年，在韩国郁陵盆地开展的水合物钻探考察发现该盆地的中部和北部存在许多烟囱体，其中含有大量的浅表层水合物（Yoo et al.，2013；Ryu et al.，2013；Liu et al.，2022）。除此之外，在黑海、里海、挪威海、地中海、加的斯湾、鄂霍次克海等多处都发现了浅表层水合物。近年来，我国也已在南海神狐海域（张伟等，2017）和琼东南盆地（Wei et al.，2019）获取了与海底冷泉相关的浅表层水合物实物样品。

通过多年努力，当前已经知道与海底冷泉活动有关的浅表层水合物分布广泛，且可以在有限区域内高度富集，具有可观的资源价值，未来和深层扩散型水合物一样，也可作为未来社会发展的重要可替代能源。因此，这种特殊的资源受到国际学术界和工业界越来越多的关注。

8.1.2　海底冷泉区浅表层水合物的资源特征

浅表层水合物与海底冷泉系统的关系密切（Riedel et al.，2007），因为这种形成和维持需要持续的高通量流体——集中流，以维持海底沉积层及孔隙水中甲烷的高浓度，从而减缓和防止水合物分解。同时，冷泉系统的存在为自深部向上运移的甲烷提供了有利通道，有助于甲烷运移到海底附近从而形成和维持浅表层水合物（Trehu et al., 2006；刘玉山等，2016；Liu et al., 2019）。反过来，浅表层天然气水合物的分解也是冷泉系统甲烷的重要来源（Cao et al., 2020）。冷泉系统中浅表层水合物层以及大量发育的冷泉碳酸盐也可以起到封堵、圈闭的作用，进一步导致深部来源的甲烷流体才在此成核和聚集，导致浅表层水合物不断聚集。如在东地中海尼罗河深海扇，由于碳酸盐岩结壳的阻隔，来自深部的甲烷气泡羽流只能从冷泉碳酸盐岩结壳的裂缝处逃逸，更多的甲烷在结壳下成核聚集为水合物（Cao et al., 2020）。

2015 年，我国首次从琼东南盆地"海马冷泉"中获得了约 4 m 厚的浅层水合物（Liang et al., 2017），并且发现了完整的冷泉生态系统。2019 年的 ROV 可视化调查显示"海马冷泉"存在两种类型的冷泉渗漏：一种是由气体水合物分解导致气体从海底缓慢逸出形成的气泡（渗漏结构）[图 8-2 (a)]；另一种含有气泡的流体以羽状流形式从喷口（喷发结构）迅速喷发出来 [图 8-2 (b)]。冷泉区海底发育了丰富的天然气水合物和冷泉生物，如贻贝 [图 8-2 (a)]，同时其水体中溶解甲烷浓度达到 91 nmol/L，远高于正常底水（0.5~2.0nmol/L）（Di et al., 2020），推测气泡大部分为水合物分解形成的甲烷气泡 [图 8-2 (c)]。这些气泡从海底逸出后，形成甲烷气泡羽状流 [图 8-2 (a)]。此外，由于在深海环境中这些气泡仍处于水合物稳定带内，部分甲烷和海水迅速合成固态水合物，

图 8-2 "海马冷泉"周围观测到的天然气水合物

(a) 从海底渗出的气泡流；(b) 含甲烷的液体从海底喷出；(c) 气水合物分解与甲烷气泡形成；(d) 气泡与水合物表层。(a) 的尺度根据图像中的标尺计算，(b)、(c)、(d) 的尺度根据经验点估算（Chen and Feng, 2023）

因此在已有气泡表面形成了一层"包壳"或称"表皮"，由于混入长链的烃类成分，一部分包壳变成了黄色，并且呈现片状［图 8-2（d）］，这与 Rehder 等（2002）和 Römer 等（2012）的观察结果一致。

台西南海域也是冷泉和浅表层水合物均发育的海域。通过调查，在 TXNB 深水区的地震剖面上表现出大范围的空白带反射和嘈杂反射，并且在海底通常可见圆顶和锥形结构。连续的 BSR、泥火山、泥底辟和气烟囱表明存在水合物（图 8-3）。此外，多波束剖面和 ROV 现场观测进一步证实了该区存在活跃的冷泉系统（Chen and Feng，2023）。最近盆地模拟和地球化学研究表明，深层烃源岩和油气储层可能有助于浅表层水合物的形成。此外，在邻近的 TXNB 中东部地区发现了与泥火山相关的热成因气体，表明浅表层水合物与潜在的深层油气藏之间存在潜在的耦合关系（Chen et al.，2017）。

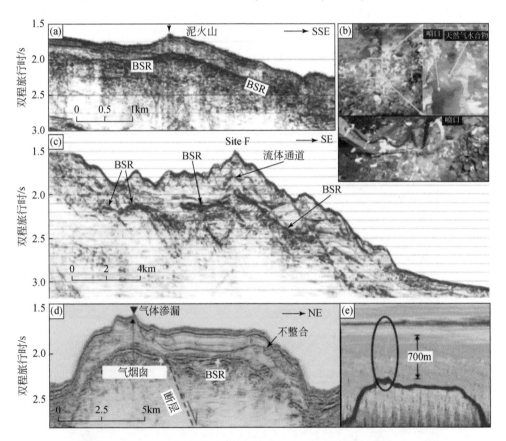

图 8-3   台西南泥火山附近观测到的 BSR 地震剖面图（Liu et al.，2006）

（b）福尔摩沙山脊 F 点海底暴露的冷泉渗漏喷口和天然气水合物（Zhang et al.，2017b）。（c）地震剖面显示福尔摩沙山脊上的气体渗漏以及穿过 F 站点 BSR（Hsu et al.，2018）。（d）显示 Pointer Ridge 上方的气体渗漏和 BSR 地震剖面（Han et al.，2019）。（e）Pointer Ridge 上方探测到的气体羽状流（Han et al.，2019）

南海珠江口盆地东部海域 GMGS2-08 站位多频率数据成像分析结果显示，浅表层水合物的存在与海底冷泉之间有密切关系。该站位的地质剖面显示似海底反射（BSR）被一弱反射区域间断，指示局部地层受到向上运移流体的扰动（图 8-4）。这种海底反射变弱的部位可能对应了冷泉喷口构造，指示了流体发生渗漏的位置（Petersen et al.，2009）。在浅剖剖面上识别出声学空白，指示气烟囱的存在。以上现象说明该站位的浅表层水合物有可能是上一次冷泉活跃期富甲烷流体快速运移形成的水合物残留（刘斌等，2019）。与之相比，在南海琼东南盆地中部采集的三维地震数据表明，深部地层的热解成因气沿着深部断层和气烟囱运移到浅部地层，促进了该区冷泉系统和浅表层水合物的形成。在南海东沙海域，通过地球物理和测井数据研究后，发现浅表层水合物主要受控于流体沿断层的迁移，以甲烷气泡羽状流或者喷口为标志的冷泉活动可作为存在浅表层水合物的勘探标志（Liu et al.，2021）。

笔者所在团队最近在对中国某海域的水合物资源调查中发现，地震测线显示该区海域发育一系列高角度小断层，在峡谷侧翼存在明显的 BSR（图 8-4），并呈现多套波峰-波谷的叠加，下方偶见声学空白带，表明水合物稳定带底界面紧邻下方游离气的存在。该区断层广泛发育，与水合物稳定带、有利沉积相以及地层深部有效空间匹配，为烃类气体的垂向二次运移以及后续的水合物富集提供了有效的运移通道体系。利用 ROV 开展的可视化调查显示，该海域发育大范围的冷泉碳酸盐岩。结合三维地震数据推测该区深部的甲烷气体曾穿过水合物稳定带沿着广泛发育的断裂带渗漏至浅表层，即深部地层的热解成因气运

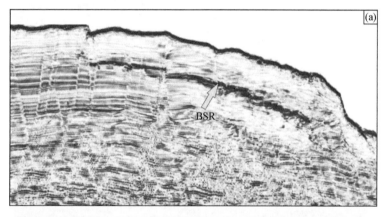

图 8-4　在我国某海域探测到的与海底冷泉有关的浅表层水合物系统

（a）工区上方断裂以及 BSR 地震剖面图。（b）ROV 拍摄到的大范围冷泉碳酸盐岩

移到浅部地层，促进了浅表层水合物和冷泉活动的共同发育。

与经常发育于沉积物深部的扩散型以及混合型水合物相比，浅表层渗漏型水合物具有饱和度高、埋藏浅的特点，具有较高的开采价值（Liu et al., 2019）。Boswell 等（2006）按照水合物储层资源潜力与开采难度对天然气水合物进行了分类，提出了"天然气水合物资源金字塔"模型（Boswell et al., 2006）。按其方案，从金字塔顶端到底端，各类天然气水合物储层的资源潜力逐渐增大，但水合物质量逐渐降低，资源预测可信度相应降低，开采难度相应提高，可采效率逐渐降低（图 8-5）（吴能友等，2017）。虽然 Boswell 等（2006）的水合物分类和我们自己提出的分类（孙治雷等，2023）标准有所不同，但其明确指出的"与冷泉相关的块状水合物储层"（图 8-5 中以字母 D 标注）仍大体对应我们所说的浅表层渗漏型水合物，并位于金字塔的中上部，与其他类型水合物相比虽然资源量不大，但是其开发难度适中，因此有必要将其作为水合物资源开发的优选远景目标（陈强等，2020）。

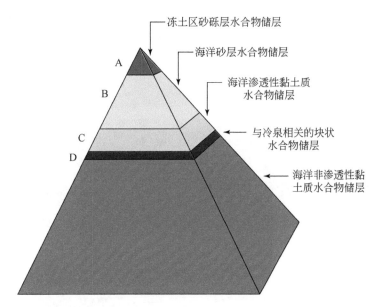

图 8-5　天然气水合物资源金字塔（Boswell et al., 2006）

8.1.3　浅表层水合物开发关键技术和装备

当前海洋水合物资源的开采以海底原位分解采气技术为主，如中国和日本开展的 4 次海域水合物试采都是以降压法为核心技术进行的。然而这些海域水合物试采聚焦的是埋藏较深的扩散型水合物层，其成藏模式、分布特征与浅表层渗漏型水合物有明显不同，以降压为核心的开采技术并不适用于该类型水合物。从当前的深海科技水平来看，浅表层水合物最有效的开采方式是原位破碎抽取开采方法，其中固态流化法和机械-热联合开采法是已经提出的最具代表性方法，其开采技术的基本原理是利用专用机械设备在水下将固态水合物粉碎并转变为具有一定流动性的碎屑浆液，并在人工举升的过程中使水合物分解产气

（陈强等，2020）。除了原位破碎抽取开采法之外，也有学者提出了利用水合物储层下部自然存在的高温流体或干热岩的温差发电开采、水合物浅表层水合物的原位种植及采收法，以及针对海底泥火山的特殊构造提出的覆盖式加热法等创新性技术。由于这些技术充分考虑了浅表层水合物自身的资源特征，并强调对周围自然存在的能源的利用，总体上对于降低开发成本、减少开发技术难度，消除外部可能的污染风险、提高整体开发效益具有明显的优势和重要意义，为浅表层水合物开采问题提供了新思路。

（1）固态流化法

固态流化法是我国科学家周守为等（2017）基于海域天然气水合物钻探取样情况，针对南海海域渗漏型水合物赋存位置浅、分布集中等特殊物性和开采要求提出的全新开采工艺。其核心思想是，将浅表层块状水合物看作一种海底矿产资源，利用其在海底的温度和压力下的稳定性，使用海底的机械设备将固态块状水合物先破碎、后流化为水合物浆体，再经过二次破碎和泥沙预分离后转移到密闭的固、液、气多相举升管道内，然后利用举升过程中海水温度升高、静水压力降低的自然规律使水合物逐渐分解气化，含天然气的水合物浆体最后被输送至海上作业平台或岸上进行后期加工处理，使固、液、气三相分离，获取天然气（图8-6）。

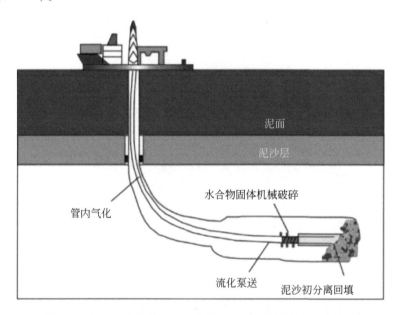

图8-6　天然气水合物固态流化开采系统（周守为等，2017）

固态流化开采方法的基本流程见图8-7所示（周守为等，2014），其核心内容有以下几点。

1）海底原位固态开采。尽管在开采过程中采掘机械在海底切割和收集水合物的操作会造成局部温度的波动，但相对于海底稳定的温度场，这种影响很小，所以开采时没有打破块状水合物的热力学平衡与压力平衡，可保证海底的水合物不会发生分解。

2）混合浆液的密闭输送。采用封闭环境下的海水引射技术，将开采出来的固体块状水合物粉碎、流化，形成气、液、固三相混合流，然后利用海底提升装置进行密闭输送。

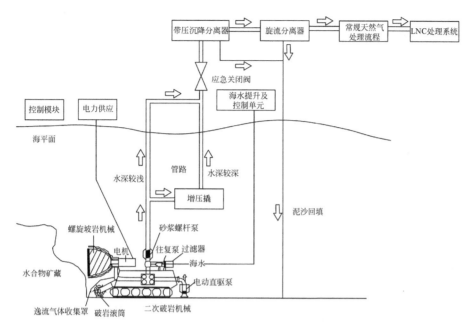

图 8-7　深水浅层天然气水合物固态流化开采工艺流程（周守为等，2014）

3）海底游离砂的分离。水合物多以沉积物的形式赋存于海底，若将水合物沉积物全部举升至海上作业平台，将大大增加输送过程中的系统功耗。因此，在举升前需要根据天然气水合物沉积物中的含砂量和密度来增设泥沙预分离技术，将混合物中的部分游离砂分离出来，以提高有效输送效率，提高举升过程中水合物的自然分解量。

4）密闭管道内的可控分解。利用海底管道输送过程中的压力温度变化实现部分天然气水合物自然分解，将深水浅层不可控的非成岩天然气水合物藏通过采掘密闭流化举升系统变为可控的天然气水合物资源，从而保证生产安全，避免潜在危害。

5）输送系统内的原位分解和自气举。流化状态的含水合物浆液在从海底到海面的举升过程中经历温度的逐渐升高和压力降低的自然变化，部分天然气水合物逐步气化分解，混合物密度降低，同时水合物分解产生的气体会使输送管道中的气体压力增大，因此可以实现水合浆液的自气举，有效降低输送过程中的能耗。

6）浆液的水中泵送。当目标矿体水深较深、天然气水合物沉积物含沙量大时，可以考虑在距海平面一定位置（如 400～500m 深度）增设一套水中泵送系统，以确保水合物顺利输送到海面进行后期加工处理。

7）化学法稳定输送。由于从海底到海面温度、压力变化较大，为防止水合物在输送过程中发生大量气化，需要加入甲烷稳定剂。

8）矿砂的就地回填。含天然气的水合物浆体被运送到海面平台进行后期加工处理，之后将分离出的泥沙回填至采空区，保持海底原貌的同时有助于避免地层塌陷。

9）自然压井。紧急情况下可以切断系统的动力源，利用密闭输送系统内的泥沙重力沉降实现自然压"井"，防止发生井喷。

与降压法、热激法和抑制剂注入法等传统的海底原位分解采气的方法相比，固态流化法整个采掘过程在海底水合物矿区进行，未改变原位水合物赋存的温度、压力条件，类似于构建了一个由海底管道、泵送系统组成的人工封闭区域，起到常规油气藏盖层的封闭作用，使海底浅层无圈闭构造的水合物矿体变成了封闭体系内分解可控的人工封闭矿体，从而保证开采过程中海底水合物不会大量分解，实现原位固态开发，避免因水合物大量分解而引起的威胁海面行船和大气温室效应，使整个开发过程更加安全可靠（周守为等，2014）。同时，块状水合物的破碎流化产生的碎屑浆液在举升的过程中因管道回路输送途中温度、压力的自然变化发生可控的分解，可避免井底出砂、水合物分解失控等问题（赵金洲等，2017；伍开松等，2017）。此外，在原位开采过后将部分不含水合物的沉积物重新填补到采掘区以维持矿层稳定，也可以避免海底储层塌陷等生产事故。

　　然而，固态流化法也具有较为明显的缺点，主要是技术难度大、费用高。该方法需要将水合物沉积物全部举升到海平面分解，消耗能量巨大，能量利用效率不高。管道回路中气-液-固多相流动复杂多变，对管道的安全控制要求非常高。此外，水合物分解后分离出的砂石直接排放到海床，又需要确保这些临时堆积起来的砂石不会发生滑动或浊流等灾害，否则将会严重破坏海底采矿区的脆弱的生态环境（欧芬兰等，2022）。

　　2017 年 5 月，中国海洋石油集团有限公司依托"海洋石油 708"深水工程勘察船，利用固态流化法，在南海北部荔湾 3 站位对目标矿体水深为 1310m、埋深为 117～196m 的水合物储层成功实施了试采作业（周守为等，2017）。该站位水合物层岩性主要为泥岩、粉砂质泥岩、泥质粉砂岩和粉砂岩，地层平均孔隙度 43%，平均含水合物饱和度 40%。本次固态流化法的试采工艺流程如图 8-8 所示，其中采掘过程中使用喷嘴射流的方法破碎井眼周围水合物矿体以实现水合物开采。经过约 2h 的射流采掘过程，产出天然气约 101m^3，

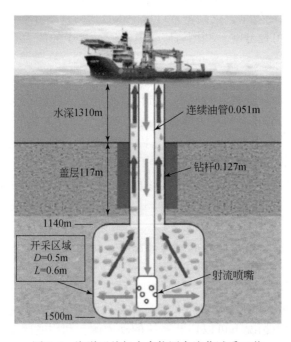

图 8-8　海洋天然气水合物固态流化试采工艺

基本达到试采目标（付强等，2020），最终在技术层面初步验证了固态流化法开采海洋水合物工艺的可行性，标志着我国在具有自主知识产权的水合物勘探开发关键技术上取得新的突破（周守为等，2017）。

（2）机械-热联合开采法

机械-热联合开采法是张旭辉等（2016）考虑到降压法、注热法等常规水合物热传导效率低下的现状，针对浅表层水合物储层的地质和力学特点提出的新方法，其基本思路是把浅表层水合物视为一种固体矿产资源，通过特定的机械设备挖掘，并进行粉碎处理，形成一定尺度的小水合物颗粒送入管道，然后与一定温度的海水掺混，得到的混合物通过管道运输至分解仓进行相变分解，将产生的气体与沉积物骨架颗粒和水分离后，气体通过生产管道输出收集，分解水排入海水中，最后将沉积物颗粒回填至采空区（张旭辉等，2016）。总体流程为：地下挖掘—粉碎—传送—与海水混合/分解/分离/回填—颗粒流输送—气体输送与收集（图8-9）。

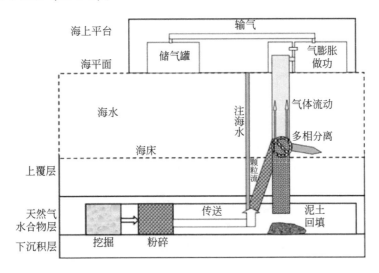

图 8-9　机械-热开采流程（张旭辉等，2019）

机械-热联合开采法与现有水合物开采方法相比具有如下特点与优势。

1）有效增大分解范围：降压法、注热法等原位分解采气方法的开采效率和开采程度取决于水合物储层热传导效率、储层渗透率、分解速率等因素，这些因素可能会限制开采时的分解范围，因此效率较低。机械开采水合物不受分解范围的限制，可以在更大的空间挖掘天然气水合物地层。水合物沉积物被粉碎成小颗粒后，传热表面积增大，并且小颗粒、水、气在流动中热传导速率也得到加快，缩短了热传导时间，极大地改善了水合物的开采效率和程度，更容易实现商业化开采所需的产气量。

2）利用海水的天然热量：该方法在水合物分解过程中可以充分利用海水的天然热量提高开采效率。通过管道将从表层取到的温度较高的海水与机械破碎得到的小尺寸水合物颗粒掺混，然后通过管道向上输送。通常来说，表层海水与下部水合物层至少有十几摄氏度的温差，而海水可以视为无穷无尽的，利用海水热量和对流热可以高效地实现水合物的分解，进一步提高开采效率。

3）降低地层安全风险：采用常规水合物开采方法时，水合物分解形成天然气和水，储层的机械强度将会降低，有可能发生储层沉降、滑塌。随着井筒周围水合物不断分解，储层下沉，使得井筒附近的剪应力明显增加，容易出现井壁失稳、出砂等问题。采用机械-热联合开采法可以对开采方式和采矿区间隔进行合理的结构设计，并且可以实现储层一边开挖，一边支护回填来解决水合物地层安全性问题。

同时，与固态流化法相比较，该方法的最大特点是不需要将含水合物的沉积物全部举升到海面平台进行分解，而是将其运送到适当高度的分解仓进行固、液、气三相分离，只将分解所得到的天然气输送到海面，剩余的沉积物全部回填到采矿区的地层内，因此可以有效降低施工风险和能源消耗（陈强等，2020）。

目前，对于机械-热联合开采法这一方法研究还处于理论研究阶段，仍然面临很多关键科学问题与技术难点，包括管道中气、液、固多相流动问题；小颗粒天然气水合物分解率问题；土-水-气多组分混合物的分离及回填问题；机械-热联合开采时的地层稳定性问题等，尚未开展场地试验，其可行性需要进一步研究。

（3）温差发电开采水合物

常规的热解法是通过对水合物储层进行加热，使水合物层的温度超过其平衡温度，从而分解为水和天然气的开发方法。该方法具有热量作用直接迅速、水合物吸热分解效果明显、注热井井口位置可控、对环境影响有限、适用于各种类型水合物矿藏开采的优点。但是该方法同时又需要额外提供大量热量，且能量利用效率低，从经济上降低了开发的可行性。

通过大量的地质勘探表明，由于海底自然存在的地温梯度或者地层深处的岩浆活动，在海洋水合物储层下部普遍发育有干热岩或高温、高压卤水层（以下简称"热卤水层"）或者温度较高的地层。因此，从理论上可有效利用下部自然存在的高温流体或干热岩作为热解法分解水合物的热量来源，无须额外提供能量来源，这对于降低开发成本、减少开发技术难度、消除外部可能的污染风险、提高整体开发效益具有明显优势和重要意义。

有鉴于此，孙治雷等（2018）提供了一种基于温差发电机的海域水合物热采装置。该方法利用水合物储层下方自然存在的干热岩或热卤水层的热量（温度可达到200℃及以上）与水合物储层（温度为0℃以下）的温差进行发电，经控制器调整后供给加热电极在生产井内生热，并通过射孔层段对水合物储层有效传递热量，从而对周围水合物进行分解，最终实现海洋水合物的开发。

该装置主要包括能量井和生产井两个系统（图8-10），其中能量井需要钻穿水合物储层，下部抵达干热岩层或热卤水层，并在这两层分别射孔，井内布设温差发电机。其中，发电机"热端"中心布置于干热岩层或卤水层中心部位，"冷端"中心布设于水合物层中心部位，以获得最大温差，产生最高的电能。为防止能量井内水合物层因水合物储层分解产生的游离气难以排出，在井口设置降压出气阀门，以保证能量井和温差发电机的安全。生产井只要求钻孔至水合物开发生产所要求的正常深度，在水合物射孔层段布置热电极，利用能量井提供的电能生热然后对水合物中的天然气进行热采。为有效调整天然气生产所需要的电能，每个生产井和能量井之间设置电压控制器，精确控制温差发电机产生的电能以满足水合物气体生产所需，每口生产井设置降压出气阀门，以保证天然气水合物的顺利产出。

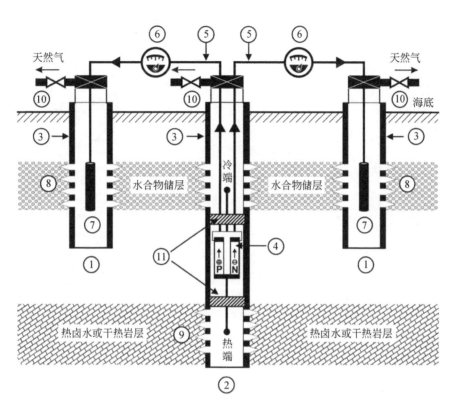

图 8-10　海域水合物储层利用温差发电机采集天然气示意

1-生产井；2-能量井；3-套管；4-温差发电机加热电极；5-导线；6-电流控制器；7-加热电极；8-水合物射孔层段；

9-干热岩或热卤水射孔层段；10-降压产气阀门；11-绝热隔层

这种温差发电机的转换效率受制于发电机"冷端"（位于水合物储层中心）和"热端"（位于干热岩或热卤水层中心）的绝对温差，温差越大，转换效率越高，装机容量根据生产井的需求（比如热电极的功率、单位能量井可供应的生产井数量）而具体设定。另外，在水合物储层、干热岩或热卤水层与相邻地层之间需分别以绝热隔层进行隔热处理，以保证温差相对恒定，并且防止干热岩或热卤水层的热量通过对流扩散到水合物层，破坏该层段的水合物稳定性，造成能量井大规模产气，影响温差发电机工作。

（4）天然气水合物的原位种植及采集系统

由于深海环境的特殊性，天然气水合物的稳定带不但位于海底沉积物内，而且还延伸到底层水柱内，这给水合物的稳定形成拓展了一种特殊的空间。在世界多地的海洋冷泉调查中，都发现了甲烷气泡溢出后在调查容器中形成水合物的现象，而在一些地区（如莫克兰大陆边缘的冷泉区），甲烷气泡溢出后迅速在其表面形成了水合物包壳。由于水合物的密度小于水，因此形成的水合物晶体又迅速漂浮到上部水体中，直至在稳定带上部发生分解。

针对这一自然规律，考虑利用当前遍布海底的冷泉活动来获取甲烷气体，我国科学家又发明了一种原位井扩孔、截留天然气种植水合物并进行采集的技术方法（图8-11）（孙治雷等，2020）。这种方法充分考虑对天然气水合物富集区冷泉流体的采集利用，最终能获得清洁的甲烷气体。该方法一方面，可以克服钻井开发经济成本高、环境污染大的问题；另一方面，也可以从源头截留泄漏的甲烷气体，缓解海水酸化缺氧和大气中温室效应气体的增加。

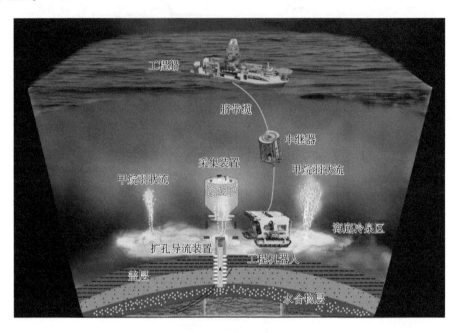

图 8-11　海域天然气水合物的原位种植及采集系统示意（孙治雷等，2020）

该技术方法需要的关键装置主要包括工程船、扩孔导流装置、采集装置和海底工程机器人（含中继器等）。其中，扩孔导流装置首先在已有的海底甲烷羽状流喷口通过钻井钻探至游离气层后，促使游离气排放起到降压作用，从而促进上部作为盖层的块状水合物发生进一步泄漏，加大水合物泄漏点的甲烷气体的排放通量。同时，利用扩孔导流装置将逃逸的气体妥善导流至采集装置内，利用天然气存在的水合物稳定带特征，在原位迅速形成固态水合物晶体，待整个采集装置充满水合物固体后，进行妥善的保压自封闭操作。然后，在压力传感器和智能控制单元的指示下，该采集装置从海底自主脱钩，利用总体密度小于海水的特征，自浮至海面。在此过程中，由于海水温度的逐渐升高，将有一部分已形成的水合物发生气化，其余固态部分由工程平台或工程船进行气化收集。同时，海底设置具有爬行模式的工程机器人（包括中继器），以进行采集种植单元的准确布放和脱钩等作业，最终实现海域天然气水合物无污染开发。

该技术方法能有效减少甲烷气体的逃逸，改善海水缺氧和酸化的程度，并有利于缓解大气中的温室气体效应。同时，变过去水合物资源的钻探开发为集约式的控制种植，从而去除泥沙的干扰，获得高纯度的水合物矿体，同时还可统一控制获得的矿体的形状，使之在液化分离甲烷的后期采气过程中更适合流程性的大规模操作，提高生产效率。由于生产过程中只从工程船或平台排放水体，几乎不存在环境污染。

2018 年，笔者团队利用该种方法在我国海域进行了海底原位采集实验（图 8-12）。在一处活动冷泉喷口, 利用水下机器人将小型的采集装置布放在甲烷气泡羽状流上部后, 利用冷泉区自然溢出的甲烷气泡羽状流合成了固态水合物。现场观测, 容量为100ml 的仪器, 20s 左右就可充满固态水合物, 并将采集装置内原本充斥的海水挤压到外部 (图8-12a)。同时, 通过原位的激光拉曼分析, 这种固态水合物为典型的 I 型水合物 [图8-12 (b)], 充分表明了该方法的可行性。

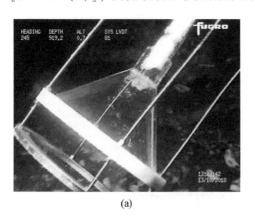
(a)

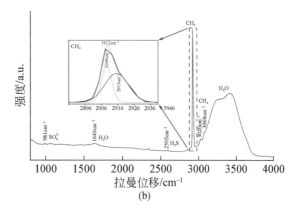
(b)

图 8-12   在我国海域开展的原位种植合成水合物场景 (a) 以及原位激光拉曼成分
测试结果 (b) 水合物合成及测试位置水深 985m

(5) 覆盖式深海泥火山型天然气水合物开采方法

前已提及, 浅表层水合物通常和一些海底的特殊地质体, 如泥底辟、泥火山、气烟囱密切相关。在世界很多海域, 泥火山型浅表层水合物非常发育, 这些泥火山的直径在数米到数百米之间, 有的甚至高出海底数米到数十米, 中间通常充填着巨量的高饱和度水合物。据调查, 日本南海海槽单个泥火山的甲烷储量达到 10 亿 m^3, 而这样的泥火山在海域中通常成群出现, 动辄数十到数百个, 如日本海已经发现了 1742 个浅表型水合物构造体, 大多数是泥火山构造。由于在海底分布的普遍程度、浅埋深和厚层状的赋存方式以及所具有高饱和度等特征, 泥火山型浅表层水合物有望和深层扩散型水合物成为水合物产业化同等重要的目标, 其资源意义不可估量。由于深海泥火山型水合物赋存位置较浅, 且赋存范围一般较集中, 上部呈丘状突出海底, 中心位置发育气体流经的通道, 针对此特殊构造, 我国科学家提出了一种覆盖式加热开采方法 (Cao et al., 2022), 其具体步骤如下: 首先在泥火山中心通道钻井, 布设套管并射孔, 再利用工程机器人在泥火山侧翼布放绝热隔气罩, 然后利用船载供能装置 (太阳能板和备用蓄电池) 加热水合物, 最后收集生产井内的气体, 在工程船上进行储集 (图8-13)。

该方法基于特殊设计的绝热隔气罩和热电极加热来开采天然气水合物。绝热隔气罩可以根据泥火山的形状任意铺设, 并具有很好的防气体渗漏能力, 可以阻止水合物分解气体从侧翼溢出; 具有均匀加热功能, 在隔气层和发热层之间利用石棉材料作绝热处理, 使发热层单向面对下部水合物, 以最大限度地减少能耗。同时, 在水合物饱和度高、厚度大的位置还集成多个热电极, 与绝热隔气罩发热元件有效连接, 统一供电。每个热电极可以根据水合物层的实际深度贯入到所需深度, 进一步加热目标区水合物。这样, 就可将分解的

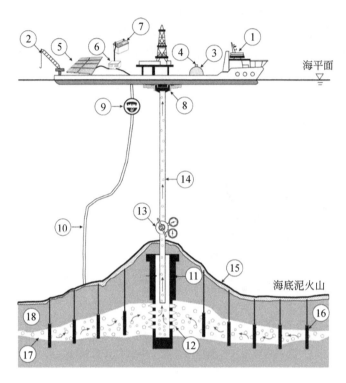

图 8-13 深海泥火山型水合物开采示意图 （Cao et al.，2022）

1-开采母船；2-吊装机构；3-天然气储集装置；4-流量控制阀；5-太阳能加热板；6-光电转换器；7-蓄电池；8-安全脱钩系统；9-温度压力传感器；10-供电电缆；11-生产井；12-射孔；13-减压控制阀；14 天然气输送管道；15-隔气绝热罩；16-热电极；17-水合物层；18-沉积物层

水合物在井底压差的作用下，从产出井的射孔流进产出井。最后，在产出井中布设降压装置，进一步分解水合物。

针对深海泥火山型水合物的覆盖式加热开采方法充分考虑了海底泥火山的地质特征和资源特点，克服了加热开采水合物过程中加热范围小、耗能多、产出率低的缺点，有望大幅提高开采效率；同时，也避免了海底大范围开挖造成的环境风险和生态灾难。不仅如此，通过利用太阳能，降低了成本，绿色环保。以上措施，可实现泥火山型浅表层水合物的大规模高效经济开采，具有很好的应用前景。

8.1.4 浅表层天然气水合物开发前景展望

在常规化石能源日趋枯竭的 21 世纪，海洋天然气水合物的发现让人类看到了新的曙光。天然气水合物领域的科学研究任务之一，即从各地水合物筛选并鉴定出一批具有资源远景和开采价值的水合物，称作"可开采的天然气水合物资源"或"资源级的天然气水合物"，以区别于笼统的天然气水合物。与深海冷泉活动有关的浅表层水合物资源具有聚集程度高、饱和度大、易于开采等特点，最有可能成为除北极砂岩水合物外率先被开发的水合物资源。

同时,我们还要看到,浅表层水合物虽然资源优势明显,潜力巨大,但是由于其特殊的物理力学性质和赋存状态,目前其开采理论尚未成熟,已经提出的技术方法大都存在灾害风险高、技术难度大、开采成本高等问题。为实现其安全、环保、规模化开发的战略目标,需要从以下几个方面做出更多努力。

1)加强专门针对浅表层水合物的开采技术和装备研发。浅表层水合物具有埋藏浅、弱固结、局部聚集程度高以及矿体不连续的特点,其开采技术装备与沉积物中深层内扩散型水合物完全不同,需要加强该类型水合物开采专用技术和装备的研发与应用。同时,还要综合考虑工程技术实施的可行性、经济性和开采效率等,制定合适的开采方案并最终实现其商业化开发。此外,还需加强新型开采技术的研发与应用,如利用超级计算机技术对海底浅表层的块状水合物进行数字化建模,可有助于更好地把握矿体特征,从而提出更合理的开采方案和流程,提高开发效率。

2)加强对开采过程中环境及地质风险的控制和管理。海域浅表层水合物特殊赋存环境使得其在开采过程中面临着潜在的地质风险及环境风险,在已经处于分解释放状态和分布有珍贵极端生物群落资源的冷泉区更是如此。因为在海底表层或浅层的水合物开发或大量分解可能会引起海底滑坡等地质灾害,同时开采过程中水合物若发生不受控制的分解将加剧海底甲烷流体向外部圈层的释放,从而加剧温室效应。因此,需要加强开发安全和环保方面的研究,结合不同开发模式开展开采地质和环境风险的理论分析与模拟实验,加强该类型水合物开采过程中甲烷排放对环境的影响研究,明确甲烷排放对海洋生态和温室效应的影响,预先建立和完善浅表层水合物勘查、开采过程中甲烷泄漏的监测-防控体系,以起到有效控制甲烷排放或消除甲烷负面影响的目的(Liu et al.,2023)。

3)加强浅表层水合物开采理论与实践协同发展。水合物高效开采方案与实际试采对接,对于提升开采方案产业化应用能力至关重要,尤其是在还没开展真正试采的浅表层块状水合物方面。下一步将在已有开采技术方案的基础上,充分进行预测评价,遴选出技术最为可行,最为经济环保和高效的浅表层水合物开发技术方案,在强化开采方案的技术成熟度时,同时借鉴中深层扩散型水合物和常规海洋油气的通行做法,积极推进相关中试尺度实验台的建设和相关领域产业的协调发展,以更好地使开采技术实现迈向试采平台的关键一步(李清平等,2022)。

总之,深海海底与冷泉活动有关的浅表层水合物显著的资源优势和巨大的资源潜力必将吸引研究机构和科研人员的持续关注,使其成为未来水合物产业化的重要目标之一。相信随着全方位、多层次、多学科地开展各项调查研究,包括该类型在内的水合物的安全高效开发终将造福人类,这也将是深海极端环境满足人类社会能源需求的慷慨馈赠。

8.2 海底热液金属硫化物

8.2.1 概况

海底多金属硫化物(polymetallic sulfide)是由高温黑烟囱喷发的富含金属元素的硫化

物、硫酸盐等构成的矿物集合体（Rona et al., 1993）（图 8-14），它是继多金属结核和富钴结壳之后，另一种重要的海底矿产资源。海底多金属硫化物在世界大洋水深数十米到 3700m 都有分布，大量出现在 2000m 水深附近的大洋中脊和地层断裂带。相比陆地矿床，海底热液硫化物矿床金属含量纯度更高，矿物中含有丰富的铅、锌、铜、金、银等金属（Sun et al., 2018；曹红等，2018；Cao et al., 2018a, 2018b；Webber et al., 2017），其总

(a)

(b)　　　　　　　　　　　　　　　　　　(c)

图 8-14　海底热液活动以及热液硫化物

（a）中国大洋一号科考调查航次中"蛟龙"号深潜器在西南印度洋拍摄到的正在喷溢的海底热液黑烟囱；（b）大洋一号科考船采获的巨大热液硫化物；（c）采自太平洋东北部胡安·德富卡洋中脊的金属硫化物（Tivey et al., 2002）

储量高出陆地上对应矿产资源储量的几十倍到几千倍。据估算，全球海洋中多金属硫化物总储量达到 $6 \times 10^8 t$，其中铜、锌和铅的资源量约为 $3 \times 10^7 t$（张柏松等，2018），资源潜力巨大。海底多金属硫化物因为赋存水深较浅，距离陆地较近，金属种类丰富及富含大量贵金属，被认为是有望最先实现商业开采的海底矿物（Yamazaki et al.，2015；曹亮等，2019）。

海底多金属硫化物形成于热液喷口地区，由海底热液喷冒而出形成烟囱状的矿体堆积形成。在这一过程中，温度较低、密度较大的海水沿着补给区海底裂缝向下渗漏，到达地壳几公里深处，受炙热的熔岩加热升温后，温度可达到 400℃ 以上（曾志刚等，2011）。下渗过程中海水与围岩发生水岩反应，形成一种温度高、弱酸性、具还原性且富含从围岩中淋滤出的大量金属与硫元素的热液流体。随后热液在一定温度和压力条件下发生相分离作用，密度随之变小，使得热液能够沿着扩张中心的上升区裂隙向上迅速涌动，喷出海底。当热液流体与冰冷的海水混合时，溶解的金属以"烟"的形式从喷口排出，冷却后在海底及浅部热液通道和喷口附近堆积形成大量的磁黄铁矿、黄铁矿、黄铜矿、闪锌矿、方铅矿等多种硫化物（王叶剑等，2011；Sun et al.，2012，2018；Zhang et al.，2022，2023）。

自 20 世纪 70 年代海底热液硫化物在东太平洋海隆首次被发现以来，迄今全球已经发现热液矿点和矿化点 700 余处，其中形成具资源远景的金属硫化物沉积区有 300 余处。多金属硫化物矿床在多达 12 种不同的构造环境中均有分布，但主要存于长度近 6 万 km 的大洋中脊系统、总长度 2.2 万 km 的火山弧或 7000km 的弧后盆地扩张中心。全球大多数海底热液喷口或多金属硫化物矿床分布于洋中脊（56.3%），有 20.39% 位于弧后扩张中心，20.08% 分布在火山弧。其中的三分之二位于主权国家的专属经济区（EZZ），三分之一位于国际海底区域。从矿床所处的海域来看，它们主要分布在太平洋，其次为大西洋和印度洋，并且主要集中在中低纬度区域。与之相比，由于高纬度海域海况普遍较差，例如环南极洋中脊海域位于南大洋西风带，北冰洋的 Gakkel 洋脊海域常年被冰覆盖，矿床调查难度较大，发现数量相对较少。需要注意的是，目前已知的几乎所有多金属硫化物矿床都分布于洋中脊和弧后扩张中心的火山活动带，人们对于可能位于远离这些地点并可能被深海沉积物掩埋的较老矿床的产状和分布尚知之甚少（Petersen et al.，2016）。

在洋中脊区域，多金属硫化物矿床的出现平均频率约为 1 个/100km。基于对海底热液羽状流探测频率计算模型，前人认为多金属硫化物矿床的数量和分布与洋中脊的扩张速度大致呈正相关关系（Baker，2017）。例如，与快速扩张洋脊（如东太平洋海隆）相比，慢速扩张洋脊（如大西洋中脊）的矿床数量相对较少，间距相对较大，但是矿床规模要更大（German et al.，2016；曹红等，2018）。这一观点反映在越来越多的洋中脊勘探活动中，例如国际海底区域的 7 个多金属硫化物勘探合同区有 4 个位于印度洋中脊，3 个位于北大西洋中脊。

热液矿床的范围和矿体规模受到热液系统的热源、洋中脊构造环境等要素制约，不同制约条件的热液系统，热液矿床的空间分布范围具有一定的差异性（Andreani et al.，2014），如在快速扩张的东太平洋海隆，岩浆活动频繁，热液成因矿物可扩散至距海隆超1000km 的区域，而在慢速扩张的北大西洋洋脊，热液成因矿物分布范围较小，主要集中分布在中央裂谷。据最新调查资料和理论推算，慢速-超慢速扩张脊的断裂可以保持更长的时间，较低频率的构造事件相对延长了热液与岩石反应和热液上升的时间，较长周期的幕式活动和相对稳定的构造环境更有利于大型热液矿床的形成（Tao et al., 2020；曹红等，2015）。

8.2.2　海底多金属硫化物的资源特点

现代海底多金属硫化物具有成矿速度快、矿体富集程度高的特点，构成了海底矿产资源的重要组成部分，被认为具有可观的资源潜力。但不同构造背景下产出的热液硫化物矿床在成矿特征上具有明显差异，并不是所有硫化物区都具有商业价值。例如，沿着东太平洋海隆以及大西洋中脊分布的多金属硫化物矿床，主要由不具有经济价值的富铁硫化物构成。相比之下，西南太平洋的多金属硫化物矿区的铜、锌含量高，因此在经济上更具吸引力（Monecke et al., 2014）。发育于岛弧和弧后盆地背景的热液矿床，常具有富 Zn-Pb 的特征（Zhang et al., 2022, 2023），不同于洋中脊背景矿床富 Cu-Zn 的特征（Yu et al., 2021）。不成熟的弧后盆地中发育的热液硫化物矿床，又具有其独特的元素富集特征，如冲绳海槽和马努斯盆地的多金属硫化物显著富集贵金属 Au、Ag 以及 As、Sb、Hg、Ti 和 Bi 等微量元素（Falkenberg et al., 2021），远高于洋中脊背景产出的热液硫化物中相应元素的丰度。其中，金和银在热液硫化物矿石富集可分别达到平均 5.3ppm 和 2.4×10^3 ppm（统计的全岩数据个数分别为 119 个和 165 个，数据整理自 JAMSTEC GODACI（日本海洋研究开发机构全球海洋数据中心）和 International Seabed Authority（ISA，国际海底管理局）（张瑶瑶等，2019）。迄今发现的含金量最丰富的海底矿床位于巴布亚新几内亚专属经济区内，从区内的利希尔岛附近的锥形海山山顶平台（基部水深 1600m，直径 2.8km，山顶水深 1050m）采集的样品含金量最高达 230g/t，平均为 26g/t（40 个样品），10 倍于有开采价值的陆地金矿的平均值。最近调查研究发现，超慢速扩张的西南印度洋中脊和中速扩张的中印度洋脊热液区同样具有显著的金和银富集现象（Au 高达 252.5ppm，Ag 高达 115.5ppm），显微扫描电镜下可见自然 Au 和 Ag 颗粒（王琰等 2014；叶俊等，2010；曹红等，2018；Cao et al., 2018），显示出明显的金和银矿化潜力。

随着深海热液资源调查手段和勘探技术的不断发展，越来越多的多金属硫化物矿床相继被发现，相关矿产资源的开发受到世界各国的广泛重视和关注。各国已纷纷争取海底硫化物专属勘探合同区，为未来的商业规模开采做好准备，如海王星矿业公司于 2007 年已在西南太平洋区域和地中海申请并获得了面积约为 26.7 万 km² 的硫化物勘探区（邬长斌等，2008）；鹦鹉螺公司（Nautilus）于 2011 年获得汤加、斐济等南太平洋岛国专属经济区内面积约 4.9 万 km² 的硫化物勘探区（陶春辉等，2014）；我国于 2011 年与国际海底管理局就深海多金属硫化物勘探签署合同，享有西南印度洋区域的优先开采权（陶春辉等，2014）。随后，俄罗斯（2012 年）、韩国（2014 年）、法国（2014 年）、德国（2015 年）、印度（2016 年）、波兰（2018 年）相继签署了多金属硫化物勘探合同（International Seabed Authority, 2020），苏丹和沙特阿拉伯于 2012 年宣布投资百亿美元合作开发红海海渊多金属硫化物矿产。截至 2016 年，已有中国、俄罗斯、法国、德国、印度 6 个国家取得了国际海底管理局核准的多金属硫化物勘探申请，预示着深海资源开发时代即将到来（李家彪等，2017）。

8.2.3 海底热液硫化物开采关键技术和装备

目前，已有或正在进行的海底热液硫化物矿的开采活动及其前期相关详细勘探活动主要集中在专属经济区，不属于国际海底管理局的管辖范围，因此专属经济区的采矿活动不受国际海底管理局采矿环境规则的制约，无须遵循海底管理局的规定，无须向国际海底管理局交纳管理费用。这些因素在一定程度上也加速了世界范围内专属经济区内硫化物矿开采的步伐。

经过多年的试验以及不同采矿系统的分析比较，国际上普遍认可的海底采矿系统一般是由具有一定动力和矿产资源储存能力的水面工作母船及其携带采集矿子系统和矿物输送子系统等组成（图8-15）。很多国家针对这一系统展开了深入研究。

图 8-15 深海采矿系统（赵羿羽等，2018）

海底热液硫化物特殊的地质背景及结构形态为开采系统设计提供了极大的便利，对于一般呈丘状的硫化物矿体，采集器不需要像采集多金属结核那样在较大的区域来回采集，更不需要复杂的路径规划，而更趋向于集中在小块海底区域内的定点作业。因此，采矿系统对采集器行驶性能及控制系统的要求也将大为简化，系统的可靠性也将得到提高。

与以厘米级的结核状赋存于稀软海底沉积物表面的多金属结核不同，海底热液硫化物的赋存状态为大型烟囱状岩石，矿床的厚度至少有数米，有的甚至厚达几十米。如何在高海水围压的作用下，把矿体从崎岖不平的基岩上剥离下来，并顺利收集至采矿车内是深海多金属硫化物开采技术的核心难点（李艳等，2021）。深海多金属硫化物普遍呈三维大块状，其分布格局和陆地上的露天煤矿相仿，并且根据前人对大量样品的力学性质测试，多金属硫化物的断裂性能与煤类似，韧性和塑形类似于盐和碳酸钾，轴向压缩强度小于40MPa（李江海等，2019），因此在深海开采此类矿床可以移植和借鉴陆地上开采煤炭所用到的技术和装备。国内外相关领域的研究人员参照陆上矿物的开采技术提出了不同的深海多金属硫化物开采方案。

（1）鹦鹉螺矿业公司设计的管道提升式多金属硫化物矿床开采系统

加拿大鹦鹉螺矿业公司于2007年启动了全球首个多金属硫化物的商业勘探和开采计划，对推动多金属硫化物矿床开采技术的发展发挥着重要作用。参照陆地上成熟的采矿技术和20世纪对深海多金属结核开采技术的研究，鹦鹉螺矿业公司提出了一种管道提升式海底多金属硫化物采矿系统。该系统由采矿作业母船、海底采矿车和管道提升系统组成（图8-16），并制造了水下辅助采矿机（Auxiliary Cutter）、主采矿机（Bulk Cutter）和集矿车（Collecting Machine）等海底采矿设备。前期在1700m水深开展了破碎和采集等原理实验，验证了方案可行性，商业开采系统的海底开采车已完成建造和带水试验。

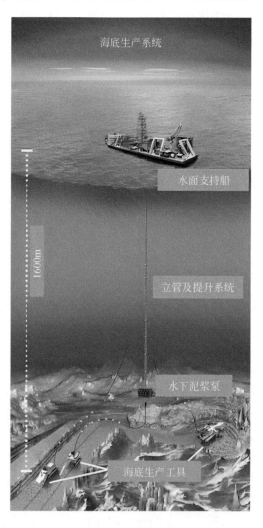

图8-16　鹦鹉螺矿业公司提出的深海多金属硫化物采矿系统（Liu et al., 2016）

该系统中辅助采矿机（图8-17）搭载采掘头负责处理粗糙崎岖的地形，为采矿机和集矿机开辟采掘带，为采矿机除掉尖峰段矿体，创建矿物开采工作面，并将采掘和破碎后的矿粒运送到采矿机附近。辅助采矿机为履带式作业车，具有机动性和采掘能力，前置1个采掘头，搭载在铰接臂上，铰接臂回转和上下运动带动采掘头上下、左右采掘矿体。该装置允许在不移动采矿机本身的情况下切割和采掘岩石。后置推铲，可为采矿车提供额外牵引力。该系统中的辅助采矿机长约13.5m，高约5.2m，宽约7m，功率为1.6MW，空气中质量约150t，最小作业区域达25～30m。采掘头功率600kW，采掘作业高度达4.0m（吴鸿云等，2011）。虽然在应用上有些不同，但辅助采矿机在某些方面借鉴了钻石采矿机的相应原理和方案（Liu et al., 2016）。

图 8-17　辅助采矿机（Heydon, 2013）

主采矿机是一种大型履带式切割设备，它在辅助采矿机处理后的开采平面上采用陆上煤矿开采常用的螺旋滚筒组成的截割部连续切割并破碎多金属硫化物矿物（图8-18）。其主要设计参数是为采掘头采掘岩面所需的最大动力，前端滚筒头与本体同宽，底盘重心低，空气中质量约250t，功率为2MW，滚筒头功率约为900kW，掘削深度可达0.3～1.0m（吴鸿云等，2011）。

辅助采矿机采掘、破碎的矿粒和主采矿机掘削的矿粒由集矿机（图8-19）收集，并经软管输送到管道系统。集矿机结构类似于海底埋缆机，长约8.5m，宽约7.7m，高约6.4m，空气中质量约100t，底盘采用双履带结构，安装有浮力材料和推进器，可使集矿机的水下质量减少约10t，在水下可浮游。机前摆杆端配置有吸盘和螺旋机构，吸盘抽吸矿区表层的松散沉积物并经离心泵泵送到远处，螺旋机构开槽并引导矿粒进入离心泵口。底盘装载的大型离心泵主要用于采集矿粒并输送到管道系统。集矿机通过软管与管道输送系统连接（吴鸿云等，2011）。

管道提升式采矿系统的开采步骤为首先通过采矿作业母船下放辅助采矿机、主采矿机和集矿机到海底矿区；用集矿机移去矿体表层覆盖的松散沉积物；再通过辅助采矿机平整

图 8-18　主采矿机（Heydon，2013）

图 8-19　集矿机（Heydon，2013）

矿区烟囱，并为主采矿机准备采矿平面；主采矿机采掘和破碎多金属硫化物矿体；集矿机对破碎后的矿物进行收集；通过输送软管用水下泵将收集的矿物浆体输送至管道提升系统然后送至水面采矿船；在采矿船上的后处理装置中对矿物进行提纯，处理后的剩余物回填至海底（李江海等，2019）。

（2）海王星矿业公司提出的抓采式半连续开采系统

抓采式半连续开采系统于 2008 年由海王星矿业公司针对 Kermadec 07 矿区开采计划设计。该开采试验系统的主要组成部分包括矿船、软管、管道输送系统、破碎机、电视抓斗和采矿车等，采矿船内设有起居室、动力站、空压机、脱水装置、提升装置、辅助和维修设备和 ROV（图 8-20）。该开采试验系统由两个分系统构成，即电视抓斗和破碎机等组成的分拣破碎系统和履带式采矿机开采系统。

电视抓斗由采矿船上下放至海底多金属硫化物矿区，抓取热液烟囱和上部露头矿，并快速地对突起的矿体进行分拣；抓斗将矿体输送给破碎装置，破碎后经软管输送到管道输送系统然后送到水面采矿船。履带式采矿机进入处理后的开采工作面，开始采集并破碎矿体，经软管输送到管道输送系统传送至水面采矿船。来自海底矿区的空气、水、固体三相混合物注入采矿船上的加压分离装置，泥浆通过船上的震荡筛，滤出更大的矿物颗粒，底流经过水力旋流器脱水后，输送至储仓。该开采系统的管道输送系统采用成熟的石油立管输送技术，高压压缩空气注入 1km 深的立管中，当混合物的比密度超过一定值时，矿浆会被吸升至水面船（吴鸿云等，2011）。

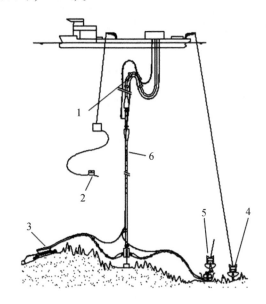

图 8-20　抓采式半连续开采系统原理示意图（吴鸿云等，2011）

1-道提升系统；2-ROV；3-集矿机；4-电视抓斗–集矿机；5-破碎机；6-立管

（3）日本提出的海底多金属硫化物开采系统

日本一直致力于深海矿产资源的开发与研究，在过去的几年里，日本在其专属经济区内的海域发现了 6 处矿藏。

日本国家石油天然气和金属公司针对海底多金属硫化物于 2012 年成功进行 1/5 商业规模采矿试验，并于 2017 年 9 月在冲绳海槽进行了世界上第一次海底多金属硫化物采掘及矿石提升整体联动试验，且取得了成功，多金属硫化物采矿技术装备已经具备产业化转化条件。在这次试验中，他们使用其自主研发的三菱挖掘与集矿试验机成功地挖掘出位于海平面以下约 1600m 的海底多金属硫化物，并通过潜水泵将其与海水一起收集和提升到集矿支撑船。目前，日本主要采用 Tetsuo Yamazaki 提出的海底热液硫化物采矿方案。该方案适用于水深 700～1600m，可在海底半径 250m 范围内采集多金属硫化物，采矿系统由半潜式平台、垂直管道、水力旋流器、软管和集矿机等组成。日本还在研制流体挖掘式采矿实验系统，水深可达 5250m，采矿能力可达日产 1 万 t。此外，韩国分别于 2009 年、2012 年和 2013 年开展 3 次海上试验，基于 1/5 商业开采规模海试验证了其集矿车行走和控制性能。印度分别于 2000 年、2006 年和 2010 年完成海底采矿车的水下测试，并开展一系列改进和试验，着眼向深海迈进。图 8-21 为不同国家的海底采矿车（李家彪，2021）。

 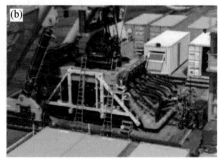

图 8-21　不同国家的海底采矿车（李家彪，2021）

（a）OMI 采矿车；（b）比利时采矿车；（c）韩国采矿车；（d）日本多金属硫化物采矿车；
（e）加拿大多金属硫化物采矿车

（4）中国多金属硫化物矿床开采技术研究

与国外研究情况相比，我国海底热液活动的调查和研究起步较晚，自 20 世纪 80 年代初逐步开始对海底热液沉积矿床开展细致的科学研究，并提出了一系列热液成矿的多元理论以及成矿元素富集。1988 年 9 月，中国科学院海洋研究所参加原苏联科学院组织的为期 5 个月的太平洋综合航次调查并首次采集到热水沉积物样品；1988 年和 1990 年，中-德、中-德-美合作开展马里亚纳海槽区热液硫化物的调查；1992 年，中国科学院海洋研究所首次独立开展冲绳海槽热液活动调查和采样，并随后在该区开展了多个航次的热液活动调查研究；1998 年我国"大洋一号"科考船在马里亚纳海槽开展了首次大洋热液矿点实验调查；2003 年我国首次独立地进行了海底热液硫化物的调查研究工作，在东太平洋海隆附近的 E46-E47 区块，首次获得了一批海底热液硫化物样品。2007 我国对劳海盆开展了海底热液活动调查，并建立了该区低温富硅烟囱体的微生物成矿机制（Li et al., 2012；Sun et al., 2012），揭示了硫化物中铜和金选择性富集的机理（Li et al., 2016）。同年，我国"大洋一号"科考船在 2800m 水深的西南印度洋中脊（SWIR）超慢速扩展段发现了新的热液活动区，先后两次从海底抓获了约 120kg 的热液硫化物样品（主要是黄铜矿、黄铁矿等硫化物矿石）。这也是首次在 SWIR 上发现现代海底热液活动及其所形成的硫化物，并"捕获"到了相当数量的样品（Tao et al., 2007；曹红等, 2011），随后中国大洋矿产资源研究开发协会在西南印度洋开展了多个航次的热液调查，发现十多个热液区，如断桥热液区、玉皇热液区（Tao et al., 2020）以及受超基性岩控制的天作热液区揭示了超慢速扩张脊热液活动的多样性和成矿潜力，突破了该区难以发育热液硫化物的传统观点（Liao et al., 2018；Yue et al., 2019）。在西北印度洋卡尔斯伯格海岭，我国科学家首次发现了卧蚕 1 号、卧蚕 2 号、天休与大糦等多个热液区，并进行了载人深潜器、水下自主机器人近底精细调查和钻探采样，分别建立了慢速扩张洋脊强、弱岩浆供给和拆离断层控制型等三种热液成矿模式（Wang et al., 2017, 2021）。

中国拥有多金属结核、富钴结壳和含钴海底区，是世界上第一个在海底拥有三种矿物海底区的国家。中国在海底多金属硫化物的开采方面也投入了大量精力，并进行了一系列研究。相对其他海底多金属结核及富钴结壳等资源而言，海底热液硫化物一般分布在相对较浅的水域，从几十米至 3500m 不等，大量出现在 2500m 左右，开采系统技术问题相对比较容易解决。同时，现有的深海采矿方法及陆地金属冶炼工艺、较为成熟深海机电产品技术及 ROV 装备以及海洋石油开采技术及工程经验等为海底热液硫化物的开采提供了借鉴的可能，是实现硫化物全面开采的有力支撑（丁六怀等, 2009）。

海底块状硫化物的采集和切割方法在深海采矿中占有非常重要的地位，是深海采矿中最关键的技术。因此，研究海底块状硫化物的收集方法和技术，对海底块状硫化物的开采具有极其重要的意义。海底块状硫化物的切割和开采的基本要求包括以下两点：第一是效率，包括尽量避免重复切割，可以提高切割效率；第二是环境保护，因为海底多金属硫化物矿区存在着大量陆地上没有的微生物和基因，必须尽可能地做好开采工作，减少开采过程的污染，从而降低对矿区生态系统的影响。针对上述要求，中南大学研究团队对多金属硫化物矿床的力学特性、滚筒切削过程的模拟与优化进行了研究，提出了一种海底多金属硫化物双滚筒并搭载收集盖的开采方案，有望实现切割采集工作一体化。

该方案所采用的采矿装置由左切削头、右切削头、收集罩、提升泵、管道、采矿船、集矿机、摇臂等组成（图 8-22）。收集罩是该装置最重要的部分，切割和收集等重要工作都是通过收集罩和罩内的双滚筒来完成的。海底多金属硫化物矿石收集罩如图 8-23 所示。

左右滚筒用于从多金属硫化物矿床中切割采掘矿石，同时产生一个向上运动的水流，从而使剥离后的海底多金属硫化物在水流的作用下自动向上运动，减少了泵送矿物的能量消耗。多金属硫化物矿物再通过顶部开有出口的锥形罩进行收集，避免剥离产生的矿物碎屑对海底环境造成污染。管道将提升泵和采矿船连通，使破碎收集的小块矿石输送到海面采矿船，以进行后续的加工处理。

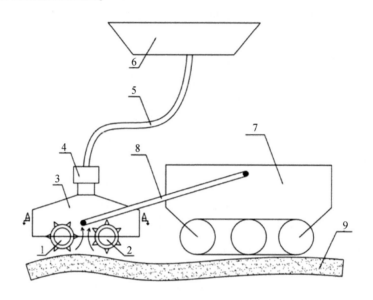

图 8-22　深海块状硫化物矿床开采装置（刘少军等，2012）

1-左切滚筒；2-右切滚筒；3-收集罩；4-提升泵；5-管道；6-采矿船；7-集矿机；8-摇臂；9-多金属硫化物矿床

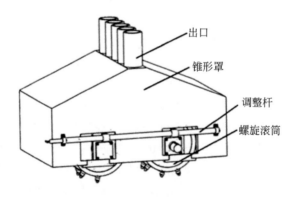

图 8-23　海底多金属硫化物集矿罩（Hu et al.，2016）

　　世界各国提出的海底多金属硫化物的开采方法多是参照陆地上成熟的矿物开采技术，笔者提出了一种新颖的海底热液硫化物控制种植，并且按需集约化采集的一体化方案（Sun et al.，2018）。该方案根据海底自然生长的热液硫化物烟囱体的"二阶段模式"和热液矿物沉淀动力学的规律，通过控制流体与海水的交换速率、范围，从而控制成矿温度，并有效减少热液流体中成矿物质的逃逸，使硫化物矿床能快速在原地生长。变过去在热液场随机勘探为集约式的控制种植，从而提高矿石的品位，优选矿石的类型，控制矿床的形状，同时减少开发可能带来的环境风险。变海底热液场为出产定制形状和品位的小型硫化物床的"种植园"，使海底热液矿产游牧式勘探开发进入到按需种植培养阶段，具有颠覆性的创新意义。

图 8-24 为 Sun 等（2018）提出的现代深海热液丘金属硫化物种植示意图。当确定靶区存在热液活动，并且通过地球物理手段识别出下部存在丰富的热液流体时，就可以利用该系统进行金属硫化物矿体的种植。该硫化物种植系统由三个功能单元构成，即工程船舶或半潜平台的水面工程支持平台、钻井套管射孔和导流控制装置以及诱导成矿种植装置。

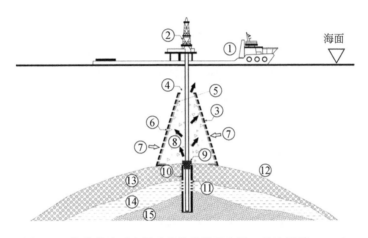

图 8-24　深海热液丘金属硫化物种植示意图（孙治雷等，2017）

1-钻井工程船舶；2-深海钻井平台；3-流体混合控制罩；4-混合控制罩上部开口；5-混合控制罩内部矿物涂层（控制生成矿物成分）；6-混合控制罩表层流体网眼（网眼大小和数量可变）；7-周围冷海水；8-高温热液流体；9-井口流体通道；10-钻井套管；11-套管渗漏通道（射孔）；12-热液丘体；13-热液丘体上部隔水层；14-热液流体富集层；15-丘体基岩

该深海金属硫化物种植系统的基本生产流程如下：在钻井工程船舶支持下，利用深海钻井平台，在深海热液丘体钻井，钻穿热液上部隔水层，进入热液流体富集层，一般最终需在丘体基岩终孔。然后，在流体富集层层位进行射孔，引导热液流体进入钻井套管内，经过井口控制和导流装置过滤掉有可能堵塞套管的大颗粒物后使热液流体进入空心圆台形的流体混合控制罩内。保持控制罩内具有一定的温度，在内层人工合成金属硫化物涂层上迅速成核成矿。

与参照陆地矿物开采技术形成的开采方案相比，深海金属硫化物种植系统在控制成本、降低开采风险、环保等方面优势明显。除了投放和收割需要一部分投入外，生长过程中也不需要任何养护成本，由于不需要大规模海底采掘，也大大降低了环境风险。另外，通过控制混合流体的温度和诱导成核处理，可有效提高矿石品位，提高包括 Cu、Zn、Fe 等元素的含量，提高经济收益。如果在一个普通的热液场（大约数百平方米到数平方千米）通过该方法同时种植数十至数百人工硫化物矿体，将现代海底热液场变为出产定制形状和品位的小型硫化物床"种植园"，则会有非常可观的收益。该方法的提出和应用，标志着人类深海矿产勘探和开采自四面撒网的盲目程度较高的游牧式阶段进入了一个可施加更多控制作用的集约化种植阶段。这是我国在深海矿产资源开发技术方面取得的又一重要成果,未来国际海底金属矿床资源开发利用有望用上我国的原创技术。

8.2.4　海底多金属硫化物开发前景展望

与陆上硫化物矿床相比,海底多金属硫化物矿床具有矿床结构简单、垂向厚度小、高品位、金属含量高特点,往往上覆松散的沉积物或直接暴露于海底,并且受控于海底断裂。同时,相较于陆地采矿,深海采矿无须修路,深海采矿船可以方便地从各处规模虽小但品位高的矿床进行开采,而且深海采矿也不存在土著居民或原住民问题。不考虑开采环境限制,海底多金属硫化物矿床是进行商业开采的最佳选择,并且随着铜、锌、金、银等金属价格的持续走高,越来越多的国家及矿业公司将着手海底多金属硫化物的勘探与商业开发。虽然针对深海金属硫化物的采矿理论和技术研究已取得了显著的进步,但是进行海底金属硫化物的开采仍存在一定的困难。

(1) 矿体开采环境认识不足

海底金属硫化物的品位虽高,但如果达不到一定的开采规模,成本必然要高过陆地,而且矿石的运输,银、铜、锌、铅等金属的回收、冶炼成本也相对高。因此,海底金属硫化物开采环境(包括矿体赋存地形、品位、规模等特性)是进行采矿系统设计的重要条件,其物理特性是将来进行热液硫化物可开采性和所含金属可回收性评估的重要因素,因此对热液硫化物开采环境的了解程度将直接影响其商业开发的步伐。但人们对海底热液硫化物开采环境知之甚少,近年来国际上展开过一些研究,但十分有限,这成为制约开发的主要因素。例如,加拿大鹦鹉螺矿业公司的索尔瓦拉1号是当前世界上最先进的深海采矿项目,但其探明资源仅够开采两年。因仅造一艘船就要花10亿欧元,因此无法确定该项目的经济性。

(2) 科学研究与工程技术研发的发展不均衡

我国先期的海底金属硫化物研究主要是基础理论及科学研究,而西方发达国家则在基础理论研究(如机理研究,分布规律)的基础上也较为注重应用研究(如矿化点探测、矿体组分研究、资源评估研究等)。在我国的海洋采矿及海洋工程技术研究中,科学研究与工程研究在一定范围内也存在的脱节的现象。

(3) 环境风险评估知之甚少

海底采矿一旦进入实施阶段,就会不可避免地对海洋环境产生影响,如矿石切割可能造成海底生物栖息地的毁坏甚至热液区独特的生态系统改变,采矿引起的沉积物漂流及声呐设备的声音干扰可能影响采矿区附近的海底生物,采矿过程排放的废水及机械泄漏将造成海洋环境的污染等(邬长斌等,2008)。因此,深海采矿实施前必须进行基于不同尺度原地实验的环境风险评估。但目前我们对于深海采矿造成的环境风险仍知之甚少,对于开采过程环境评估仍受到多方面的限制,主要有基线数据不足、采矿作业的细节不足、数据和生态系统方法的综合性不足、评估和考虑不确定性差、对间接影响的评估不够、对累积影响的处理不够、风险评估不够以及考虑环评与其他管理计划的联系不足等。目前唯一陈述海底采矿环境影响的报告是加拿大鹦鹉螺矿业公司就全球唯一海底矿山——索尔瓦拉 1 号矿完成的环境影响报告。

针对目前海底多金属硫化物开采所面临的问题，未来需要注重以下几方面的突破。

(1) 加强矿体环境的刻画

当前，国际海底管理局正在制定海底金属硫化物勘探章程。我国也在加大对海底金属硫化物的勘探，以求获得更多的第一手数据，在相关条文的讨论及制定上争取主动权。在这一过程中，利用相关航次数据及取样所获得的样品开展海底金属硫化物赋存环境、资源潜力的评估研究，特别是针对稀有、战略性和紧缺性矿产资源的评估，增强开采研究工作的针对性，为未来的开发奠定坚实的基础。

(2) 继续加强深海勘查和开采装备的研发

针对海底多金属硫化物矿床的成矿特点，提高深海开发的创新能力，设计更加合理和有针对性的勘探及开采方案。同时，为了提高深海采矿装备的共享率，研制适用于不同矿物之间的通用深海矿物采集和提升输送系统，开展面向不同矿物开采的共性技术研究，最终实现多种矿产资源开采系统设计及建造的系列化、标准化。随着数字化、信息化技术水平的不断提升和技术融合，还要紧跟大数据、互联互通和智能融合等前沿领域，向着智能化方向发展，开展海面-海底、开采-监测-转运、海上-陆地等跨域的多装备共融实施和信息化决策支撑等技术创新，研制出基于数字化、信息化技术的自适应、自制智能矿石采集及矿物输运等采矿装备。

(3) 加强采矿环境评价的研究

在日益严苛的环境保护要求下，"绿色"的概念将不断渗入到深海采矿装备系统的设计、建造、开采过程中。深海矿产资源开采对环境影响的研究应结合采矿规模和采矿方法，依次进行预评估、实时监控及影响评估、开采后评估，将环境保护意识贯穿整个采矿过程。研发环境友好型开采装备，并在开采结束后进行长期且连续的恢复监测及评价。依据不同矿产种类、海域以及海底采矿规模建立针对性监测评估体系，全方位完善环境影响监测技术体系，为采矿预评估、采矿过程控制以及开采后生态环境恢复提供依据。

我国在热液金属硫化物的采矿技术方面还处于起步阶段，距离商业化开采还有很长的路要走，大规模的深海采矿作业技术能力还有待验证，同时深海采矿业及其配套的相关产业尚未形成体系。中国大洋矿产资源研究开发协会在国际海底区域已有 3 块享有专属勘探权和优先开采权的海底矿区，在天时、地利、人和的条件下，我国应抓住深海矿产资源开发时机，加快开展深海硫化物矿产开采关键技术的研究，实现深海采矿作业过程安全、经济、环保，这对我国"经略海洋"目标的实现具有重大意义。

8.3 本 章 小 结

随着陆地矿产资源的日益贫乏和人类对海洋认识的日益深化，海底正成为人类进军的下一个领域，深海极端环境孕育着丰富的矿产资源，被认为是人类 21 世纪最重要的接替资源，其开发利用关乎国家可持续发展和长远战略利益。虽然面向深海尤其是极端环境的资源探测与开发技术已经取得重大进展，但是目前在该领域仍处于理论研究和不断探索阶段，尚无成熟的开发模式，实现大规模的商业化开采任重而道远。未来仍需进一步加强深海极端环境成矿机理、开采技术装备研发、环境评价等领域的研究，尤其需要加强智能化采矿技术的研究，进一步提高采矿装备在深海特殊环境下的作业能力、提高采矿效率，早日实现深海矿产资源的绿色、安全、经济、高效、智能化开采。

参 考 文 献

蔡峰, 吴能友, 闫桂京, 等. 2020. 海洋浅表层天然气水合物成藏特征. 海洋地质前沿, 36 (9): 73-78.

曹红. 2015. 西南和中印度洋洋脊热液硫化物的成矿作用研究. 青岛: 中国海洋大学博士学位论文.

曹红, 曹志敏, 2011. 西南印度洋中脊海底热液活动. 海洋地质与第四纪地质, 31 (1): 67-75.

曹红, 孙治雷, 刘昌岭, 等. 2018a. 超慢速扩张环境下超镁铁质岩系统的热液硫化物成矿机理以及启示. 海洋学报, 40 (4): 61-75.

曹红, 孙治雷, 刘昌岭, 等. 2018b. 西南印度洋龙旂热液区 (49.6°E) 硫化物的组成及指示意义. 海洋地质与第四纪地质, 38 (4): 179-191.

曹红, 孙治雷, 耿威, 等. 2020. 一种覆盖式深海泥火山型天然气水合物开采系统及方法. 中国, ZL111155972A.

曹亮, 杨振, 廖时理, 等. 2019. 现代海底多金属硫化物矿床控矿因素分析研究进展. 现代矿业, 35 (7): 6-11, 42.

陈超, 唐坚. 2013. 基于可视图法的水面无人艇路径规划设计. 中国造船, (1): 7.

陈强, 胡高伟, 李彦龙, 等. 2020a. 海域天然气水合物资源开采新技术展望. 海洋地质前沿, 36 (9): 44-55.

陈强, 吴能友, 李彦龙, 等. 2020b. 块状甲烷水合物分解动力学特征及其影响因素. 天然气工业, 40 (8): 141-148.

陈忠, 杨华平, 黄奇瑜, 等. 2007. 海底甲烷冷泉特征与冷泉生态系统的群落结构. 热带海洋学报, 26 (6): 73-82.

崔维成, 宋婷婷. 2019. "蛟龙号" 载人潜水器的研制及其对中国深海探索的推动. 科技导报, 37 (16): 108-116.

丁六怀, 陈新明, 高宇清. 2009. 海底热液硫化物——深海采矿前沿探索. 海洋技术, 28 (1): 126-132.

董刚, 蔡峰, 孙治雷, 等. 2022. 海洋浅表层天然气水合物地质取样技术及样品现场处置方法. 海洋地质前沿, 38 (7): 1-9.

窦智, 张彦敏, 刘畅, 等. 2020. AUV 水下通信技术研究现状及发展趋势探讨. 舰船科学技术, 42 (2): 5.

冯景祥, 姚尧, 潘峰, 等. 2021. 国外水下无人装备研究现状及发展趋势. 舰船科学技术, 43 (12): 8.

范刚, 张亚, 赵河明, 等. 2002. 水下机器人定位导航技术发展现状与分析. 四川兵工学报, (3): 43.

范承成, 德晓薇, 郭金家, 等. 2022. 基于三角位移法姿态矫正的激光线扫描海底地形三维测绘. 光学精密工程, 30 (10): 1170-1180.

范振刚. 2007. 海底热液口与生命起源. 生命世界, (6): 88-95.

方家松. 2017. 海底 CORK 观测 30 年: 发展、应用与展望. 地球科学进展, 32 (12): 1297-1306.

付强, 王国荣, 周守为等. 2020. 海洋天然气水合物开采技术与装备发展研究. 中国工程科学, 22 (6): 32-39.

耿雪樵, 徐行, 刘方兰, 等. 2009. 我国海底取样设备的现状与发展趋势. 地质装备, 10 (4): 11-16.

公衍芬. 2008. 胡安·德富卡玄武岩地球化学及其热液硫化物成矿作用. 青岛: 中国海洋大学硕士学位

论文.

郭慧, 李亚萍, 王学明. 2018. 国际大洋科学钻探计划简介. 中国地质, 45 (3): 2.

郭季, 严卫生. 2007. 一种自主水下机器人航路规划算法研究. 河南科技大学学报: 自然科学版, 28 (3): 4.

胡迈. 2022. 深海关键溶解气体激光光谱原位测量方法及应用研究. 中国科学技术大学.

黄玉宇, 卢军. 2018. 国内外海底科学观测网络发展研究. 信息通信, (12): 1673-1131.

姜国兴, 刘煜禹. 2007. 方兴未艾的水下通信技术. 中国水运 (理论版), 5 (6): 105-106.

蒋少涌, 杨涛, 李亮, 等. 2006. 大西洋中脊 TAG 热液区硫化物铅和硫同位素研究. 岩石学报, 22: 2597-2602.

李清平, 周守为, 赵佳飞等. 2022. 天然气水合物开采技术研究现状与展望. 中国工程科学, 24 (3): 214-224.

李超伦, 李富超. 2016. 深海极端环境与生命过程研究现状与对策. 中国科学院院刊, 31 (12): 1302-1307.

李风华, 路艳国, 王海斌, 等. 2019. 海底观测网的研究进展与发展趋势. 中国科学院院刊, 34 (3): 321-330.

李江海, 宋珏琛, 洛怡. 2019. 深海多金属硫化物采矿研究进展及其前景探讨. 海洋开发与管理, 36 (11): 29-37.

李家彪, 安恩梅尔沃德. 2021. 海底资源开发. 北京: 海洋出版社.

李家彪, 等. 2017. 现代海底热液硫化物成矿地质学. 北京: 科学出版社.

李硕, 刘健, 徐会希, 等. 2018. 我国深海自主水下机器人的研究现状. 中国科学: 信息科学.

李素明. 2014. 潜艇航行训练模拟器仿真建模技术及参数辨识研究. 哈尔滨: 哈尔滨工程大学硕士学位论文.

李新正, 董栋, 寇琦, 等. 2019. 深海大型底栖生物多样性研究进展及中国现状. 海洋学报, 41 (10): 169-181.

李艳, 梁科森, 李皓. 2021. 深海多金属硫化物开采技术. 中国有色金属学报, 31 (10): 2889-2901.

刘斌, 李柯良, 杨力, 等. 2019. 浅表层水合物多频率数据成像特征. 海洋地质前沿, 35 (7): 54-61.

刘永刚, 姚会强, 于淼, 等. 2014. 国际海底矿产资源勘查与研究进展. 海洋信息, (3): 10-16.

刘玉山, 祝有海, 吴必豪. 2016. 更具开发前景的浅成天然气水合物. 海洋地质前沿, 32 (4): 24-30.

栾锡武. 2006. 大洋富钴结壳成因机制的探讨——水成因证据. 海洋学研究, 24 (2): 8-19.

吕枫, 周怀阳. 2016. 缆系海底科学观测网研究进展. 工程研究-跨学科视野中的工程, (2): 139-154.

吕枫, 周怀阳, 岳继光, 等. 2014a. 缆系海底观测网电力系统结构与拓扑可靠性. 同济大学学报 (自然科学版), 10: 1604-1610.

吕枫, 周怀阳, 岳继光, 等. 2014b. 缆系海底观测网远程电能监控系统. 同济大学学报 (自然科学版), 42 (11): 1725-1732.

马小川, 栾振东, 张鑫, 等. 2017. 基于 ROV 的近海底地形测量及其在马努斯盆地热液区的应用. 海洋学报, 39 (3): 9.

马瑶. 2016. 东马努斯弧后盆地岩浆岩地球化学特征及其对热液活动中 Cu 的物质供给研究. 青岛: 中国科学院海洋研究所博士学位论文.

欧芬兰, 于彦江, 寇贝贝, 等. 2022. 水合物藏的类型、特点及开发方法探讨. 海洋地质与第四纪地质, 42 (1): 194-213.

秦蕴珊. 2004. 深海极端环境及其对生物体的影响. 第三届全国沉积学大会论文摘要汇编.

任玉刚, 刘保华, 丁忠军, 等. 2018. 载人潜水器发展现状及趋势. 海洋技术学报, 37 (2): 114-122.

尚久靖, 吴庐山, 梁金强, 等. 2014. 南海东北部陆坡海底微地貌特征及其天然气渗透模式. 海洋地质与第四纪地质, 34（1）：129-136.

邵宗泽. 2018. 深海热液区化能自养微生物多样性, 代谢特征与环境作用. 科学通报, 63：3902-3910.

孙运宝, 蔡峰, 李清, 等. 2020. 海洋浅表层天然气水合物资源评价. 海洋地质前沿, 36（9）：87-93.

孙治雷, 尚鲁宁, 曹红, 等. 2017. 一种深海原位种植热液金属硫化物矿床的系统. 中国, CN107100627A.

孙治雷, 吴能友, 张喜林, 等. 2020. 海域天然气水合物的原位种植和采集系统及方法. 中国, CN201910794443. 5.

唐元贵, 王健, 陆洋, 等. 2019. "海斗号"全海深自主遥控水下机器人参数化设计方法与试验研究. 机器人, 41（6）：697-705.

陶春辉, 李怀明, 金肖兵, 等. 2014. 西南印度洋脊的海底热液活动和硫化物勘探. 科学通报, 19：1812-1822.

汪明星, 常津铖, 任翀, 等. 2022. 万米 AUV 下潜深度估算研究. 海洋技术学报, 41（3）：56-65.

汪品先. 2007. 从海底观察地球—地球系统的第三个观测平台. 自然杂志, 29（3）：125-130.

汪品先. 2009. 穿凿地球系统的时间隧道. 中国科学（D 辑：地球科学），39：1313-1338.

王琰, 孙晓明, 吴仲玮, 等. 2014. 西南印度洋超慢速扩张脊海底热液硫化物中金银矿物的富集特征及富集机制研究. 光谱学与光谱分析, 34（12）：3327-3332.

王海亮. 2017. 冲绳海槽和马努斯海盆热液区沉积物微生物群落的结构与代谢研究. 青岛：中国科学院海洋研究所博士学位论文.

王陆新, 潘继平, 杨丽丽. 2020. 全球深水油气勘探开发现状与前景展望. 石油科技论坛, 39（2）：7.

王叶剑, 韩喜球, 金翔龙, 等. 2011. 中印度洋脊 Edmond 热液区黄铁矿的标型特征及其对海底成矿作用环境的指示. 矿物学报, 31（2）：173-179.

邬长斌, 刘少军, 戴瑜. 2008. 海底多金属硫化物开发动态与前景分析. 海洋通报, 27（6）：101-109.

吴鸿云, 陈新明, 高宇清. 2011. 海底多金属硫化物开采系统及装备研究现状. 中南大学学报（自然科学版），42：209-213.

吴立新, 荆钊, 陈显尧, 等. 2022. 我国海洋科学发展现状与未来展望. 地学前缘, 29（5）：1.

吴能友, 黄丽, 胡高伟, 等. 2017. 海域天然气水合物开采的地质控制因素和科学挑战. 海洋地质与第四纪地质, 37（5）：5-15.

伍开松, 王燕楠, 赵金洲, 等. 2017. 海洋非成岩天然气水合物藏固态流化采空区安全性评价. 天然气工业, 37（12）：81-86.

许惠平, 张艳伟, 徐昌伟, 等. 2011. 东海海底观测小衢山试验站. 科学通报, 56（22）：1839-1845.

叶俊. 2010. 西南印度洋超慢速扩张脊 49.6°E 热液区多金属硫化物成矿作用研究. 青岛：中国科学院海洋研究所博士学位论文.

于新生, 李丽娜, 胡亚丽, 等. 2011. 海洋中溶解甲烷的原位检测技术研究进展. 地球科学进展, 26（10）：1030-1037.

曾志刚. 2011. 海底热液地质学. 北京：科学出版社.

曾志刚, 翟世奎, 杜安道. 2002. 大西洋洋中脊 TAG 热液区中块状硫化物的 Os 同位素研究. 沉积学报, 20：394-398.

曾志刚, 陈帅, 王晓媛, 等. 2013. 东马努斯海盆 PACMANUS 热液区 Si-Fe-Mn 羟基氧化物的矿物学和微形貌特征. 中国科学（D 辑：地球科学），1：61-71.

张柏松, 李振清, 程杨. 2018. 现代海底块状硫化物矿床储量估算方法探讨. 地质与勘探, 54（4）：723-734.

张亮, 秦蕴珊. 2017. 深海热液生态系统特征及其对极端微生物的影响. 地球科学进展, 32（7）：

696-706.

张伟, 梁金强, 陆敬安, 等. 2017. 中国南海北部神狐海域高饱和度天然气水合物成藏特征及机制. 石油勘探与开发, 44 (5): 670-680.

张侠. 2020. 冲绳海槽热液硫化物的矿物学特征及热液成矿作用模式. 青岛: 中国海洋大学博士学位论文.

张鑫, 李超伦, 李连福. 2022. 深海极端环境原位探测技术研究现状与对策. 中国科学院院刊, 37 (7): 932-938.

张旭辉, 鲁晓兵. 2016. 一种新的海洋浅层水合物开采法—机械—热联合法. 力学学报, 48 (5): 1238-1246.

张旭辉, 鲁晓兵, 李鹏. 2019. 天然气水合物开采方法的研究综述. 中国科学: 物理学 力学 天文学, 49 (3): 38-59.

张建英, 刘暾. 2007. 基于人工势场法的移动机器人最优路径规划. 航空学报, 28 (B08): 6.

张涛, 夏茂栋, 张佳宇, 等. 2022. 水下导航定位技术综述. 全球定位系统, 47 (4): 16.

张瑶瑶. 2019. 冲绳海槽海底热液硫化物金银富集机制研究. 杭州: 浙江大学博士学位论文.

赵金洲, 周守为, 张烈辉, 等. 2017. 世界首个海洋天然气水合物固态流化开采大型物理模拟实验系统. 天然气工业, 37 (9): 15-22.

赵涛, 刘明雍, 周良荣. 2010. 自主水下航行器的研究现状与挑战. 火力与指挥控制, 183 (6): 1-6.

赵羿羽. 2018. 世界主要载人潜水器下潜活动概述. 船舶物资与市场, 1: 41-48.

周念福, 邢福, 渠继东. 2020. 大排量污染潜航器发展及关键技术. 船舶科学技术, 42 (7): 1-6.

周守为, 陈伟, 李清平. 2014. 深水浅层天然气水合物固态流化绿色开采技术. 中国海上油气, 26 (5): 1-7.

周守为, 陈伟, 李清平, 等. 2017. 深水浅层非成岩天然气水合物固态流化试采技术研究及进展. 中国海上油气, 29 (4): 1-8.

朱家远, 叶杨高. 2017. 国外水下插拔连接器密封设计及分析. 中国电子科学研究院学报, (5): 518-522.

Abel S M, Primpke S, Int-Veen I, et al. 2021. Systematic identification of microplastics in abyssaland hadal sediments of the Kuril Kamchatka trench. Environmental Pollution, 269: 116095.

Achar S, Narasimhan S G. 2014. Multi focus structured light for recovering scene shape and global illumination. New York: Springer.

Akam S A, Coffin R B, Abdulla H A, et al. 2020. Dissolved inorganic carbon pump in methane-charged shallow marine sediments: state of the art and new model perspectives. Frontiers in Marine Science, 7: 206.

Aller R C, Aller J Y. 1998. The effect of biogenic irrigation intensity and solute exchange on diagenetic reaction rates in marine sediments. Journal of Marine Research, 56: 905-936.

Alfaro-LucasJ M, Shimabukuro M, Ferreira G D, et al. 2017. Bone-eating Osedax worms (Annelida: Siboglinidae) regulate biodiversity of deep-sea whale-fall communities. Deep Sea Research Part II: Topical Studies in Oceanography, 146: 4-12.

Anderson A, Abegg F, Hawkins J, et al. 1998. Bubble populations and acoustic interaction with the gassy floor of Eckernförde Bay. Continental Shelf Research, 18: 1807-1838.

Anderson T R, Hawkins E, Jones P D. 2016. CO_2, the greenhouse effect and global warming: from the pioneering work of Arrhenius and Callendar to today's Earth System Models. Endeavour, 40: 178-187.

Andreani M, Escartin J, Delacour A, et al. 2014. Tectonic structure, lithology, and hydrothermal signature of the Rainbow massif (MidAtlantic Ridge 36° 14′ N). Geochemistry, Geophysics, Geosystems, 15 (9): 3543-3571.

Andreassen K, Hubbard A, Winsborrow M C M, et al. 2017. Massive blow-out craters formed by hydrate-controlled methane expulsion from the Arctic seafloor. Science, 356: 948-953.

Archer A. 1979. Resources and potential reserves of nickel and copper//Michael J C. Manganese Nodules: Dimensions and Perspectives. United Nations Qcean Economics and Technology Office.

Arévalo-Martínez D L, Beyer M, Krumbholz M, et al. 2013. A new method for continuous measurements of oceanic and atmospheric N_2O, CO and CO_2: performance of off-axis integrated cavity output spectroscopy (OA-ICOS) coupled to non-dispersive infrared detection (NDIR). Ocean Science, 9 (6): 1071-1087.

Aris R. 1968. Prolegomena to the rational analysis of systems of chemical reactions II. Some addenda. Archive for Rational Mechanics and Analysis, 27: 356-364.

Arndt S, Jørgensen B B, Larowe D E, et al. 2013. Quantifying the degradation of organic matter in marine sediments: a review and synthesis. Earth Science Reviews, 123: 53-86.

Artemov Y G, Egorov V, Polikarpov G, et al. 2007. Methane emission to the hydro- and atmosphere by gas bubble streams in the Dnieper paleo-delta, the Black Sea. МОРСЬКИЙ ЕКОЛОГІЧНИЙ ЖУРНАЛ, 6: 5-26.

Ausín B, Bruni E, Haghipour N, et al. 2021. Controls on the abundance, provenance and age of organic carbon buried in continental margin sediments. Earth and Planetary Science Letters, 558: 116759.

Balazy P, Kuklinski P, Berge J. 2018. Diver deployed autonomous time-lapse camera systems for ecological studies. Journal of Marine Engineering & Technology, 17 (3): 137-142.

Barnes R, Goldberg E. 1976. Methane production and consumption in anoxic marine sediments. Geology, 4: 297-300.

Barreyre T, Escartin J, Sohn R A. 2014. Temporal variability and tidal modulation of hydrothermal exit fluid temperatures at the Lucky Strike deep sea vent field, Mid-Atlantic Ridge. Journal of Geophysical Research: Solid Earth, 119: 2543-2566

Baumberger T, Früh-Green G L, Thorseth I H. 2016a. Fluid composition of the sediment-influenced Loki's Castle vent field at the ultra-slow spreading Arctic Mid-Ocean Ridge. Geochimica et Cosmochimica Acta, 187: 156-178.

Baumberger T, Früh-Green G L, Dini A. 2016b. Constraints on the sedimentary input into the Loki's Castle hydrothermal system (AMOR) from B isotope data. Chemical Geology, 443: 111-120.

Bayon G, Pierre C, Etoubleau J, et al. 2007. Sr/Ca and Mg/Ca ratios in Niger Delta sediments: implications for authigenic carbonate genesis in cold seep environments. Marine Geology, 241: 93-109.

Beal E J, House C H, Orphan V J. 2009. Manganese-and Iron-Dependent Marine Methane Oxidation. Science, 325: 184-187.

Beaulieu S E, Mills S, Mullineaux L, et al. 2011. International study of larval dispersal andpopulation connectivity at hydrothermal vents in the US Marianas Trench MarineNational Monument. OCEANS'11 MTS/IEEE KONA. IEEE.

Becker K, Davis E E, Heesemann M, et al. 2020. A Long-Term Geothermal Observatory Across Subseafloor Gas Hydrates, IODP Hole U1364A, Cascadia Accretionary Prism. Frontiers in Earth Science, 8: 568566.

Becker K, Davis E E. 1998. Advanced CORKs for the 21st century. Report of a workshop sponsored by JOI/USSSP, Texas.

Becker K, Davis E E. 2005. A review of CORK designs and operations during the Ocean Drilling Program. Proceedings of the Integrated Ocean Drilling Program, 301: 1-28.

Becker N C, Geoffrey W C, Mottl M J, et al. 2000. A geological and geophysical investigation of Baby Bare, locus of a ridge flank hydrothermal system in the Cascadia Basin. Journal of Geophysical Research Atmospheres, 105 (B10): 23557-23568.

Bell R J, Savidge W B, Toler S K, et al. 2012. In situ determination of porewater gases by underwater flow-through membrane inlet mass spectrometry. Limnology & Oceanography Methods, 10 (3): 117-128.

Bell R J, Short R T, Van Amerom F H W, et al. 2007. Calibration of an in situ membrane inlet mass spectrometer for measurements of dissolved gases and volatile organics in seawater. Environmental Science & technology, 41 (23): 8123-8128.

Bell R J, Short R T, Byrne R H. 2011. In situ determination of total dissolved inorganic carbon by underwater membrane introduction mass spectrometry. Limnology & Oceanography Methods, 9 (4): 164-175.

Beranzoli L, Favali P. 2006. Seafloor observatory science: A review. Annals of Geophysics, 49 (2-3): 515-567.

Berkowitz B. 2002. Characterizing flow and transport in fractured geological media: a review. Advances in water resources, 25: 861-884.

Berner R A. 1964. An idealized model of dissolved sulfate distribution in recent sediments. Geochimica et Cosmochimica Acta, 28: 1497-1503.

Berner R A. 2020. Early Diagenesis. Princeton: Princeton University Press.

Bin Z, Peng Y, Zuosheng Y, et al. 2018. Reverse weathering in river-dominated marginal seas. Advances in Earth Science, 33: 42.

Blackinton J G, Hussong D M, Kosalos J G. 1983. First results from a combination side-scan sonar and seafloor mapping system (SeaMARC II). Offshore Technology Conference. OnePetro.

Blain S, Guillou J, Tréguer P, et al. 2004. High Frequency Monitoring of the Coastal Marine Environment using the MAREL Buoy. Journal of Environmental Monitoring, 6: 569-575.

Blair N. 1998. The $\delta^{13}C$ of biogenic methane in marine sediments: the influence of Corg deposition rate. Chemical Geology, 152 (1-2): 139-150.

Blomberg A E A, Sæbø T O, Hansen R E, et al. 2016. Automatic detection of marine gas seeps using an interferometric sidescan sonar. IEEE Journal of Oceanic Engineering, 42: 590-602.

Bodenmann A, Thornton B, Nakataniy T, et al. 2011. 3D colour reconstruction of a hydrothermally active area using an underwater robot. OCEANS'11 MTS/IEEE KONA. IEEE, 1-6.

Boetius A, Wenzhöfer F. 2013. Seafloor oxygen consumption fuelled by methane from cold seeps. Nature Geoscience, 6: 725-734.

Bohrmann G, Greinert J, Suess E, et al. 1998. Authigenic carbonates from the Cascadia subduction zone and their relation to gas hydrate stability. Geology, 26: 647-650.

Borges A V, Champenois W, Gypens N, et al. 2016. Massive marine methane emissions from near-shore shallow coastal areas. Scientific Reports, 6: 1-8.

Boswell R, Collett T. 2006. The Gas Hydrates Resource Pyramid. Fire in the Ice, 6: 1-5.

Boswell R. 2009. Gulf of Mexico gas hydrate drilling and logging expedition underway. Fire in the Ice, 9 (2): 1-16.

Both R, Crook K, Taylor B, et al. 1986. Hydrothermalchimneys and associated fauna in the Manus back-arc basin, Papua New Guinea. EOS, Transactions, 67: 489-490.

Boudreau B P, Ruddick B R. 1991. On a reactive continuum representation of organic matter diagenesis. American Journal of Science, 291: 507-538.

Boudreau B P. 1996. A method-of-lines code for carbon and nutrient diagenesis in aquatic sediments. Computers

& Geosciences, 22: 479-496.

Boudreau B P. 1997. Diagenetic Models and Their Implementation. Heidelberg: Springer.

Bourbonnais A, Juniper K, Butterfield D A, et al. 2012. Activity and abundance of denitrifying bacteria in the subsurface biosphere of diffuse hydrothermal vents of the Juan de Fuca Ridge. Biogeosciences Discussions, 9 (4): 4177-4223.

Bovensmann H, Buchwitz M, Burrows J, et al. 2010. A remote sensing technique for global monitoring of power plant CO_2 emissions from space and related applications. Atmospheric Measurement Techniques, 3: 781-811.

Bowers T S, Helgeson H C. 1983. Calculation of the thermodynamic and geochemical consequences of nonideal mixing in the system H_2O-CO_2-$NaCl$ on phase relations in geologic systems: equation of state for H_2O-CO_2-$NaCl$ fluids at high pressures and temperatures. Geochimica et Cosmochimica Acta, 47: 1247-1275.

Bradbury H J, Turchyn A V. 2019. Reevaluating the carbon sink due to sedimentary carbonate formation in modern marine sediments. Earth and Planetary Science Letters, 519: 40-49.

Bradley A, Yoerger D R. 1993. Design and testing of the autonomous benthic explorer. Proceedings of the 20th annual symposium of the association of unmanned vehicle systems, Washington DC.

Brandt A, Alalykina I, Brix S, et al. 2019. Depth zonationof Northwest Pacific deep-sea macrofauna. Progress in Oceanography, 176 (102131): 1-10.

Brandt A, Brix S, Riehl T, et al. 2020. Biodiversity andbiogeography of the abyssal and hadal Kuril-Kamchatka trench and adjacent NW Pacific deep-sea regions. Progress in Oceanography, 181: 102232.

Brewer P G, Malby G, Pasteris J D, et al. 2004. Development of a laser Raman spectrometer for deep-ocean science. Deep-Sea Research Part I, 51 (5): 739-753.

Briggs G. 1969. Optimum formulas for buoyant plume rise. Philosophical Transactions of the Royal Society of London. Series A, Mathematical and Physical Sciences, 265: 197-203.

Brooks J M, Anderson A L, Sassen R, et al. 1994. Hydrate occurrences in shallow subsurface cores from continental slope sediments. Annals of the New York Academy of Sciences, 715: 381-391.

Brooks J M, Anderson A L, Sassen R, et al. 2010. Hydrate occurrences in shallow subsurface cores from continental slope sediments. Annals of the New York Academy of Sciences, 715 (1): 381-391.

Brown K M, Tryon M D, Deshon H R, et al. 2005. Correlated transient fluid pulsing and seismic tremor in the Costa Rica subduction zone. Earth and Planetary Science Letters, 238 (1): 189-203.

Brown P E, Lamb W M. 1989. PVT properties of fluids in the system $H_2O \pm CO_2 \pm NaCl$: new graphical presentations and implications for fluid inclusion studies. Geochimica et Cosmochimica Acta, 53: 1209-1221.

Buffett B, Archer D. 2004. Global inventory of methane clathrate: sensitivity to changes in the deep ocean. Earth and Planetary Science Letters, 227: 185-199.

Buffler R T, Sawyer D S, 1985. Distribution of crust and early history, Gulf of Mexico Basin. Gulf Coast Association of Geological Societies Transactions 35: 333-344.

Burdige D J, Komada T, Magen C, et al. 2016. Methane dynamics in Santa Barbara Basin (USA) sediments as examined with a reaction-transport model. Journal of Marine Research, 74: 277-313.

Burwicz E B, Rüpke L, Wallmann K. 2011. Estimation of the global amount of submarine gas hydrates formed via microbial methane formation based on numerical reaction-transport modeling and a novel parameterization of Holocene sedimentation. Geochimica et Cosmochimica Acta, 75 (16): 4562-4576.

Bussmann I, Suess E. 1998. Groundwater seepage in Eckernförde Bay (Western Baltic Sea): effect on methane and salinity distribution of the water column. Continental Shelf Research, 18: 1795-1806.

Camilli R, Hemond H F. 2004. NEREUS/Kemonaut, a mobile autonomous underwater mass spectrometer. Trac

Trends in Analytical Chemistry, 23 (4): 307-313.

Camilli R, Duryea A. 2007. Characterizing marine hydrocarbons with in-situ mass spectrometry. OCEANS. IEEE, 1-7.

Camilli R, Duryea A N. 2009. Characterizing spatial and temporal variability of dissolved gases in aquatic environments with in situ mass spectrometry. Environmental Science & Technology, 43 (13): 5014-5021.

Camilli R, Reddy C M, Yoerger D R, et al. 2010. Tracking hydrocarbon plume transport and biodegradation at Deepwater Horizon. Science, 330 (6001): 201-204.

Canfield D E, Thamdrup B, Hansen J W. 1993. The anaerobic degradation of organic matter in Danish coastal sediments: iron reduction, manganese reduction, and sulfate reduction. Geochimica et Cosmochimica Acta, 57: 3867-3883.

Cao H, Sun Z, Zhai S, et al. 2018a. Hydrothermal processes in the Edmond deposits, slow- tointermediate-spreading Central Indian Ridge. Journal of Marine Systems, 180: 197-210.

Cao H, Sun Z, Liu C, et al. 2018b. Origin ofnatural sulfur- metal chimney in the Tangyin hydrothermal field, Okinawa Trough: constraints from rare earth element and sulfur isotopic compositions. China Geology, 2: 225-235.

Cao H, Sun Z, Wu N, et al. 2020. Mineralogical and geochemical records of seafloor cold seepage history in the northern Okinawa Trough, East China Sea. Deep Sea Research Part I: Oceanographic Research Papers, 155: 103165.

Cao H, Geng W, Zhang X, et al. 2022. Coverage-type deep- seamud volcano- associated natural gas hydrate exploitation system and method. EP3879069B1.

Caprais J C, Lanteri N, Crassous P, et al. 2010. A new CALMAR benthic chamber operating by submersible: first application in the cold-seep environment of Napoli mud volcano (Mediterranean Sea). Limnology and Oceanography: Methods. 8: 304-312.

Castanier S, Métayer-levrel G L, Perthuisot J P. 2000. Microbial Sediments. New York: Springer, 32-39.

Cathles L. 1977. An analysis of the cooling of intrusives by ground- water convection which includes boiling. Economic Geology, 72: 804-826.

Chan T, Liu C C, Howe B M. 2007. Optimization based load management for the NEPTUNE power system. IEEE Power Engineering Society General Meeting, 4138-4143.

Chanton J P, Martens C S, Kelley C A. 1989. Gas transport from methane-saturated, tidal freshwater and wetland sediments. Limnology and Oceanography, 34: 807-819.

Chapelle F H, O'neill K, Bradley P M, et al. 2002. A hydrogen- based subsurface microbial community dominated by methanogens. Nature, 6869: 312.

Charles R. 1979. Geothermal Reservoir Simulation" 1. Mathematical Models for Liquid-and Vapor-Dominated Hydrothermal Systems" . Water Resources Reserch, 15 (1): 23-30.

Charlou J, Donval J, Fouquet Y, et al. 2004. Physical and chemical characterization of gas hydrates and associated methane plumes in the Congo-Angola Basin. Chemical Geology, 205: 405-425.

Chen N, Yang T F, Hong W, et al. 2017. Production, consumption, and migration of methane in accretionary prism of southwestern Taiwan. Geochemistry Geophysics Geosystems, 18: 2970-2989.

Chen Y, Yang C, Li D, et al. 2013. Study on 10 kVDC powered junction box for a cabled ocean observatory system. China Ocean Engineering, 27 (2): 265-275.

Chesnoy J. 2016. Undersea Fiber Communication Systems. Armsterdam: Elsevier.

Chou I M, Wang A, 2017. Application of laser Raman micro-analyses to Earth and planetary materials. Journal of Asian Earth Sciences, 145: 309-333.

Choudhary V, Ledezma E, Ayyanar R, et al. 2018. Fault tolerant circuit topology and control method for input-series and output- parallel modular DC-DC converters. IEEE Transactions on Power Electronics, 23 (1): 402-411.

Chua E J, William S, Timothy S R, et al. 2016. A Review of the Emerging Field of Underwater Mass Spectrometry. Frontiers in Marine Science, 3 (1): 1-24.

Chuang P, Yang T F, Wallmann K, et al. 2019. Carbon isotope exchange during anaerobic oxidation of methane (AOM) in sediments of the northeastern South China Sea. Geochimica et Cosmochimica Acta, 246: 138-155.

Clauser C. 1988. Opacity—the concept of radiative thermal conductivity. Handbook of terrestrial heat-flow density determination, 143-165.

Clift R, Grace J R, Weber M E. 2005. Bubbles, Drops, and Particles. New York: Academy Press.

Collett T S, Johnson A, Knapp C C, et al. 2009. Natural gas hydrates: a review//Collett T, et al. Natural Gas Hydrates- Energy Resource Potential and Associated Geologic Hazards. American Association of Petroleum Geologists, 146-219.

Corliss J B, Dymond J, Goirdon L I, et al. 1979. Submarine thermal springs on the galapagos rift. Science, 203 (4385): 1073-1083.

Corliss J B, Baross J A, Hoffman S E. 1981. An hypothesis concerning the relationship between submarine hot springs and the origin of life on Earth. Ocean Acta, 4 (17): 4580-4586.

Cowles T, Delaney J, Orcutt J, et al. 2010. The ocean observatories initiative: sustained ocean observing across a range of spatial scales. Marine Technology Society Journal, 44 (6): 54-64.

Crespo-medina M, Meile C, Hunter K, et al. 2014. The rise and fall of methanotrophy following a deepwater oil-well blowout. Nature Geoscience, 7: 423-427.

Crowhurst P, Lowe J. 2011. Exploration and resource drilling of seafloor massive sulfide (SMS) deposits in the Bismarck Sea, Papua New Guinea. 1-6.

CuvelierD, Sarrazin J, Colaço A, et al. 2011. Community dynamics over 14 years at the Eiffel Tower hydrothermal edifice on the Mid-AtlanticRidge. Limnology and oceanography, 56 (5): 1624-1640.

Dale A W, Flury S, Fossing H, et al. 2019. Kinetics of organic carbon mineralization and methane formation in marine sediments (Aarhus Bay, Denmark). Geochimica et Cosmochimica Acta, 252: 159-178.

Dale A W, Regnier P, Van Cappellen P. 2006. Bioenergetic controls on anaerobic oxidation of methane (AOM) in coastal marine sediments: a theoretical analysis. American Journal of Science, 306: 246-294.

Dale A W, Van Cappellen P, Aguilera D, et al. 2008. Methane efflux from marine sediments in passive and active margins: estimations from bioenergetic reaction- transport simulations. Earth and Planetary Science Letters, 265: 329-344.

Davie M K, Buffett B A, 2001. A numerical model for the formation of gas hydrate below the seafloor. Journal of Geophysical Research: Solid Earth, 106: 497-514.

Davis E E, Villinger H W. 2006a. Transient formation fluid pressures and temperatures in the Costa Rica forearc prism and subducting oceanic basement: CORK monitoring at ODP Sites 1253 and 1255. Earth and Planetary Science Letters, 245 (1): 232-244.

Davis E E, Becker K, Wang K, et al. 2006b. A discrete episode of seismic and aseismic deformation of the Nankai trough subduction zone accretionary prism and incoming Philippine Sea plate. Earth and Planetary Science Letters, 242 (1): 73-84.

De Beukelaer, Mac Donald S M, Guinnasso I R, et al. 2003. Distinct side-scan sonar, RADARSAT SAR, and acoustic profiler signatures of gas and oil seeps on the Gulf of Mexico slope. Geo-Marine Letters, 23: 177-186.

Decker C, Caprais J, Khripounoff A, et al. 2012. First respiration estimates of cold-seep vesicomyid bivalves from in situ total oxygen uptake measurements. Comptes Rendus Biologies, 335: 261-270.

Decker C, Olu K. 2012. Habitat heterogeneity influences cold-seepmacrofaunal communities within and among seeps along the Norwegian margin-Part 2: contribution of chemosynthesis and nutritional patterns. Marine Ecology, 33 (2): 231-245.

Delauney L, Compère C, Lehaitre M. 2010. Biofouling Protection for Marine Environmental Sensors. Ocean Science, 6: 503-511.

Derek A P. 2009. Cooperative control of collective motion for ocean sampling with autonomous vehicles. Princeton: Princeton University Press.

Dewey R, Round A, Macoun P, et al. 2007. The VENUs Cabled Observatory: Engineering Meets Science on the Seafloor. Oceans IEEE, 1-7.

Dewey R, Tunnicliffe V, 2003. VENUS: future science on a coastal mid-depth observatory. International Conference Physics and Control. IEEE, 232-233.

Di P F, Feng D, Tao J, et al. 2020. Using Time-Series Videos to Quantify Methane Bubbles Flux from Natural Cold Seeps in the South China Sea. Minerals, 10 (3): 1-16.

Dickens G R, Castillo M M, Walker J C, 1997. A blast of gas in the latest Paleocene: simulating first-order effects of massive dissociation of oceanic methane hydrate. Geology, 25: 259-262.

Dickens G R. 2001. The potential volume of oceanic methane hydrates with variable external conditions. Organic Geochemistry, 32 (10): 1179-1193.

Diercks A, Macelloni L, D'Emidio M, et al. 2018. High-resolutionseismo-acoustic characterization of Green Canyon 600, a perennial hydrocarbonseep in Gulf of Mexico deep water. Marine Geophysical Research, 40: 357-370.

Ding T, Tao C, Dias A A, et al. 2020. Sulfur isotopic compositions of sulfides along the Southwest Indian Ridge: implications for mineralization in ultramafic rocks. Mineralium Deposita, 56: 991-1006.

Donaldson I. 1962. Temperature gradients in the upper layers of the earth's crust due to convective water flows. Journal of Geophysical Research, 67 (9): 3449-3459.

Dong A, Sun Z, Kendall B, et al. 2022. Insights from modern diffuse-flow hydrothermal systems into the origin of post-GOE deep-water Fe-Si precipitates. Geochimica et Cosmochimica Acta, 317: 1-17.

Douville E, Charlou J, Oelkers E, et al. 2002. The rainbow vent fluids (36°14′ N, MAR): the influence of ultramafic rocks and phase separation on trace metal content in Mid-Atlantic Ridge hydrothermal fluids. Chemical Geology, 184: 37-48.

Du Z, Li Y, Chen J, et al. 2015. Feasibility investigation on deep ocean compact autonomous Raman spectrometer developed for in-situ detection of acid radical ions. Chinese Journal of Oceanology and Limnology, 33 (2): 545-550.

Duan Z, Weare J. 1992. The prediction of methane solubility in natureal-waters tohigh ionic-strength from 0 to 250℃ and from 0 to 1600 Bar—Reply. Geochimica et Cosmochimica Acta, 56: 4303.

Duguleana M, Barbuceanu F G, Teirelbar A, et al. 2012. Obstacle avoidance of redundant manipulators using neural networks based reinforcement learning. Robotics and Computer-Integrated Manufacturing, 28 (2): 132-146.

Dziak R P, Haxel J H, Matsumoto H, et al. 2017. Ambient sound at Challenger Deep, Mariana Trench. Oceanography, 30 (2): 186-197.

Edward T B. 2017. Exploring the ocean for hydrothermal venting: newtechniques, new discoveries, new insights. Ore Geology Reviews, 86: 55-69.

Egger M, Riedinger N, Mogollón J M, et al. 2018. Global diffusive fluxes of methane in marine sediments. Nature Geoscience, 11: 421-425.

Egger M, Rasigraf O, Sapart C J, et al. 2015. Iron-Mediated Anaerobic Oxidation of Methane in Brackish Coastal Sediments. Environmental Science & Technology, 49: 277-283.

Egorov V N, Polikarpov G G, Gulin S B, et al. 2003. Present-day views on the environment- forming and ecological role of the Black Sea methane gas seeps. Journal of Ecology, 2 (3): 5-26.

Elder J. 1967. Transient convection in a porous medium. Journal of Fluid Mechanics, 27: 609-623.

Elderfield H, Schultz A. 1996. Mid- ocean ridge hydrothermal fluxes and the chemical composition of the ocean. Annual Review of Earth and Planetary Sciences, 24: 191-224.

Englezos P. 1993. Clathrate hydrates. Industrial & Engineering Chemistry Research, 32: 1251-74.

Ettwig K F, Zhu B, Speth D, et al. 2016. Archaea catalyze iron-dependent anaerobic oxidation of methane. Proceedings of the National Academy of Sciences of the United States of America, 113: 12792-12796.

Evans D G, Raffensperger J P. 1992. On the stream function for variable- density groundwater flow. Water Resources Research, 28: 2141-2145.

Falkenberg J J, Keith M, Haase K M, et al. 2021. Effects of fluid boiling on Au and volatile element enrichment in submarine arc- related hydrothermal systems. Geochimica et Cosmochimica Acta, 307: 105-132.

Fang J, Abrajano T A, Comet P A, et al. 1993. Gulf of Mexico hydrocarbon seep communities: XI. Carbon isotopic fractionation during fatty acid biosynthesis of seep organisms and its implication for chemosynthetic processes. Chemical Geology, 109 (1-4): 271-279.

Faust C R, Mercer J W, 1979. Geothermal reservoir simulation: 1. Mathematical models for liquid- and vapor- dominated hydrothermal systems. Water Resources Research, 15: 23-30.

Fehn U, Green K, von Herzen R, et al. 1983. Numerical models for the hydrothermal field at the Galapagos spreading center. Journal of Geophysical Research: Solid Earth, 88: 1033-1048.

FeldenJ, Wenzhöfer F, Feseker T, et al. 2010. Transport and consumption of oxygen andmethane in different habitats of the Håkon Mosby Mud Volcano (HMMV). Limnology and Oceanography, 55 (6): 2366-2380.

Felden J, Lichtschlag A, Wenzhöfer F, et al. 2013. Limitations of microbial hydrocarbon degradation at the Amon mud volcano (Nile deep-sea fan). Biogeosciences, 10: 3269-3283.

Fenchel T, Blackburn H, King G M, et al. 2012. Bacterial Biogeochemistry: the Ecophysiology of Mineral Cycling. New York: Academic Press.

Feng D, Qiu J W, Hu Y, et al. 2018. Cold seep systems in the South China Sea: An overview. Journal of Asian Earth Sciences, 168: 3-16.

Ferré B, Jansson P G, Moser M, et al. 2020. Reduced methane seepage from Arctic sediments during cold bottom-water conditions. Nature Geoscience, 13: 144-148.

Fisher A T, Wheat C G, Becker K, et al. 2005. Scientific and technical design and deployment of long- term subseafloor observatories for hydrogeologic and related experiments, IODP Expedition 301, eastern flank of Juan de Fuca Ridge. Proceedings of the Integrated Ocean Drilling Program, 301: 1-39.

Fisher A T, Cowen J, Wheat C G, et al. 2011a. Preparation and injection of fluid tracers during IODP Expedition 327, eastern flank of Juan de Fuca Ridge. Proceedings of the Integrated Ocean Drilling Program, 327.

Fisher A T, Wheat C G, Becker K, et al. 2011b. Design, deployment, and status of borehole observatory systems used for single-hole and cross-hole experiments, IODP Expedition 327, eastern flank of Juan de Fuca Ridge//Fisher A T, Tsuji T, Petronotis K, et al. Proc. IODP, 327: Tokyo. Integrated Ocean Drilling Program Management International, Inc.

Fischer D, Mogollón J M, Strasser M, et al. 2013. Subduction zone earthquake as potential trigger of submarine hydrocarbon seepage. Nature Geoscience, 6: 647-651.

Forbes E. 1844. Report on the Mollusca and Radiata of the Aegean Sea, and on their distribution, considered as bearing on geology. Report of the 18th meeting of the British Association for the Advancement of Science. London, xxiii.

Foustoukos D I, Seyfried Jr W E. 2007. Fluid phase separation processes in submarine hydrothermal systems. Reviews in Mineralogy and Geochemistry, 65: 213-239.

Freire A F M, Matsumoto R, Santos L A. 2011. Structural-stratigraphic control on the Umitaka Spur gas hydrates of Joetsu Basin in the eastern margin of Japan Sea. Marine and Petroleum Geology, 28: 1967-1978.

Fryer P, Becker N, Appelgate B, et al. 2003. Why is the Challenger Deep so deep? Earth and Planetary Science Letters, 211 (3-4): 259-269.

Fu X, Waite W F, Ruppel C D, 2021. Hydrate formation on marine seep bubbles and the implications for water column methane dissolution. Journal of Geophysical Research: Oceans, 126: e2021JC017363.

Fujii T, Kilgallen N M, Rowden A A, et al. 2013. Deep-sea amphipod community structure across abyssal to hadal depths in the Peru-Chile and Kermadec trenches. Marine Ecology Progress Series, 492: 125-138.

Fukumori H, Takano T, Hasegawa K, et al. 2019. Deepest known gastropod fauna: species composition and distribution in the Kuril-Kamchatka Trench. Progress in Oceanography, 178: 102176.

Fujikura K, Kojima S, Tamaki K, et al. 1999. The deepest chemosynthesis-based community yet discovered from the hadal zone, 7326m deep, in the Japan Trench. Marine Ecology Progress Series, 190: 17-26.

Furlong K P, Hanson R B, Bowers J R. 2018. Modeling thermal regimes. Contact metamorphism. De Gruyter, 437-506.

Gallo N D, Cameron J, Hardy K, et al. 2015. Submersible- and lander-observed community patterns in the Mariana and New Britain trenches: influence of productivity and depth on epibenthic and scavenging communities. Deep Sea Research Part I: Oceanographic Research Papers, 99: 119-133.

Gamo T, Sakai H, Ishibashi J, et al. 1993. Hydrothermal plumes in the eastern Manus Basin, Bismarck Sea: CH_4, Mn, Al and pH anomalies. Deep Sea Research Part I: Oceanographic Research Papers, 40 (11-12): 2335-2349.

Garcia-Pineda O, MacDonald I, Shedd W. 2014. Analysis of oil-volume fluxes of hydrocarbon-seep formations on the Green Canyon and Mississippi Canyon: a study with 3D-Seismic attributes in combination withsatellite and acoustic data. SPE Reservoir Evaluation & Engineering, 17: 430-435.

Gaudreau M P J, Butler N, Hawkey T, et al. 2016. Undersea MVDC power distribution system. American Society of Naval Engineers Day, 294-297.

Geiger S, Driesner T, Heinrich C A, et al. 2005. On the dynamics of NaCl-H_2O fluid convection in the Earth's crust. Journal of Geophysical Research: Solid Earth, 110: 1-23.

Geistdoerfer P. 1999. Thermarcespelophilum, a new species of Zoarcidae from cold seeps of the Barbadosaccretionary complex, Northwestern Atlantic Ocean. Cybium, 23 (1): 5-11.

Geng M, Zhang R, Yang S, et al. 2021. Focused fluid flow, shallow gas hydrate, and cold seep in the Qiongdongnan Basin, Northwestern South China Sea. Geofluids, 2021: 1-11.

Gentz T, Damm E, von Deimling J S, et al. 2014. A water column study of methane around gas flares located at the West Spitsbergen continental margin. Continental Shelf Research, 72: 107-118.

Geoffrey W C, Jannasch H W, Fisher A T, et al. 2010. Subseafloor seawater- basalt- microbe reactions Continuous sampling of borehole fluids in a ridge flank environment. Geochemistry Geophysics Geosystems, 11 (7): 307-309.

Gerilowski K, Krings T, Hartmann J, et al. 2015. Atmospheric remote sensing constraints on direct sea- air methane flux from the 22/4b North Sea massive blowout bubble plume. Marine and Petroleum Geology, 68: 824-835.

German C R, Baker E T, Mevel C, et al. 1998. Hydrothermal activity along the southwest Indian ridge. Nature, 95 (6701): 490-493.

German C R, Petersen S, Hannington M D. 2016. Hydrothermal exploration of mid-ocean ridges: where might the largest sulfide deposits be forming? Chemical Geology, 420 (1): 114-126.

Germanovich L, Lowell R P. 1992. Percolation theory, thermoelasticity, and discrete hydrothermal venting in the Earth's crust. Science, 255: 1564-1567.

Ghaderi M H, Adelpour M, Rashidirad N, et al. 2020. Analysis and damping of high- frequency oscillations at the presence of distributed constant power loads. Electrical Power and Energy Systems, doi: 10. 1016. j. ijepes. 2020. 106220.

González J M, Kato C, Horikoshi K. 1995. Thermococcus peptonophilus sp. nov. , a fast- growing, extremely thermophilic archaebacterium isolated from deep-sea hydrothermalvents. Archives of microbiology, 164: 159-164.

Graves C A, Steinle L, Rehder G, et al. 2015. Fluxes and fate of dissolved methane released at the seafloor at the landward limit of the gas hydrate stability zone offshore western Svalbard. Journal of Geophysical Research, 120: 6185-6201.

Gray D D, Giorgini A. 1976. The validity of the Boussinesq approximation for liquids and gases. International Journal of Heat and Mass Transfer, 19: 545-551.

Greinert J, Mcginnis D F, Naudts L, et al. 2010. Atmospheric methane flux from bubbling seeps: Spatially extrapolated quantification from a Black Sea shelf area. Journal of Geophysical Research: Oceans, 115 (C1002): 1-18.

Grilli R, Marrocco N, Desbois T, et al. 2014. Invited Article: SUBGLACIOR: an optical analyzer embedded in an Antarctic ice probe for exploring the past climate. Review of Scientific Instruments, 85 (11): 111301.

Grilli R, Triest J, Chappellaz J, et al. 2018. SUB- OCEAN: subsea dissolved methane measurements using an embedded laser spectrometer technology. Environmental Science & Technology, 52 (18): 10543-10551.

Grünke S, Felden J, Lichtschlag A, et al. 2011. Niche differentiation among mat- forming, sulfide- oxidizing bacteria at cold seeps of the Nile Deep Sea Fan (Eastern Mediterranean Sea). Geobiology, 9: 330-348.

Haeckel M, Boudreau B P, Wallmann K. 2007. Bubble- induced porewater mixing: A 3-D model for deep porewater irrigation. Geochimica et Cosmochimica Acta, 71: 5135-5154.

Haese R R, Meile C D, Cappellen P V, et al. 2003. Carbon geochemistry of cold seeps: methane fluxes and transformation in sediments from Kazan mud volcano, eastern Mediterranean Sea. Earth and Planetary Science Letters, 212: 361-375.

Halbach F. 1986. Processes controlling the heavy metal distrihutzna in Pacific ferromanganese nodules and crusts. Geologische Rundschau, 75 (1): 235-247.

Halbach P, Pracejus B, Maerten A. 1993. Geology and mineralogy of massive sulfide ores from the Central Okinawa Trough, Japan. Economic Geology, 88 (8): 2210-2225.

Halfar J, Fujita R M. 2002. Precautionary management of deep-sea mining. Marine Policy, 26 (2): 103-106.

Han W, Chen L, Liu C, et al. 2019. Seismicanalysis of the gas hydrate system at Pointer Ridge offshore SW Taiwan. Marine and Petroleum Geology, 105: 158-167.

Han X, Suess E, Huang Y, et al. 2008. Jiulong methane reef: Microbial mediation of seep carbonates in the South China Sea. Marine Geology, 249 (3-4): 243-256.

Han X, Suess E, Liebetrau V, et al. 2014. Past methane release events and environmental conditions at the upper continental slope of the South China Sea: constraints by seep carbonates. International Journal of Earth Sciences, 103 (7): 1873-1887.

Hannington M D, Galley A D, Herzig P M, Petersen S. 1998. Comparison of the TAG mound and stockwork complex with Cyprus-type massive sulfide deposits. Proceedings of the Ocean Drilling Program: Scientific Results. Texas A & M University, 158: 389-415.

Hannington M, Herzig P, Scott S, et al. 1991. Comparative mineralogy and geochemistry of gold-bearing sulfide deposits on the mid-ocean ridges. Marine Geology, 101: 217-248.

Hannington M, Jamieson J, Monecke T, et al. 2011. The abundance of seafloor massive sulfide deposits. Geology, 39 (12): 1155-1158.

Hanson R. 1992. Effects of fluid production on fluid flow during regional and contact metamorphism. Journal of Metamorphic Geology, 10: 87-97.

Harris D W, Duennebier F K. 2002. Powering cabled oceanbottom observatories. IEEE Journal of Oceanic Engineering, 27 (2): 202-211.

Hawkes G. 2009. The old arguments of manned versus un-manned systems are about to become irrelevant: new technologies are game changers. Marine Technology Society Journal, 43 (5): 164-168.

Hedenquist J W, Lowenstern J B. 1994. The role of magmas in the formation of hydrothermal ore deposits. Nature, 370: 519-527.

Hein J R, Koschinsy A, Bau M, et al. 2000. Cobalt-rich ferromanganese crusts in the Pacific//Cronan D S. Handbook of Marine Mineral Deposits. New York: CRC Press, 239-279.

Hein J R, Schwab W C, Davis A. 1988. Cobalt-and Platinum-rich ferromanganese crusts and associated substrate rocks from the Marshall Islands. Marine Geology, 78: 255-283

Heirtzler J R, Grassle J F. 1976. Deep-sea research by manned submersibles. Science, 194 (4262): 294-299.

Helmig R. 1997. Multiphase flow and transport processes in the subsurface: a contribution to the modeling of hydrosystems. Heidelberg: Springer.

Hentscher M, Bach W. 2012. Geochemically induced shifts in catabolic energy yields explain past ecological changes of diffuse vents in the East Pacific Rise 9°50′N area. Geochemical Transactions, 13 (1): 1-11.

Herschy B, Whicher A, Camprubi E, et al. 2014. An origin-of-life reactor to simulate alkaline hydrothermal vents. Journal of Molecular Evolution, 79: 213-227.

Hester K C, Dunk R M, White S N, et al. 2007. Gas hydrate measurements at Hydrate Ridge using Raman spectroscopy. Geochimica et Cosmochimica Acta, 71 (12): 2947-2959.

Hester K C, White S N, Peltzer E T, et al. 2006. Raman spectroscopic measurements of synthetic gas hydrates in the ocean. Marine Chemistry, 98 (2-4): 304-314.

Heydon D. 2013. Annual Report 2012. Sydney: Nautilus Minerals Inc.

Heydon D. 2016. Annual Report 2015. Sydney: Nautilus Minerals Inc.

Higgs B, Mountjoy J, Crutchley G J, et al. 2019. Seep-bubble characteristics and gas flow rates from a shallow-water, high-density seep field on the shelf-to-slope transition of the Hikurangi subduction margin. Marine

Geology, 417: 105985.

Hildebrandt M, Kerdels J, Albiez J, et al. 2008. A practical underwater 3D-Laserscanner. Oceans IEEE.

Hiruta A, Snyder G T, Tomaru H, et al. 2009. Geochemical constraints for the formation and dissociation of gas hydrate in an area of high methane flux, eastern margin of the Japan Sea. Earth and Planetary Science Letters, 279: 326-339.

Hsu H, Liu C, Morita S et al. 2018. Seismic imaging of the Formosa ridge cold seep site offshore of southwestern Taiwan. Marine Geophysical Research, 39 (4): 523-535.

Ho T, Aris R. 1987. On apparent second-order kinetics. AIChE Journal, 33: 1050-1051.

Hofmeister A, Branlund J, Pertermann M. 2007. Properties of rocks and minerals-Thermal conductivity of the Earth. Mineral Physics, 2: 543-577.

Horne R N, Satik C, Mahiya G, et al. 2000. Steam-water relative permeability. Transactions-Geothermal Resources Council, 597-604.

Hotta H, Momma H, Takagawa S. 2001. Manned Submersibles, Deep Water. Encyclopedia of Ocean Sciences, 20 (3): 505-512.

Hovland M, Judd A G, Burke Jr R. 1993. The global flux of methane from shallow submarine sediments. Chemosphere, 26: 559-578.

Howe B M, Kirkham H, Vorperian V. 2002. Power system considerations for undersea observatories. IEEE Journal of Oceanic Engineering, 27 (2): 267-274.

Hu Y, Xu J, Zhong G, et al. 2016. The Target Comparison from Different Sidescan Sonar System. International Ocean and Polar Engineering Conference,

Hu J H, Liu S J, Zhang R Q., 2016b. A new exploitation tool of seafloor massive sulfide. Thalassas: an International Journal of Marine Sciences, 32 (2): 101-104.

Huguet C, De Lange G J, Gustafsson Ö, et al. 2008. Selective preservation of soil organic matter in oxidized marine sediments (Madeira Abyssal Plain). Geochimica et Cosmochimica Acta, 72: 6061-6068.

Humphris S E, Herzig P M, Miller D J, et al. 1995. The internal structure of an active sea-floor massive sulphide deposit. Nature, 377: 713-716.

Humphris S E, Tivey M K, Tivey M A. 2015. The Trans-Atlantic Geotraverse hydrothermal field: a hydrothermal system on an active detachment fault. Deep-Sea Research II, 121: 8-16.

Hornafius J S, Quigley D, Lugendyk B P, et al. 1999. The world's most spectacular marine hydrocarbon seeps (Coal Oil Point, Santa Barbara Channel, California): Quantification of emissions. Journal of Geophysical Research Oceans, 1042 (C9): 20703-20712.

Ingebritsen S, Geiger S, Hurwitz S, et al. 2010. Numerical simulation of magmatic hydrothermal systems. Reviews of Geophysics, 48 (1): 1-33.

Ingebritsen S, Hayba D. 1994. Fluid flow and heat transport near the critical point of H_2O. Geophysical Research Letters, 21: 2199-2202.

Ingebritsen S, Manning C E. 1999. Geological implications of a permeability-depth curve for the continental crust. Geology, 27: 1107-1110.

Ingebritsen S. 2006. Groundwater in Geologic Processes. New York: Gambridge University Press.

Ishibashi J, Ikegami F, Tsuji T, et al. 2015. Hydrothermal Activity in the Okinawa Trough Back-Arc Basin: Geological Background and Hydrothermal Mineralization. Ishibashi J I, Okino K, Sunamura M. Subseafloor Biosphere Linked to Hydrothermal Systems. Tokyo: Springer, 337-359.

Ishibashi J, Noguchi T, Toki T, et al. 2014. Diversity of fluid geochemistry affected by processes during fluid upwelling in active hydrothermal fields in the Izena Hole, the middle Okinawa Trough back-arc basin. Geochemical Journal, 48 (3): 357-369.

Ishibashi J, Sano Y, Wakita H, et al. 1995. Helium and carbon geochemistry of hydrothermal fluids from the Mid-Okinawa Trough Back Arc Basin, southwest of Japan. Chemical Geology, 123 (1-4): 1-15.

Itoh M, Kawamura K, Kitahashi T, et al. 2011. Bathymetric patterns of meiofaunal abundance and biomass associated with the Kuril and Ryukyu trenches, western North Pacific Ocean. Deep Sea Research Part I: Oceanographic Research Papers, 58 (1): 86-97.

Jamieson A J, Fujii T, Mayor D J, et al. 2010. Hadal trenches: the ecology of the deepest places on earth. Trends in Ecology & Evolution, 25 (3): 190-197.

Jamieson J W, Clague D A, Hannington M D. 2014. Hydrothermal sulfide accumulation along the Endeavour Segment, Juan de Fuca Ridge. Earth and Planetary Science Letters, 395: 136-148.

Jannasch H W, Wheat C G, Plant J N, et al. 2004. Continuous chemical monitoring with osmotically pumped water samplers: Osmo Sampler design and applications. Limnology and Oceanography: Methods, 2: 102-113.

Jannasch H W, Davis E E, Kastner M, et al. 2003. CORK II: Long-term monitoring of fluid chemistry, fluxes, and hydrology in instrumented boreholes at the Costa Rica Subduction Zone. Morris J D, VIllinger H W, Klaus A, et al. Proceedings of the Ocean Drilling Program, Initial Reports, 205.

Jansson P, Triest J, Grilli R, et al. 2019. High-resolution underwater laser spectrometer sensing provides new insights into methane distribution at an Arctic seepage site. Ocean Science, 15 (4): 1055-1069.

Jiang Y, Lyu F. 2019. Large-signal stability analysis of the undersea direct current power system for scientific cabled seafloor observatories. Applied Sciences, 9: 3149.

Jiang H, Breier J A. 2014. Physical controls on mixing and transport within rising submarine hydrothermal plumes: a numerical simulation study. Deep Sea Research Part I: Oceanographic Research Papers, 92: 41-55.

Johansen C, Macelloni L, Natter M, et al. 2020. Hydrocarbon Migration Pathway and Methane Budget for a Gulf of Mexico Natural Seep Site: Green Canyon 600. Earth and Planetary Science Letters, 545: 116411.

Johansen C, Todd A C, MacDonald I R. 2017. Time series video analysisof bubble release processes at natural hydrocarbon seeps in the Northern Gulfof Mexico. Marine and Petroleum Geology, 82: 21-34.

Jørgensen B. 1978. A comparison of methods for the quantification of bacterial sulfate reduction in coastal marine sediments. II. Calculation from mathematical models. Geomicrobiology Journal, 1: 29-47.

Jørgensen B, Kasten S. 2006. Sulfur cycling and methane oxidation. Schulz H D, Zabel M. Marine Geochemistry. New York: Springer.

Joseph A. 2017. Investigating Seafloors and Oceans. Amsterdam: Elsevier.

Joye S B. 2020. The Geology and Biogeochemistry of Hydrocarbon Seeps. Annual Review of Earth and Planetary Sciences, 48: 205-231.

Kaneda Y. 2010. The Advanced Ocean Floor Real Time Monitoring System for Mega Thrust Earthquakes and Tsunamis-Application of DONET and DONET2 Data to Seismological Research and Disaster Mitigation. Oceans IEEE, 1-6.

Kasaya T, Machiyama H, Kitada K, Nakamura K. 2015. Trial exploration for hydrothermal activity using acoustic measurements at the North Iheya Knoll. Geochemical Journal, 49 (6): 597-602.

Katayama H, Watanabe Y. 2003. The Huanghe and Changjiang contribution to seasonal variability in terrigenous particulate load to the Okinawa Trough. Deep Sea Research Part II: Topical Studies in Oceanography, 50 (2): 475-485.

Kelley D S, Karson J A, Frühgreen G L, et al. 2005. A serpentinite-hosted ecosystem: the Lost City hydrothermal field. Science, 5714: 1428-1434.

Kennedy M J, Pevear D R, Hill R J. 2002. Mineral surface control of organic carbon in black shale. Science, 295: 657-660.

KennicuttlI M C, Brooks J M, Bidigare R R, et al. 1985. V ent-type taxa in a hydrocarbon seep region on the Louisiana slope. Nature, 317: 351-353.

Keppler F, Boros M, Frankenberg C, et al. 2009. Methane formation in aerobic environments. Environmental Chemistry, 6: 459-465.

Klaucke I, Sahling H, Weinrebe W, et al. 2006. Acoustic investigation of coldseeps offshore Georgia, eastern Black Sea. Marine Geology, 231: 51-67.

Klauda J B, Sandler S, I 2005. Global Distribution of Methane Hydrate in Ocean Sediment. Energy & Fuels, 19: 459-470.

Komada T, Burdige D J, Li H, et al. 2016. Organic matter cycling across the sulfate-methane transition zone of the Santa Barbara Basin, California Borderland. Geochimica et Cosmochimica Acta, 176: 259-278.

Konn C, Donval J P, Guyader V, et al. 2022. Extending the dataset of fluid geochemistry of the Menez Gwen, Lucky Strike, Rainbow, TAG and Snake Pit hydrothermal vent fields: investigation of temporal stability and organic contribution. Deep Sea Research Part I: Oceanographic Research Papers, 179: 103630.

Konno U, Tsunogai U, Nakagawa F, et al. 2006. Liquid CO_2 venting on the seafl oor: Yonaguni knoll VI hydrothermal system, Okinawa Trough. Geophysical Research Letter, 33: L16607.

Kopf A, Freudenthal T, Ratmeyer V, et al. 2015. Simple, affordable and sustainable borehole observatories for complex monitoring objectives. Geoscientific Instrumentation Methods and Data Systems Discussions, 4 (2): 99-109.

Koschinsky A, Halbach P. 1995. Sequential leaching of ferromanganese precipitates: genetic implications. Geochemica et Cosmochemica Acta, 59: 5113-5132.

Kretschmer K, Biastoch A, Rüpke L, et al. 2015. Modeling the fate of methane hydrates under global warming. Global Biogeochemical Cycles, 29 (5): 610-625.

Krumins V, Gehlen M, Arndt S, et al. 2013. Dissolved inorganic carbon and alkalinity fluxes from coastal marine sediments: model estimates for different shelf environments and sensitivity to global change. Biogeosciences, 10: 371-398.

Kudo K. 2008. Overseas trends in the development of human occupied deep submersibles and a proposal for Japan's way to take. Science & Technology Trends, 7 (26): 104-123.

Kutas R I, Poort J, 2008. Regional and local geothermalconditions in the northern Black Sea. International Journal of Earth Sciences, 97: 353-363.

Kvenvolden K A. 1993. Gas hydrates—geological perspective and global change. Reviews of Geophysics, 31: 173-187.

Lalou C, Reyss J L, Brichet E. 1998. Age of sub-bottom sulfide samples at the TAG active mound. 158: 1-7.

Lalou C, Thompson G, Arnold M, et al. 1990. Geochronology of TAG and Snakepit hydrothermal fields, Mid-Atlantic Ridge: Witness to a long and complex hydrothermal history. Earth and Planetary Science Letters, 97 (1-2): 113-128.

Lane N, Allen J F, Martin W. 2010. How did LUCA make a living? Chemiosmosis in the origin of life. Bioessays, 32: 271-280.

Lane N, Martin W F. 2012. The origin of membrane bioenergetics. Cells, 151 (7): 1406-1416.

Lapham L, Wilson R, Riedel M, et al. 2013. Temporal variability ofin situmethane concentrations in gas hydrate- bearing sediments near Bullseye Vent, Northern Cascadia Margin. Geochemistry, Geophysics, Geosystems, 14 (7): 2445-2459.

Larcombe P, Carter R, Dye J, et al. 1995. New evidence for episodic post-glacial sea-level rise, central Great Barrier Reef, Australia. Marine Geology, 127: 1-44.

Larowe D E, Arndt S, Bradley J A, et al. 2020. Organic carbon and microbial activity in marine sediments on a global scale throughout the Quaternary. Geochimica et Cosmochimica Acta, 286: 227-247.

Larowe D E, van Cappellen P. 2011. Degradation of natural organic matter: a thermodynamic analysis. Geochimica et Cosmochimica Acta, 75: 2030-2042.

Lehaitre M, Delauney L, Comprere C. 2008. Real- time Coastal Observing Systems for Marine Ecosystem Dynamics and Harmful Algal Blooms. UNESCO, 483.

Leifer I, Boles J, 2005. Turbine tent measurements of marine hydrocarbon seeps on subhourly timescales. Journal of Geophysical Research: Oceans, 110 (C1): 1-12.

Leifer I, Judd A. 2015. The UK22/4b blowout 20 years on: Investigations of continuing methane emissions from sub-seabed to the atmosphere in a North Sea context. Marine and Petroleum Geology, 68: 706-717.

Leifer I, Luyendyk B P, Boles J R, et al. 2006. Natural marine seepage blowout: contribution to atmospheric methane. Global Biogeochemical Cycles, 20.

Leifer I, Patro R K. 2002. The bubble mechanism for methane transport from the shallow sea bed to the surface: a review and sensitivity study. Continental Shelf Research, 22: 2409-2428.

León-Zayas R, Peoples L, Biddle J F, et al. 2017. The metabolic potential of the single cell genomes obtained from the Challenger Deep, Mariana Trench within the candidate superphylum P arcubacteria (OD 1). Environmental Microbiology, 19 (7): 2769-2784.

Levin L A, Bett B J, Gates, et al. 2019. Global Observing Needs in the Deep Ocean. Frontiers in Marine Science, 6 (241): 1-32.

Li A, Cai F, Wu N, et al. 2016. Structural controls on widespread methane seeps in the back-arc basin of the Mid-Okinawa Trough, Ore Geology Reviews, 129: 1-12.

Li A, Cai F, Wu N, et al. 2021. Gas emissions in a transtensile regime along the western slope of the Mid-Okinawa Trough. Frontiers in Earth Science, 9: 557634.

Li K, Horne R N. 2007. Systematic study of steam-water capillary pressure. Geothermics, 36: 558-574.

Li L, Zhang X, Luan Z, et al. 2020. Hydrothermal vapor-phase fluids on the seafloor: Evidence from in situ observations. Geophysical Research Letters, 47 (10): e2019GL085778.

Li L, Luan Z, Du Z, et al. 2023. In situ Raman observations reveal that thegas fluxes of diffuse flow in hydrothermal systems are greatly underestimated. Geology, doi: 10. 1130. G50623. 1.

Li J, Zhou H, Peng X, et al. 2012. Microbial diversity andbiomineralization in low- temperature hydrothermal iron- silica- rich precipitates of the Lau Basin hydrothermal field. FEMS Microbiology Ecology, 81 (1): 205-216.

Li Z, Chu F, Dong Y, et al. 2016. Origin of selective enrichment of Cu and Au in sulfide deposits formed at immature back-arc ridges: Examples from theLau and Manus basins. Ore Geology Reviews, 74: 52-62.

Liang J, Feng J C, Zhang S, et al. 2021. Role of deep-sea equipment in promoting the forefront of studies on life in extreme environments. Iscience, 24 (11): 103299.

Liang Q, Hu Y, Feng D, et al. 2017. Authigenic carbonates from newly discovered active cold seeps on the northwestern slope of the South China Sea: constraints on fluid sources, formation environments, and seepage dynamics. Deep Sea Research Part I: Oceanographic Research Papers, 124: 31-41.

Liao S, Tao C, Li H, et al. 2018. Bulk geochemistry, sulfur isotopecharacteristics of the Yuhuang-1 hydrothermal field on the ultraslow-spreadingSouthwest Indian Ridge. Ore Geology Reviews, 96: 13-27.

Liao S, Tao C, Zhu C, et al. 2019. Two episodes of sulfide mineralization at the Yuhuang-1 hydrothermal field on the Southwest Indian Ridge: insight from Zn isotopes. Chemical Geology, 507: 54-56.

Lichtschlag A, Felden J, Wenzhöfer F, et al. 2010. Methane and sulfide fluxes in permanent anoxia: in situ studies at the Dvurechenskii mud volcano (Sorokin Trough, Black Sea). Geochimica et Cosmochimica Acta, 74: 5002-5018.

Lins L, Brandt A. 2020. Comparability between box-corer and epibenthic-sledge data on higher taxon level: a case study based on deep-sea samples from the NW Pacific. Progress in Oceanography, 182: 102273.

Lister C. 1974. On the penetration of water into hot rock. Geophysical Journal International, 39: 465-509.

Lister C. 1983. The basic physics of water penetration into hot rock//Rona P A. Hydrothermal Processes at Seafloor Spreading centers. New York: Plenum.

Liu B, Li S Z, Suo Y H, et al. 2016. The geological nature and geodynamics of the Okinawa Trough, Western Pacific. Geological Journal, 51: 416-428.

Liu B, Chen J X, Pinheiro L M, et al. 2021. An insight into shallow gas hydrates in the Dongshaarea, South China Sea. Acta Oceanologica Sinica, 40 (2): 136-146.

Liu C, Schnurle P, Wang Y, et al. 2006. Distribution and Characters of Gas Hydrate Offshore of Southwestern Taiwan. Terrestrial Atmospheric and Oceanic Sciences, 17 (4): 615-644.

Liu L P, Sun Z L, Zhang L, et al. 2019. Progress in Global Gas Hydrate Development and Production as a New Energy Resource. Bulletin of the Geological Society of China, 93 (3): 731-755.

Liu L P, Chu F Y, Wu N Y, et al. 2022. GasSources, Migration, and Accumulation Systems: The Shallow Subsurface and Near-Seafloor Gas Hydrate Deposits. Energies, 15: 6921.

Liu S, Xue M, Cui X, Peng W. 2023. A review on the methane emission detection during offshore natural gas hydrate production. Frontiers in Energy Research, 11: 1130810.

Liu S J, Hu J h, Zhang R Q, et al. 2016. Development of Mining Technology and Equipment for Seafloor Massive Sulfide Deposits. Chinese Journal of Mechanical Engineering, 29 (5): 863-870.

Liu Y, Xue J, Yang B, et al. 2021. The Acoustic System of the Fendouzhe HOV. Sensors, 21 (22): 7478.

Lohrberg A, Schmale O, Ostrovsky I, et al. 2020. Discovery and quantification of a widespread methane ebullition event in a coastal inlet (Baltic Sea) using a novel sonar strategy. Scientific Reports, 10: 1-13.

Lu X, Kieffer S W. 2009. Thermodynamics and mass transport in multicomponent, multiphase H2O systems of planetary interest. Annual Review of Earth and Planetary Sciences, 37: 449-477.

Luan X, Wang K, Hyndman R, et al. 2008. Bottom simulating reflector and gas seepage in Okinawa Trough: evidence of gas hydrate in an active back-arc basin. Journal of China University of Geosciences, 19 (2): 152-161.

Luff R, Greinert J, Wallmann K, et al. 2005. Simulation of long-term feedbacks from authigenic carbonate crust formation at cold vent sites. Chemical Geology, 216: 157-174.

Luff R, Haeckel M, Wallmann K. 2001. Robust and fast FORTRAN and MATLAB® libraries to calculate pH distributions in marine systems. Computers & Geosciences, 27: 157-169.

Luff R, Wallmann K. 2003. Fluid flow, methane fluxes, carbonate precipitation and biogeochemical turnover in gas hydrate-bearing sediments at Hydrate Ridge, Cascadia Margin: numerical modeling and mass balances. Geochimica et Cosmochimica Acta, 67: 3403-3421.

Lyu F, Xu X, Zha X, et al. 2022. A snake eel inspired multijoint resident underwater inspection robot for undesea infrastructure intelligent maintenance. OCEANS 2022-Chennai. Piscataway. IEEE.

MacDonald I R. 2004. Asphalt volcanism and chemosynthetic life in the Campeche knolls: gulf of Mexico. Science, 304: 999-1002.

MacDonald I R, Garcia-Pineda O, Beet A, et al. 2015. Natural and unnatural oil slicks in the Gulf of Mexico. Journal of Geophysical Research: Oceans, 120 (12): 8364-8380.

Makogon I U F. 1981. Hydrates of Natural Gas. Tulsa, Oklahoma: PennWell Books.

MakiT, Kondo H, Ura T, et al. 2008. Imaging vent fields: SLAM based navigation scheme foran AUV toward large-area seafloor imaging. 2008 IEEE/OES Autonomous Underwater Vehicles. IEEE, 1-10.

Manning C, Ingebritsen S. 1999. Permeability of the continental crust: implications of geothermal data and metamorphic systems. Reviews of Geophysics, 37: 127-150.

Martens C S, Albert D B, Alperin M J. 1998. Biogeochemical processes controlling methane in gassy coastal sediments—Part 1. A model coupling organic matter flux to gas production, oxidation and transport. Continental Shelf Research, 18: 1741-1770.

Martens C S, Klump J V. 1984. Biogeochemical cycling in an organic-rich coastal marine basin 4. An organic carbon budget for sediments dominated by sulfate reduction and methanogenesis. Geochimica et Cosmochimica Acta, 48: 1987-2004.

Martinez F, Taylor B. 1996. Backarc spreading, rifting, and microplate rotation, between transform faults in the Manus Basin. Marine Geophysical Researches, 18 (2): 203-224.

Matsumoto R, Tanahashi M, Kakuwa Y, et al. 2017. Recovery of thick deposits of massive gas hydrates from gas chimney structures, eastern margin of Japan Sea: Japan Sea shallow gas hydrate project. Fire in the Ice, 17 (1): 1-22.

Mau S, Tu T, Becker M, et al. 2020. Methane Seeps and Independent Methane Plumes in the South China Sea Offshore Taiwan. Frontiers in Marine Science, 7: 543.

McBride B C, Rowan M G, Weimer P, 1998a. The evolution of allochthonous saltsystems, Ewing Bank and northern Green Canyon, northern Gulf of Mexico Basin. American Association of Petroleum Geologists Bulletin, 82: 1013-1036.

McBride B C, Weimer P, Rowan M G. 1998b. The effect of allochthonous salt on thepetroleum systems of northern Green Canyon and Ewing Bank (offshore Louisiana), northern Gulf of Mexico. American Association of Petroleum Geologists Bulletin, 82: 1083-1112.

McClain C R, Lundsten L, Barry J, et al. 2010. Assemblage structure, but not diversity ordensity, change with depth on a northeast Pacific seamount. Marine Ecology, 31: 14-25.

McMurtry G M, VonderHaar D L, Eisenhauer A, et al. 1994. Cenozoic accumulat ion history of a Pacific ferromanganese crust. Earth and Planerary Science Letter, 125 (1/4): 105-118.

McMurtry G, Kolotyrkina I, Brucker G, et al. 2011. New generation underwater mass spectrometers for dissolved gases and volatile organic compound detection and in situ monitoring in the oceans. OCEANS'11 MTS/IEEE Kona. IEEE, 1-4.

Megonigal J P, Hines M, Visscher P. 2004. Anaerobic metabolism: linkages to trace gases and aerobic processes//Schlesinger W H. Biogeochemistry. Armsterdam: Elsevier.

Meister P, Liu B, Ferdelman T G, et al. 2013. Control of sulphate and methane distributions in marine sediments by organic matter reactivity. Geochimica et Cosmochimica Acta, 104: 183-193.

Menard H W. 1964. Marine Geology of the Pacific. New York: Mc Graw-Hill.

Mero J L. 1965. The Mineral Resources of the Sea. Armsterdam: Elsevier Publishing Company.

Meyer H K, Roberts E M, Rapp H T, et al. 2019. Spatial patterns of arctic sponge groundfauna and demersal fish are detectable in autonomous underwater vehicle (AUV) imagery. Deep Sea Research Part I: Oceanographic Research Papers, 153: 103137.

Michael J, Sullivan O. 2001. Geothermal reservoir simulation: the state of practice and emerging trends. Geothermics, 30: 395-429.

Michalopoulos P, Aller R C. 1995. Rapid clay mineral formation in Amazon delta sediments: reverse weathering and oceanic elemental cycles. Science, 270: 614-617.

Michel A P M, Wankel S D, Kapit J, et al. 2018. In situ carbon isotopic exploration of an active submarine volcano. Deep Sea Research Part II: Topical Studies in Oceanography, 150: 57-66.

Michel A P, Preston V L, Fauria K E, et al. 2021. Observations of shallow methane bubble emissions from Cascadia Margin. Frontiers in Earth Science, 9: 285.

Middelburg J J. 1989. A simple rate model for organic matter decomposition in marine sediments. Geochimica et Cosmochimica Acta, 53: 1577-1581.

Middelburg J J, Soetaert K, Hagens M. 2020. Ocean alkalinity, buffering and biogeochemical processes. Reviews of Geophysics, 58: e2019RG000681.

Middelburg J J, Soetaert K, Herman P M. 1997. Empirical relationships for use in global diagenetic models. Deep Sea Research Part I: Oceanographic Research Papers, 44: 327-344.

Mitchell G A, Orange D L, Gharib J J, et al. 2018. Improved detection and mapping of deepwater hydrocarbon seeps: optimizing multibeam echosounder seafloor backscatter acquisition and processing techniques. Marine Geophysical Research, 39 (1): 323-347.

Mitnick E H, Lammers L N, Zhang S, et al. 2018. Authigenic carbonate formation rates in marine sediments and implications for the marine $\delta 13C$ record. Earth and Planetary Science Letters, 495: 135-145.

Molins S, Mayer K, Amos R, et al. 2010. Vadose zone attenuation of organic compounds at a crude oil spill site—Interactions between biogeochemical reactions and multicomponent gas transport. Journal of Contaminant Hydrology, 112: 15-29.

Molins S, Mayer K. 2007. Coupling between geochemical reactions and multicomponent gas and solute transport in unsaturated media: a reactive transport modeling study. Water Resources Research, 43: 1-16.

Momma H. 1996. Deep tow survey in Nanseisyoto region (K95-07-NSS) . JAMSTEC J. Deep-Sea Research, 12: 195-210.

Monecke T, Petersen S, Hannington M D. 2014. Constraints on Water Depth of Massive Sulfide Formation: Evidence from Modern Seafloor Hydrothermal Systems in Arc-Related Settings. Economic Geology, 109: 2079-2101.

Morgan N B, Goode S, Roark E B, et al. 2019. Fine scale assemblage structure of benthicinvertebrate megafauna on the North Pacific Seamount Mokumanamana. Frontiersin Marine Science, 6: 715.

Morrow C A, Moore D E, Lockner D. 2001. Permeability reduction in granite under hydrothermal conditions. Journal of Geophysical Research: Solid Earth, 106: 30551-30560.

Morton B, Taylor G I, Turner J S. 1956. Turbulent gravitational convection from maintained and instantaneous sources. Proceedings of the Royal Society of London. Series A. Mathematical and Physical Sciences, 234: 1-23.

Murton B J, Lehrmann B, Dutrieux A M, et al. 2019. Geological fate of seafloor massive sulphides at the TAG hydrothermal field (Mid-Atlantic Ridge) . Ore Geology Reviews, 107: 903-925.

Naehr T H, Eichhubl P, Orphan V J, et al. 2007. Authigenic carbonate formation at hydrocarbon seeps in continental margin sediments: a comparative study. Deep Sea Research Part II: Topical Studies in Oceanography, 54: 1268-1291.

Nakamura K, Toki T, Mochizuki N, et al. 2013. Discovery of a new hydrothermal vent based on an underwater, high-resolution geophysical survey. Deep Sea Research Part I: Oceanographic Research Papers, 74: 1-10.

NakataniT, Ura T, Ito Y, et al. 2008. AUV "TUNA-SAND" and its Exploration ofhydrothermal vents at Kagoshima Bay. OCEANS 2008-MTS/IEEE Kobe Techno-Ocean. IEEE, 1-5.

Nakatani T, Li S, Ura T, et al. 2011. 3D visual modeling of hydrothermal chimneys using a rotary laser scanning system. Proceedings of the 2011 IEEE Symposium on Underwater Technology and Workshop on Scientific Use of Submarine Cable sand Related Technologies, Tokyo, Japan.

Nehlig P. 1994. Fracture and permeability analysis in magma-hydrothermal transition zones in the Samail ophiolite (Oman). Journal of Geophysical Research: Solid Earth, 99: 589-601.

Neuman S P. 2005. Trends, prospects and challenges in quantifying flow and transport through fractured rocks. Hydrogeology Journal, 13: 124-147.

Niemann H, Lösekann T, De Beer D, et al. 2006. Novel microbial communities of the Haakon Mosby mud volcano and their role as a methane sink. Nature, 443: 854-858.

Nikishin A M, Korotaev M V, Ershov A V, et al. 2003. The Black Sea basin: tectonic history and Neogene-Quaternary rapid subsidence modelling. Sedimentary Geology, 156: 149-168.

Nikolovska A, Sahling H, Bohrmann G, 2008. Hydroacoustic methodology for detection, localization, and quantification of gas bubbles rising from the seafloor at gas seeps from the eastern Black Sea. Geochemistry, Geophysics, Geosystems, 9 (10).

Nöthen K, Kasten S. 2011. Reconstructing changes in seep activity by means of pore water and solid phase Sr/Ca and Mg/Ca ratios in pockmark sediments of the Northern Congo Fan. Marine Geology, 287 (1-4): 1-13.

Orange D L, Teas P A, Decker J. 2010. Multibeambackscatter-insights into marine geological processes and hydrocarbon seepage. Off-shore Technology Conference.

Orcutt B N, Bach Wolfgang, Becker Keir, et al. 2011. Colonization of subsurface microbial observatories deployed in young ocean crust. The ISME Journal, 5: 692-703.

Padilla A M, Loranger S, Kinnaman F S, et al. 2019. Modern Assessment of Natural Hydrocarbon Gas Flux at the Coal Oil Point Seep Field, Santa Barbara, California. Journal of Geophysical Research: Oceans, 124 (4): 2472-2484.

Papenberg C, Krabbenhoeft A, Klaeschen D, et al. 2013. Distribution of free gas and 3D mirror image structures beneath Sevastopol mud volcano, Black Sea, from 3D high resolution wide-angle seismic data. AGU Fall Meeting, San Francisco, USA, 9-13 December 2013.

Paul J H, Pruis M J. 2003. Fluxes of fluid and heat from the oceanic crustal reservoir. Earth and Planetary Science Letters, 216 (4): 565-574.

Paull C K, Hecker B, Commeau R F, et al. 1984. Biological Communities at the Florida Escarpment Resemble Hydrothermal Vent Taxa. Science, 226: 965-967.

Paull C, Schlining B, Ussler Iii W, et al. 2005. Distribution of chemosynthetic biological communities in Monterey Bay, California. Geology, 33: 85-88.

Person R, Favali P, Ruhl H A, et al. 2015. ESONET multidisciplinary scientific community to EMSO novel European research infrastructure for ocean observation//Favali P, Beranzoli L, Santis A. Seafloor Observatories: A New Vision of the Earth From the Abyss. Heidelberg: Springer, 531-564.

Petersen C J, Klaucke I, Weinrebe W, et al. 2009. Fluid seep-age and mound formation offshore Costa Rica revealed by deep-towed sidescan sonar and sub-bottom profiler data. Marine Geology, 266 (1/4): 172-181.

Petersen S, Kraeschell A, Augustin N, et al. 2016. News from the seabed- Geological characteristics and resource potential of deep-sea mineral resources. Marine Policy, 70: 175-187.

Pinero E, Marquardt M, Hensen C, et al. 2013. Estimation of the global inventory of methane hydrates in marine sediments using transfer functions. Biogeosciences, 10 (2): 959-975.

Piquemal J. 1994. Saturated steam relative permeabilities of unconsolidated porous media. Transport in Porous Media, 17: 105-120.

Polyanskii O, Reverdatto V, Sverdlova V. 2002. Convection of two-phase fluid in a layered porous medium driven by the heat of magmatic dikes and sills. Geochemistry International C/C of Geokhimiia, 40: S69-S81.

Pop R P, Wenzhöfer F, Ramette A, et al. 2012. Bacterial diversity and biogeochemistry of different chemosynthetic habitats of the REGAB cold seep (West African margin, 3160 m water depth). Biogeosciences, 9: 5031-5048.

PorteiroF M, Gomes-Pereira J N, Pham C K, et al. 2013. Distribution and habitat association of benthic fish on the Condor seamount (NE Atlantic, Azores) from in situobservations. Deep Sea Research Part II: Topical Studies in Oceanography, 98: 114-128.

Prieur D. 2007. An extreme environment on earth: deep-sea hydrothermal vents. Lessons for exploration of Mars and Europa. Lectures in astrobiology. Heidelberg: Springer, 319-345.

Pruess K, Schroeder R C, Witherspoon P A. 1979. Description of the three- dimensional two- phase simulator SHAFT78 for use in geothermal reservoir studies. SPE Reservoir Simulation Symposium. OnePetro.

Pruess K. 2004. The TOUGH codes—A family of simulation tools for multiphase flow and transport processes in permeable media. Vadose Zone Journal, 3: 738-746.

Pujatti S, Klyukin Y, Steele-MacInnis M, et al. 2021. Anhydrite replacement reaction in nodular pyrite breccia and its geochemical controls on the δ^{34}S signature of pyrite in the TAG hydrothermal mound, 26°N Mid Atlantic Ridge. Lithos, 400: 106357.

Qazi S, Raza K. 2020. Smart Biosensors in Medical Care. New York: academic Press, 65-85.

Qiu Y, Wang X L, Liu X, et al. 2020. In situ Raman spectroscopic quantification of CH_4-CO_2 mixture: application to fluid inclusions hosted in quartz veins from the Longmaxi Formation shales in Sichuan Basin, southwestern China. Petroleum Science, 17 (1): 23-35.

Quek S B, Cheng L, Cord-Ruwisch R. 2015. Detection of low concentration of assimilable organic carbon in seawater prior to reverse osmosis membrane using microbial electrolysis cell biosensor. Desalination and Water Treatment, 55 (11): 2885-2890.

Quigley D C, Scott Hornafius J, Luyendyk B P, et al. 1999. Decrease in natural marine hydrocarbon seepage near Coal Oil Point, California, associated with offshore oil production. Geology, 27 (11): 1047-1050.

Raffensperger J P. 1997. Evidence and modeling of large-scale groundwater convection in Precambrian sedimentary basins.

Raineault N A, Flanders J. 2019. New Frontiers in Ocean Exploration: the E/V Nautilus, NOAA Ship Okeanos Explorer, and R/V Falkor 2018 Field Season. Oceanography, 32 (1): supplement, 150.

Rajagopal K, Ruzicka M, Srinivasa A. 1996. On the Oberbeck-Boussinesq approximation. Mathematical Models and Methods in Applied Sciences, 6: 1157-1167.

Ramirez-Llodra E, Brandt A, Danovaro R, et al. 2010. Deep, diverse and definitely different: unique attributes of the world's largest ecosystem. Biogeosciences, 7 (9): 2851-2899.

Ravizza G, Martin C E, German C R, et al. 1996. Os isotopes as tracers in seafloor hydrothermal systems: metalliferous deposits from the TAG hydrothermal area, 26°N Mid-Atlantic Ridge. Earth and Planetary Science Letters, 138 (1-4): 105-119.

Reagan M T, Moridis G J. 2008. Dynamic response of oceanic hydrate deposits to ocean temperature change. Journal of Geophysical Research: Oceans, 113.

Reeburgh W S, Ward B B, Whalen S C, et al. 1991. Black Sea methane geochemistry. Deep Sea Research Part A. Oceanographic Research Papers, 38: S1189-S1210.

Reeburgh W S. 2007. Oceanic methane biogeochemistry. Chemical Reviews, 107 (2): 486-513.

Regnier P, Dale A W, Arndt S, et al. 2011. Quantitative analysis of anaerobic oxidation of methane (AOM) in marine sediments: a modeling perspective. Earth Science Reviews, 106: 105-130.

Regnier P, Dale A, Pallud C, et al. 2005. Incorporating geomicrobial processes in subsurface reactive transport models. Reactive Transport in soil and groundwater: Processes and models, 107-126.

Rehder G, Leifer I, Brewer P G, et al. 2009. Controls on methane bubble dissolution inside and outside the hydrate stability field from open ocean field experiments and numerical modeling. Marine Chemistry, 114: 19-30.

Rehder G, Brewer P W, Peltzer E T, et al. 2002. Enhanced lifetime of methane bubble streams within the deep ocean. Geophysical Research Letters, 29 (15): 1-4.

Reitz A, Pape T, Haeckel M, et al. 2011. Sources of fluids and gases expelled at cold seeps offshore Georgia, eastern Black Sea. Geochimica et Cosmochimica Acta, 75: 3250-3268.

Rémouit F, Ruiz-Minguela P, Engström J. 2018. Review of electrical connectors for underwater applications. IEEE Journal of Oceanic Engineering, 43 (4): 1037-1047.

Ren Y, Wohlgemuth-Ueberwasser C C, Huang F, et al. 2021. Distribution of trace elements in sulfides from Deyin hydrothermal field, Mid-Atlantic Ridge-implications for its mineralizing processes. Ore Geology Reviews, 128: 103911.

Riedel M, Scherwath M, Römer M, et al. 2018. Distributed natural gas venting offshore along the Cascadia margin. Nature Communications, 9: 3264.

Riedel M. 2007. 4D seismic time-lapse monitoring of an active cold vent, northern Cascadia margin. Marine Geophysical Researches, 28 (4): 355-371.

Roberts H H, Shedd W, Hunt J L. 2010a. Dive sitegeology: DSV ALVIN (2006) and ROV JASON II (2007) dives to the middle-lower continental slope, northern Gulf of Mexico. Deep-sea Research Part Ii-topical Studies in Oceanography, 57: 1837-1858.

Roberts H H, Feng D, Joye S B. 2010b. Cold-seep carbonates of the middle and lower continental slope, northern Gulf of Mexico. Deep-sea Research PartIi-topical Studies in Oceanography, 57: 2040-2054.

Robertson A H F, Ustaomer T, Pickett E A, et al. 2004. Testing models of Late Palaeozoic-Early Mesozoic orogeny in Western Turkey: Support for an evolving open-Tethys model. Journal of the Geological Society, 161 (3): 501-511.

Rogers A D. 1994. The biology of seamounts. Advances in Marine Biology, 30: 305-350.

Rojstaczer S, Ingebritsen S, Hayba D. 2008. Permeability of continental crust influenced by internal and external forcing. Geofluids, 8: 128-139.

Rojstaczer S, Wolf S, Michel R. 1995. Permeability enhancement in the shallow crust as a cause of earthquake-induced hydrological changes. Nature, 373: 237-239.

Römer M, Riedel M, Scherwath M, et al. 2016. Tidally controlled gas bubble emissions: a comprehensive study using long-term monitoring data from the NEPTUNE cabled observatory offshore Vancouver Island.

Geochemistry, Geophysics, Geosystems, 17: 3797-3814.

Römer M, Hsu C, Loher M, et al. 2019. Amount and fate of gas and oil discharged at 3400 m water depth from a natural seep site in the Southern Gulf of Mexico. Frontiers in Marine Science, 6: 700.

Römer M, Sahling H, Dos Santos Ferreira C, et al. 2020. Methane gas emissions of the Black Sea—mapping from the Crimean continental margin to the Kerch Peninsula slope. Geo-Marine Letters, 40: 467-480.

Römer M, Sahling H, Pape T, et al. 2012a. Geological control and magnitude of methane ebullition from a high-flux seep area in the Black Sea-the Kerch seep area. Marine Geology, 319-322.

Römer M, Sahling H, Pape T, et al. 2012b. Quantification of gas bubble emissions from submarine hydrocarbon seeps at the Makran continental margin (offshore Pakistan). Journal of Geophysical Research: Oceans, 117 (C10).

Römer M, Sahling H, Pape T, et al. 2014. Methane fluxes and carbonate deposits at a cold seep area of the Central Nile Deep Sea Fan, Eastern Mediterranean Sea. Marine Geology, 347: 27-42.

Römer M, Wenau S, Mau S, et al. 2017. Assessing marine gas emission activity and contribution to the atmospheric methane inventory: a multidisciplinary approach from the Dutch Dogger Bank seep area (North Sea). Geochemistry, Geophysics, Geosystems, 18: 2617-2633.

Rona P A, Bogdanov Y A, Gurvich E G, et al. 1993. Relict hydrothermal zones in the TAG hydrothermal field, Mid-Atlantic Ridge 26°N, 45°W. Journal of Geophysical Research: Solid Earth, 98 (B6): 9715-9730.

Rona P A, Klinkhammer G, Nelsen T A, et al. 1986. Black smokers, massive sulphides and vent biota at the Mid-Atlantic Ridge. Nature, 321 (6065): 33-37.

Rona P A, Scott S D. 1993. A special issue on sea-floor hydrothermal mineralization: new perspectives-Preface. Economic Geology and the Bulletin of the Society, 88: 1933-1976.

Rona P A. 2003. Resources of the sea floor. Science, 299: 673-674.

Rouse I P. 1991. TOBI: A deep-towed sonar system. IEE Colloquium on Civil Applications of Sonar Systems. IEE.

Rouxel O, Shanks III W C, Bach W, et al. 2008. Integrated Fe- and S- isotope study of seafloor hydrothermal vents at East Pacific Rise 9-10°N. Chemical Geology, 252 (3-4): 214-227.

Roy S, Senger K, Hovland M, et al. 2019. Geological controls on shallow gas distribution and seafloor seepage in an Arctic fjord of Spitsbergen, Norway. Marine and Petroleum Geology, 107: 237-254.

Ru K, Pigott J D. 1986. Episodic rifting and subsidence in the South China Sea. AAPG Bulletin, 70 (9): 1136-1155.

Ruppel C D, Kessler J D. 2017. The interaction of climate change and methane hydrates. Reviews of Geophysics, 55 (1): 126-168.

Ryu B J, Collett T S, Riedel M, et al. 2013. Scientific results of the second gas hydrate drilling expedition in the Ulleungbasin (UBGH2). Marine and Petroleum Geology, 47: 1-20.

Sahling H, Bohrmann G, Spiess V, et al. 2008. Pockmarks in the Northern Congo Fan area, SW Africa: complex seafloor features shaped by fluid flow. Marine Geology, 249: 206-225.

Sahling H, Borowski C, Escobar-Briones E, et al. 2016. Massive asphalt deposits, oil seepage, and gas venting support abundant chemosynthetic communities at the Campeche Knolls, southern Gulf of Mexico. Biogeosciences, 13 (15): 4491-4512.

Sarrazin J, Blandin J, Delauney L. 2007. TEMPO: a New Ecological Module for Studying Deep-sea Com-unity Dynamics at Hydrothermal Vents (EEE catalogue no. 07 EX). Oceans IEEE, 1-4.

Sarrazin J, Juniper S K. 1999. Biological characteristics of a hydrothermal edifice mosaic community. Marine Ecology Progress Series, 185: 1-19.

Sato Y, Maki T, Matsuda T, et al. 2015. Detailed 3D seafloor imaging of Kagoshima Bay by AUV Tri-TON$_2$. 2015 IEEE Underwater Technology (UT). IEEE, 1-6.

Scheidegger A E. 2020. The Physics of Flow Through Porous Media (3rd Edition). Toronto: University of Toronto Press.

Schmid F, Peters M, Walter M, et al. 2019. Physico-chemical properties of newly discovered hydrothermal plumes above the Southern Mid-Atlantic Ridge (13°-33°S). Deep Sea Research Part I: Oceanographic Research Papers, 148: 34-52.

Schmidt C, Seward T M. 2017. Raman spectroscopic quantification of sulfur species in aqueous fluids: Ratios of relative molar scattering factors of Raman bands of H_2S, HS^-, SO_2, HSO_4^-, SO_4^{2-}, $S_2O_3^{2-}$, S^{3-} and H_2O at ambient conditions and information on changes with pressure and temperature. Chemical Geology, 467: 64-75.

Schneider V, Brockhoff J, Greinert J. 2007. Flare imaging with multibeam systems: data processing for bubble detection at seeps. Geochemistry Geophysics Geosystems, 8 (6): 1-7.

Schowalter T T. 1979. Mechanics of secondary hydrocarbon migration and entrapment. AAPG Bulletin, 63: 723-760.

Schrag D P, Higgins J A, Macdonald F A, et al. 2013. Authigenic carbonate and the history of the global carbon cycle. Science, 339: 540-543.

Schulte M. 2007. The emergence of life on Earth. Oceanography, 20: 43-49.

Schulz H D, Zabel M. 2006. Marine Geochemistry (Vol. 2). Heidelberg: Springer.

Sclater J G, Jaupart C, Galson D. 1980. The heat flow through oceanic and continental crust and the heat loss of the Earth. Reviews of Geophysics, 18 (1): 269-311.

Scott S D, Binns R A. 1995. Hydrothermal processes and contrasting styles of mineralization in the western Woodlark and eastern Manus basins of the western Pacific. Geological Society, London, Special Publications, 87 (1): 191-205.

Seelig H D, Hoehn A, Stodieck L, et al. 2008. The assessment of leaf water content using leaf reflectance ratios in the visible, near-, and short-wave-infrared. International Journal of Remote Sensing, 29: 3701-3713.

Seibold E, Berger W. 2017. The sea floor-An introduction to marine geology. New York: Springer.

Seiter K, Hensen C, Schröter J, et al. 2004. Organic carbon content in surface sediments—defining regional provinces. Deep Sea Research Part I: Oceanographic Research Papers, 51: 2001-2026.

Serie C, Huuse M, Schodt N H. 2012. Gas hydrate pingoes: deep seafloor evidence of focused fluid flow on continental margins. Geology, 40 (3): 207-210.

Setter K O. 1996. Hyper thermophilic prokaryotes. FEMS Microbiology Reviews, 18: 149-158.

Seyfried Jr W. 1987. Experimental and theoretical constraints on hydrothermal alteration processes at mid-ocean ridges. Annual Review of Earth and Planetary Sciences, 15: 317.

Seyfried Jr. W E, Tan C, Wang X, et al. 2022. Time series of hydrothermal vent fluid chemistry at Main Endeavour Field, Juan de Fuca Ridge: remote sampling using the NE PTUNE cabled observatory. Deep-Sea Research Part I, 186: 103809.

Sha Z, Liang J, Zhang G, et al. 2015. A seepage gas hydrate system in northern South China Sea: seismic and well log interpretations. Marine geology, 366: 69-78.

Shagapov V S, Chiglintseva A, Rusinov A, et al. 2017. Migration of a single gas bubble in water during the formation of stable gas-hydrate crust on its surface. Theoretical Foundations of Chemical Engineering, 51: 216-223.

Shakhova N, Semiletov I P, Leifer I, et al. 2014. Ebullition and storm-induced methane release from the East

Siberian Arctic Shelf. Nature Geoscience, 7: 64-70.

Sharma M, Wasserburg G J, Hofmann A W, et al. 2000. Osmium isotopes in hydrothermal fluids from the Juan de Fuca Ridge. Earth and Planetary Science Letters, 179 (1): 139-152.

Sharma R. 2022. Approach Towards Deep-Sea Mining: Current Status and Future Prospects//Sharma R. Perspectives on Deep-Sea Mining-Sustainability, Technology, Environmental Policy. Heidelberg: Springer.

Shearme S, Cronan D S, Rona P A. 1983. Geochemistry of sediments from the TAG hydrothermal field, MAR at latitude 26°N. Marine Geology, 51 (3-4): 269-291.

Sherman C H, Butler J L, Brown D A. 2008. Transducers and Arrays for Underwater Sound. The Journal of the Acoustical Society of America, 124 (3): 1385.

Shinjo R, Chung S L, Kato Y, et al. 1999. Geochemical and Sr-Nd isotopic characteristics of volcanic rocks from the Okinawa Trough and Ryukyu Arc: implications for the evolution of a young, intracontinental back arc basin. Journal of Geophysical Research: Solid Earth, 104 (B5): 10591-10608.

Shmonov V, Vitiovtova V, Zharikov A, et al. 2003. Permeability of the continental crust: implications of experimental data. Journal of Geochemical Exploration, 78: 697-699.

Sibuet J C, Deffontaines B, Hsu S K, et al. 1998. Okinawa trough backarc basin: Early tectonic and magmatic evolution. Journal of Geophysical Research: Solid Earth, 103 (B12): 30245-30267.

Sivan O, Adler M, Pearson A, et al. 2011. Geochemical evidence for iron-mediated anaerobic oxidation of methane. Limnology and Oceanography, 56: 1536-1544.

Skarke A, Ruppel C, Kodis M, et al. 2014. Widespread methane leakage from the sea floor on the northern US Atlantic margin. Nature Geoscience, 7 (9): 657-661.

Solomon E A, Kastner M, Jannasch H, et al. 2008. Dynamic fluid flow and chemical fluxes associated with a seafloor gas hydrate deposit on the northern Gulf of Mexico slope. Earth and Planetary Science Letters, 270 (1-2): 95-105.

Solomon E A, Kastner M, Macdonald I R, et al. 2009. Considerable methane fluxes to the atmosphere from hydrocarbon seeps in the Gulf of Mexico. Nature Geoscience, 2: 561-565.

Sommer S, Linke P, Pfannkuche O, et al. 2009. Seabed methane emissions and the habitat of frenulate tubeworms on the Captain Arutyunov mud volcano (Gulf of Cadiz). Marine Ecology Progress Series, 382: 69-86.

Sommer S, Linke P, Pfannkuche O, et al. 2010. Benthic respiration in a seep habitat dominated by dense beds of ampharetid polychaetes at the Hikurangi Margin (New Zealand). Marine Geology, 272: 223-232.

Sommer S, Pfannkuche O, Linke P, et al. 2006. Efficiency of the benthic filter: biological control of the emission of dissolved methane from sediments containing shallow gas hydrates at Hydrate Ridge. Global Biogeochemical Cycles, 20: 1-4.

Sommer S, Pfannkuche O. 2008. Gasexchange system for extended in situ benthic chamber flux measurements under controlled oxygen conditions. University of Gothenburg Marine Chemistry.

Sommer S, Türk M, Kriwanek S, et al. 2008. Gas exchange system for extended in situ benthic chamber flux measurements under controlled oxygen conditions: first application—Sea bed methane emission measurements at Captain Arutyunov mud volcano. Limnology and Oceanography: Methods, 6: 23-33.

Somov A, Baranov A, Spirjakin D, et al. 2013. Deployment and evaluation of a wireless sensor network for methane leak detection. Sensors and Actuators A: Physical, 202: 217-225.

Steinle L, Graves C A, Treude T, et al. 2015. Water column methanotrophy controlled by a rapid oceanographic switch. Nature Geoscience, 8: 378-382.

Stewart H A, Jamieson A J. 2019. The five deeps: the location and depth of the deepest place in each of the world's oceans. Earth Science Reviews, 197: 102896.

Stocks K. 2004. Seamount invertebrates: composition and vulnerability to fishing//Morato T, Pauly D. Seamounts: Biodiversity and Fisheries. Canada: Fisheries Centre, University of British Columbia, 17-24.

Suess E, Torres M, Bohrmann G, et al. 1999. Gas hydrate destabilization: enhanced dewatering, benthic material turnover and large methane plumes at the Cascadia convergent margin. Earth and Planetary Science Letters, 170: 1-15.

Suess E. 2005. RV Sonne cruise report SO 177: SiGer 2004, sino-german cooperative project, South China Sea continental margin: geological methane budget and environmental effects of methane emissions and gas hydrates. RV Sonne cruise SO 177.

Suess E. 2014. Marine cold seeps and their manifestations: geological control, biogeochemical criteria and environmental conditions. International Journal of Earth Sciences, 103 (7): 1889-1916.

Suess E. 2018. Marine Cold Seeps: Background and Recent Advances. //Wilkes H. Hydrocarbons, oils and lipids: diversity, origin, chemistry and fate, handbook of hydrocarbon and lipid microbiology. New York: Springer.

Sun Q, Wu S, Cartwright J, et al. 2012. Shallow gas and focused fluid flow systems in the Pearl River Mouth Basin, northern South China Sea. Marine Geology, 315: 1-14.

Sun X, Turchyn A V, 2014. Significant contribution of authigenic carbonate to marine carbon burial. Nature Geoscience, 7: 201-204.

Sun Z, Wu N, Cao H, et al. 2019. Hydrothermal metal supplies enhance the benthic methane filter in oceans: an example from the Okinawa Trough. Chemical Geology, 525: 190-209.

Sun Z, Zhang X, Guo L, et al. 2018. In-situ cultivation system of deep-sea hydrothermal metallic sulfide deposits. US10077656B1.

Sun Z, Zhou H, Glasby G P, et al. 2012. Formation of Fe-Mn-Si oxide and nontronite deposits in hydrothermal fields on the ValuFa Ridge, Lau Basin. Journal of Asian Earth Sciences, 43 (1): 64-76.

Suzuki R, Ishibashi J I, Nakaseama M, et al. 2008. Diverse range of mineralization induced by phase separation of hydrothermal fluid: case study of the Yonaguni Knoll IV Hydrothermal Field in the Okinawa Trough Back-Arc Basin. Resource Geology, 58 (3): 267-288.

Suzuki Y, Yamashita S, Kouduka M, et al. 2020. Deep microbial proliferation at the basalt interface in 33.5-10^4 million-year-old oceanic crust. Communications Biology, 3 (1): 1-9.

Takaesu M, Horikawa H, Sueki K, et al. 2014. Development of an event search and download system for analyzing waveform data observed at seafloor seismic network, DONET. Proceedings of American Geophysical Unio, Fall Meeting.

Tao C, Lin J, Guo S, et al. 2007. Discovery of the first active hydrothermal vent field at the ultraslow spreading Southwest Indian Ridge: the Chines DYI15-9 Cruise. Ridge Crest News, 16: 25-26.

Tao C, Seyfried W E, Lowell R P, et al. 2020. Deep high-temperature hydrothermal circulation in a detachment faulting system on the ultra-slow spreading ridge. Nature Communications, 11 (1): 1-9.

Taylor L, Lawson T. 2009. Project deep search: an innovative solution for accessing the oceans. Marine Technology Society Journal, 43 (5): 169-177.

Teeneti C R, Truscott T T, Beal D N, et al. 2021. Review of wireless charging systems for autonomous underwater vehicles. IEEE Journal of Oceanic Engineering, 46 (1): 68-87.

Thornton B, Masamura T, Takahashi T, et al. 2012. Development and field testing of laser-induced breakdown spectroscopy for in situ multi-element analysis at sea. Oceans IEEE.

Thornton B, Takahashi T, Sato T, et al. 2015. Development of a deep-sea laser-induced breakdown spectrometer for in situ multi-element chemical analysis. Deep-Sea Research Part I, 95: 20-36.

Thorsnes T, Chand S, Brunstad H, et al. 2019. Strategy for detection and high-resolution characterization of authigenic carbonate cold seep habitats using ships and autonomous underwater vehicles on glacially influenced terrain. Frontiers in Marine Science, 6: 708.

Tishchenko P, Hensen C, Wallmann K, et al. 2005. Calculation of the stability and solubility of methane hydrate in seawater. Chemical Geology, 219: 37-52.

Todaka N, Akasaka C, Xu T, et al. 2004. Reactive geothermal transport simulations to study the formation mechanism of an impermeable barrier between acidic and neutral fluid zones in the Onikobe Geothermal Field, Japan. Journal of Geophysical Research: Solid Earth, 109.

Todo Y, Kitazato H, Hashimoto J, et al. 2005. Simple foraminifera flourish at the ocean's deepest point. Science, 307 (5710): 689.

Tonnina D, Campanella L, Sammartino M P, et al. 2002. Integral toxicity test of sea waters by an algal biosensor. Annali Di Chimica, 92 (4): 477-484.

Torres M E, Mcmanus J, Hammond D, et al. 2002. Fluid and chemical fluxes in and out of sediments hosting methane hydrate deposits on Hydrate Ridge, OR, I: Hydrological provinces. Earth and Planetary Science Letters, 201: 525-540.

Tréhu A M, Flemings P B, Bangs N L, et al. 2004. Feeding methane vents and gas hydrate deposits at south Hydrate Ridge. Geophysical Research Letters, 31 (23): 1-4.

Trehu A M, Ruppel C, Holland M, et al. 2006. Gas hydrates in marine sediments. Oceanography, 19 (4): 124-140.

Treude T, Boetius A, Knittel K, et al. 2003. Anaerobic oxidation of methane above gas hydrates at Hydrate Ridge, NE Pacific Ocean. Marine Ecology Progress Series, 264: 1-14.

Tromp T, van Cappellen P, Key R. 1995. A global model for the early diagenesis of organic carbon and organic phosphorus in marine sediments. Geochimica et Cosmochimica Acta, 59: 1259-1284.

Udell K S. 1985. Heat transfer in porous media considering phase change and capillarity—the heat pipe effect. International Journal of Heat and Mass Transfer, 28: 485-495.

Ura T. 2004. Exploration of NW Rota 1 Underwater Volcano by Autonomous Underwater Vehicle" r2D4". Seisan Kenkyu, 56: 419-422.

Usui A, Suzuki K. 2022. Geological Characterization of Ferromanganese Crust Deposits in the NW Pacific Seamounts for Prudent Deep-Sea Mining//Sharma R. Perspectives on Deep-Sea Mining-Sustainability, Technology, Environmental Policy. Heidelkerg: Springer.

Vähätalo A V, Aarnos H, Mäntyniemi S. 2010. Biodegradability continuum and biodegradation kinetics of natural organic matter described by the beta distribution. Biogeochemistry, 100: 227-240.

Valentine D L, Kessler J D, Redmond M C, et al. 2010. Propane respiration jump-starts microbial response to a deep oil spill. Science, 330: 208-211.

van Cappellen P, Wang Y. 1996. Cycling of iron and manganese in surface sediments: a general theory for the coupled transport and reaction of carbon, oxygen, nitrogen, sulfur, iron, and manganese. American Journal of Science, 296: 197-243.

van Kessel T G, Ramachandran M, Klein L J, et al. 2018. Methane leak detection and localization using wireless sensor networks for remote oil and gas operations. 2018 IEEE SENSORS. IEEE, 1-4.

van Nugteren P, Moodley L, Brummer G, et al. 2009. Seafloor ecosystem functioning: the importance of organic matter priming. Marine Biology, 156: 2277-2287.

Veloso-Alarcón M E, Jansson P, De Batist M, et al. 2019. Variability of acoustically evidenced methane bubble emissions offshore western Svalbard. Geophysical Research Letters, 46: 9072-9081.

Vennard J K, Street R. 1975. Elementary Fluid Mechanics. New York: John Wiley & Sons. Inc.

Verma A K. 1986. Effects of phase transformation of steam-water relative permeabilities. Ph. D. Thesis. University of California, Berkeley.

Vicmudo M P, Dadios E P, Vicerra R R P. 2014. Path planning of underwater swarm robots using genetic algorithm//2014 International Conference on Humanoid, Nanotechnology, Information Technology, Communication and Control, Environment and Management (HNICEM). IEEE.

von Damm K. 1990. Seafloor hydrothermal activity: black smoker chemistry and chimneys. Annual Review of Earth and Planetary Sciences, 18: 173.

von Deimling J S, Rehder G, Greinert J, et al. 2011. Quantification of seep-related methane gas emissions at Tommeliten, North Sea. Continental Shelf Research, 31: 867-878.

Vorperian V. 2007. Synthesis of medium voltage DC-to-DC converters from low-voltage, high-frequency PWM switching converters. IEEE Transactions on Power Electronics, 22 (5): 1619.

Vosteen H, Schellschmidt R. 2003. Influence of temperature on thermal conductivity, thermal capacity and thermal diffusivity for different types of rock. Physics and Chemistry of the Earth, Parts A/B/C, 28: 499-509.

Waage M, Portnov A, Serov P, et al. 2019. Geological controls on fluid flow and gas hydrate pingo development on the Barents Sea margin. Geochemistry, Geophysics, Geosystems, 20: 630-650.

Wang J, Tang Y, Chen C, et al. 2020. Terrain matching localization for hybrid underwater vehicle in the Challenger Deep of the Mariana Trench. Frontiers of Information Technology & Electronic Engineering, 21 (5): 749-760.

Wadham J L, Arndt S, Tulaczyk S M, et al. 2012. Potential methane reservoirs beneath Antarctica. Nature, 488: 633-637.

Wagner J K S, McEntee M H, Brothers L L, et al. 2013. Cold-seep habitat mapping: high-resolution spatial characterization of the Blake Ridge Diapir seep field. Deep Sea Research Part II: Topical Studies in Oceanography, 92: 183-188.

Wallmann K, Drews M, Aloisi G, et al. 2006. Methane discharge into the Black Sea and the global ocean via fluid flow through submarine mud volcanoes. Earth and Planetary Science Letters, 248: 545-560.

Wan Z, Chen C, Liang J, et al. 2020. Hydrochemical characteristics and evolution mode of cold seeps in the Qiongdongnan Basin, South China Sea. Geofluids, 2020: 1-16.

Wang B, Socolofsky S A, Breier J A, et al. 2016. Observations of bubbles in natural seep flares at MC 118 and GC 600 using in situ quantitative imaging. Journal of Geophysical Research: Oceans, 121 (4): 2203-2230.

Wang H, Chu F, Li X, et al. 2020. Mineralogy, geochemistry, and Sr-Pb and in situ S isotopic compositions of hydrothermal precipitates from the Tangyin hydrothermal field, southern Okinawa Trough: evaluation of the contribution of magmatic fluids and sediments to hydrothermal systems. Ore Geology Reviews, 126: 103742.

Wang H, Li X, Chu F, et al. 2018. Mineralogy, geochemistry, and Sr-Pb isotopic geochemistry of hydrothermal massive sulfides from the 15.2° S hydrothermal field, Mid-Atlantic Ridge. Journal of Marine Systems, 180: 220-227.

Wang K, Shen Y, Yang Y, et al. 2019. Morphology and genome of a snailfish from the Mariana Trench provide insights into deep-sea adaptation. Nature Ecology & Evolution, 3: 823-833.

Wang L, Wang G, Mao L, et al. 2020. Experimental research on the breaking effect of natural gas hydrate sediment for water jet and engineering applications. Journal of Petroleum Science and Engineering, 184: 1-8.

Wang T K, Chen T R, Deng J M, et al. 2015. Velocity structures imaged from long-offset reflection data and four-component OBS data at Jiulong Methane Reef in the northern South China Sea. Marine and Petroleum Geology, 68: 206-218.

Wang Y, Han X, Zhou Y, et al. 2021. The Daxi Vent Field: an active mafic-hosted hydrothermal system at a non-transform offset on the slow-spreading Carlsberg Ridge, 6°48′N. Ore Geology Reviews, 129: 103888.

Wang Y, Han X, Petersen S, et al. 2017. Mineralogy and trace element geochemistry of sulfide minerals from the Wocan Hydrothermal Field on the slow-spreading Carlsberg Ridge, Indian Ocean. Ore Geology Reviews, 84: 1-19.

Wankel S D, Joye S B, Samarkin V A, et al. 2010. New constraints on methane fluxes and rates of anaerobic methane oxidation in a Gulf of Mexico brine pool via in situ mass spectrometry. Deep Sea Research Part II: Topical Studies in Oceanography, 57 (21-23): 2022-2029.

Wankel S D, Huang Y, Gupta M, et al. 2013. Characterizing the distribution of methane sources and cycling in the deep sea via in situ stable isotope analysis. Environmental Science & Technology, 47 (3): 1478-1486.

Wanninkhof R. 1992. Relationship between wind speed and gas exchange over the ocean. Journal of Geophysical Research: Oceans, 97: 7373-7382.

Ward J. 1964. Turbulent flow in porous media. Journal of the Hydraulics Division, 90: 1-12.

Webber A P, Roberts S, Murton B J, et al. 2017. The formation of gold-rich seafloor sulfide deposits: evidence from the Beebe Hydrothermal Vent Field, Cayman Trough. Geochemistry Geophysics Geosystems, 18 (6): 2011-2027.

Weber T C, De Robertis A, Greenaway S F, et al. 2012. Estimating oil concentration and flow rate with calibrated vessel-mounted acoustic echo sounders. Proceedings of the National Academy of Sciences, 109 (50): 20240-20245.

Weber T C, Mayer L, Jerram K, et al. 2014. Acoustic estimates of methane gas flux from the seabed in a 6000km^2 region in the Northern Gulf of Mexico. Geochemistry, Geophysics, Geosystems, 15 (5): 1911-1925.

Wei J, Liang J, Lu J, et al. 2019. Characteristics and dynamics of gas hydrate systems in the northwestern South China Sea-Results of the fifth gas hydrate drilling expedition. Marine and Petroleum Geology, 110: 287-298.

Wei J, Li J, Wu T, et al. 2020. Geologically controlled intermittent gas eruption and its impact on bottom water temperature and chemosynthetic communities—A case study in the "HaiMa" cold seeps, South China Sea. Geological Journal, 55 (9): 6066-6078.

Wei J, Wu T, Deng X, et al. 2021. Seafloor methane emission on the Makran continental margin. Science of The Total Environment, 801: 149772.

Weis P, Driesner T, Heinrich C A. 2012. Porphyry-copper ore shells form at stable pressure-temperature fronts within dynamic fluid plumes. Science, 338: 1613-1616.

Wheat C G, Jannasch H W, Kastner M, et al. 2011. Fluid sampling from oceanic borehole observatories: design and methods for CORK activities (1990–2010) //Fisher A T, Tsuji T, Petronotis K, et al. IODP, 327: Tokyo. Integrated Ocean Drilling Program Management International, Inc.

White S N, Humphris S E, Kleinrock M C. 1998. New observations on the distribution of past and present hydrothermal activity in the TAG area of the Mid-Atlantic Ridge (26°08′N) . Marine Geophysical Researches, 20 (1): 41-56.

White S N. 2006. Laser Raman Spectroscopy as a Tool for In Situ Mineralogical Analyses on the Seafloor. OCEANS, IEEE, 1-6.

White S N. 2009. Laser Raman spectroscopy as a technique for identification of seafloor hydrothermal and cold seep minerals. Chemical Geology, 259 (3-4): 240-252.

Whiticar M J. 1999. Carbon and hydrogen isotope systematics of bacterial formation and oxidation of methane. Chemical Geology, 161: 291-314.

Williams T L, 2001. Collette T W. Environmental applications of Raman spectroscopy to aqueous systems. Practical Spectroscopy Series, 28: 683-732.

Woese C R, Fox G E. 1977. Phylogenetic structure of the prokaryotic domain: The primary kingdoms. Proceedings of the National Academy of Sciences, 74 (11): 5088-5090.

Woese C. 1998. The universal ancestor. Proceedings of the National Academy of Sciences, 95 (12): 6854-6859.

Wooding R. 1963. Convection in a saturated porous medium at large Rayleigh number or Peclet number. Journal of Fluid Mechanics, 15 (4): 527-544.

Wu C, Hwang G. 1998. Flow and heat transfer characteristics inside packed and fluidized beds. Heat Transfer, 120: 667-673.

Wu N, Xu C, Li A, et al. 2022. Oceanic carbon cycle in a symbiotic zone between hydrothermal vents and cold seeps in the Okinawa Trough. Geosystems and Geoenvironment, 1: 10059.

Xing J, Jiang X, Li D. 2016. Seismic study of the mud diapir structures in the Okinawa Trough. Geological Journal, 51: 203-208.

Xu C, Wu N, Sun Z, et al. 2018. Methane seepage inferred from pore water geochemistry in shallow sediments in the western slope of the Mid-Okinawa Trough. Marine and Petroleum Geology, 98: 306-315.

Xu H, Du M, Li J, et al. 2020. Spatial distribution of seepages and associated biological communities within Haima cold seep field, South China Sea. Journal of Sea Research, 165: 101957.

Xu S, Sun Z, Geng W, et al. 2022. Advance in Numerical Simulation Research of Marine Methane Processes. Frontiers in Earth Science, 10: 891393.

Xu W, Germanovich L N. 2006. Excess pore pressure resulting from methane hydrate dissociation in marine sediments: a theoretical approach. Journal of Geophysical Research: Solid Earth, 111: B01104.

Yamamoto S, Alcauskas J B, Crozier T E. 1976. Solubility of methane in distilled water and seawater. Journal of Chemical and Engineering Data, 21: 78-80.

Yamazaki T. 2015. Past, Present, and Future of Deep-Sea Mining. Journal of MMIJ, 131 (12): 592-596.

Yamazaki T, Nakano Y, Monoe D, et al. 2006. A Model Analysis of Methane Plume Behavior in an Ocean Water Column. The Sixteenth International Offshore and Polar Engineering Conference, San Francisco.

Yang B, Zeng Z, Wang X, et al. 2015. Characteristics of Sr, Nd and Pb isotopic compositions of hydrothermal Si-Fe-Mn-oxyhydroxides at the PACMANUS hydrothermal field, Eastern Manus Basin. Acta Oceanologica Sinica, 34 (8): 27-34.

Yang D Y, Peng S P. 2003. Status and progress on the multicomponent seismic prospecting technology. Coal Geology of China, 15 (1): 51-57.

Yasuhara H, Polak A, Mitani Y, et al. 2006. Evolution of fracture permeability through fluid-rock reaction under hydrothermal conditions. Earth and Planetary Science Letters, 244: 186-200.

Yebra D M, Kiil S, Dam J K. 2004. Antifouling Technology-Past, Present and Future Steps towards Efficient and Environmentally Friendly Antifouling Coatings. Progress in Organic Coatings, 50: 75-104.

Yoshinaga M Y, Holler T, Goldhammer T, et al. 2014. Carbon isotope equilibration during sulphate-limited anaerobic oxidation of methane. Nature Geoscience, 7: 190-194.

Yoo D G, Kang N K, Yi B Y, et al. 2013. Occurrence and seismic characteristics of gas hydrate in the Ulleung Basin, East Sea. Marine and Petroleum Geology, 47: 236-247.

Yu J, Tao C, Liao S, et al. 2021. Resource estimation of the sulfide-rich deposits of the Yuhuang-1 hydrothermal field on the ultraslow-spreading Southwest Indian Ridge. Ore Geology Reviews, 134: 104169.

Yue X, Li H, Ren J, et al. 2019. Seafloor hydrothermal activity along mid-ocean ridge with strong melt supply: Study from segment 27, southwest Indian ridge. Scientific Reports, 9: 1-10.

Yücel M, Gartman A, Chan C S, et al. 2011. Hydrothermal vents as a kinetically stable source of iron-sulphide-bearing nanoparticles to the ocean. Nature Geoscience, 4: 367-371.

Zander T, Haeckel M, Berndt C, et al. 2017. On the origin of multipleBSRs in the Danube deep-sea fan, Black Sea. Earth and Planetary Science Letters, 462: 15-25.

Zander T, Haeckel M, Klaucke I, et al. 2020. New insightsinto geology and geochemistry of the Kerch seep area in the Black Sea. Marineand Petroleum Geology, 113: 104162.

Zeebe R E, Wolf-gladrow D. 2001. CO_2 in Seawater: Equilibrium, Kinetics, Isotopes. Amsterdam: Elsevier.

Zeng Z, Qin Y, Zhai S. 2001. He, Ne and Ar isotope compositions of fluid inclusions in hydrothermal sulfides from the TAG hydrothermal field Mid-Atlantic Ridge. Science in China Series D: Earth Sciences, 44 (3): 221-228.

Zhang G, Liang J, Yang S, et al. 2015. Geological features, controlling factors and potential prospects of the gas hydrate occurrence in the east part of the Pearl River Mouth Basin, South China Sea. Marine and Petroleum Geology, 67: 356-367.

Zhang J, Zhang M, Cui W, et al. 2018. Elastic-plastic buckling of deep sea spherical pressure hulls. Marine Structures, 57: 38-51.

Zhang W, Liang J, Liang Q, et al. 2021. Gas Hydrate Accumulation and Occurrence Associated with Cold Seep Systems in the Northern South China Sea: An Overview. Geofluids, 2021: 1-24.

Zhang X, Wang C, Chen T, et al. 2014. In situ observation and detection of deep-sea hydrothermal and cold seep systems based on ROV Fa Xian at R/V Ke Xue. 2014 Oceans-St. John's. IEEE, 1-5.

Zhang X, Du Z, Luan Z, et al. 2017a. In situ Raman detection of gas hydrates exposed on the seafloor of the South China Sea. Geochemistry, Geophysics, Geosystems, 18 (10): 3700-3713.

Zhang X, Du Z, Zheng R, et al. 2017b. Development of a new deep-sea hybrid Raman insertion probe and its application to the geochemistry of hydrothermal vent and cold seep fluids. Deep Sea Research Part I: Oceanographic Research Papers, 123: 1-12.

Zhang X, Du Z, Luan Z, et al. 2017c. Insitu Raman detection of gas hydrates exposed on the seafloor of the South China Sea. Geochemistry Geophysics Geosystems, 18 (10): 3700-3713

Zhang X, Sun Z, Wu N, et al. 2022. Polyphase hydrothermal sulfide mineralization in the Minami-Ensei hydrothermal field, Middle Okinawa Trough: implications from sulfide mineralogy and in situ geochemical composition of pyrite. Ore Geology Reviews, 149: 105055.

Zhang X, Sun Z, Wu N, et al. 2023. Mantle plume plays an important role in modern seafloor hydrothermal mineralization system. Geochimica et Cosmochimica Acta, 352: 211-221.

Zhao Z, Sun Z, Wang Z, et al. 2015. The high resolution sedimentary filling in Qiongdongnan Basin, northern South China Sea. Marine Geology, 361: 11-24.

Zhong G, Liang J, Guo Y, et al. 2017. Integrated core-log facies analysis and depositional model of the gas hydrate-bearing sediments in the northeastern continental slope, South China Sea. Marine and Petroleum Geology, 86: 1159-1172.

Zhu C, Tao C, Yin R, et al. 2020. Seawater versus mantle sources of mercury in sulfide-rich seafloor hydrothermal systems, Southwest Indian Ridge. Geochimica et Cosmochimica Acta, 281: 91-101.

Zhu W, Huang B, Mi L, et al. 2009. Geochemistry, origin, and deep-water exploration potential of natural gases in the Pearl River Mouth and Qiongdongnan basins, South China Sea. AAPG bulletin, 93 (6): 741-761.

Zr A, Gj A, Hl A, et al. 2022. Higher performances of open versus closed circuit microbial fuel cell sensor for nitrate monitoring in water. Journal of Environmental Chemical Engineering, 10 (3): 107807.

Zyvoloski G, O'Sullivan M. 1980. Simulation of a gas-dominated, two-phase geothermal reservoir. Society of Petroleum Engineers Journal, 20 (1): 52-58.